Bildung als Projekt

Florian Krückel

Bildung als Projekt

Eine Studie im Anschluss
an Vilém Flusser

 Springer VS

Florian Krückel
Würzburg, Deutschland

Dissertation Universität Würzburg, 2014

ISBN 978-3-658-09719-6   ISBN 978-3-658-09720-2 (eBook)
DOI 10.1007/978-3-658-09720-2

Die Deutsche Nationalbibliothek verzeichnet diese Publikation in der Deutschen Nationalbi-
bliografie; detaillierte bibliografische Daten sind im Internet über http://dnb.d-nb.de abrufbar.

Springer VS

Gedruckt auf säurefreiem und chlorfrei gebleichtem Papier

Springer Fachmedien Wiesbaden ist Teil der Fachverlagsgruppe Springer Science+Business Media
(www.springer.com)

Danksagung

Für die Unterstützung bei meiner Promotion darf ich mich bei den vielen in verschiedenster Art und Weise beteiligten Personen bedanken. Zu allererst gilt der Dank meiner Freundin, die diese Zeit mit mir durchgestanden hat und mir immer zur Seite stand. Meinen Eltern für ihre Unterstützung, ohne die eine Promotion und das vorausgegangene Studium nicht möglich gewesen wäre.

Weiterhin gilt der Dank meinen Kolleginnen und Kollegen am Lehrstuhl für Systematische Bildungswissenschaft, die immer ein offenes Ohr für mich hatten und mir bei den kleinen und großen Problemen zur Seite standen. Den studentischen und wissenschaftlichen Hilfskräften, die mir bei den Details halfen.

Bedanken möchte ich mich ebenso bei dem Vilém Flusser Archiv in Berlin für die leidenschaftliche Pflege des flusserschen Werks wie auch für die Beantwortung meiner vielen kleinen und großen Fragen.

Meinen beiden Betreuern bin ich zu großem Dank verpflichtet. Professor Andreas Dörpinghaus, der mein Interesse für philosophisch-pädagogische Themen seit dem Studium weckte und durch seine intensive Betreuung das Dissertationsprojekt hinterfragte, lenkte und produktiv vorantrieb. Professor Hans-Joachim Petsch, der durch die detaillierten Fragen das Projekt stützte.

Inhaltsverzeichnis

1 Einleitung

Vilém Flusser in einen pädagogischen oder bildungswissenschaftlichen Kontext aufzunehmen kann trotz seiner Bedeutung für den kommunikationstheoretischen und medialen Diskurs noch als ein Vorhaben angesehen werden, das nicht als selbstverständlich erachtet wird. Die wenigen Arbeiten[1], die dem pädagogischen Diskurs zugeordnet werden können, legen den Fokus nicht auf bildungstheoretische Fragestellungen und vernachlässigen so zugleich Kategorien die für die Bildungswissenschaft bedeutende Möglichkeiten der Anknüpfung an bildungstheoretische Diskurse und Problemstellungen erlauben. Die vorgelegte Untersuchung orientiert sich an der These Ströhls, der bestrebt ist, Flusser nicht in den Kreis der Medienwissenschaftler[2] einzuordnen, sondern als Phänomenologen des Medialen zu verstehen.[3] In Ergänzung zu Ströhl wird dabei die Bedeutung des Codes als Grundlage einer telematischen Gesellschaft herausgearbeitet, also Flusser gewissermaßen als ein Phänomenologe des Codes verstanden. Damit gerät zugleich die Fragestellung nach einer veränderten Lebenswelt, bedingt durch die neuen Codestrukturen, wie auch den auf diesen basierenden Apparaten in den Blick. Somit gilt es, Flusser weitgehend von der Einordnung als Medientheoretiker zu befreien, um die Bedeutung des Codes für sein Werk in den Blick zu bekommen. Durch die Fokussierung des Codes liegt der Schwerpunkt der Untersuchung auf der von Flusser herausgearbeiteten Auflösung der Schrift und der damit verknüpften Frage, wie sich in einem veränderten Code – dem Technocode – die Frage nach dem kritischen Bezug auf die Lebenswelt erneut stellt. Flussers Konzeption ist geprägt durch kommunikationstheoretische Überlegungen anthropologischer Art. Daher wird sein Werk in der vorgelegten Untersuchung vor allem unter einem anthropologischen Blickwinkel betrachtet. Erst vor diesem Hintergrund ist die Ausrichtung des flusserschen Theoriekomplexes in einem angemessenen Umfang zu erkennen. Sein Werk besteht aus theoretischen Versatzstücken,

---

1   Vgl. hierzu Bröckling, G. 2012; Bröckling, G. 2013a; Bröckling, G. 2013b; Goetz, R. 2001; Ströhl, A. 2009; Grabowski, S./ Krauß, M. 2005
2   Zu Gunsten der einfacheren Lesbarkeit wird sowohl für die männliche wie die weibliche Form die männliche Form verwendet.
3   Vgl. Ströhl, A. 2009, S. 8

welche die Frage nach dem Medialen zwar nicht vernachlässigen, den Fokus allerdings auf den Code als Grundlage der menschlichen Kommunikation richten und auf dieser Grundlage anthropologische und in der Folge gesellschaftlich-kulturelle Veränderungen beleuchten.

> „Falsch im eigentlichen Sinn ist diese Einordnung [Flusser als Medientheoretiker] ja keineswegs; unzutreffend wird sie allein durch eine dabei implizierte Verengung Flusserschen Denkens im Sinne einer *Medien*theorie, die doch nur die Art und Weise der Äußerung eines philosophischen Denkens war."[4]

Der flussersche Medienbegriff ist sehr breit angelegt und stellt entgegen der häufigen Einordnung[5] eben nur einen Teil seines Arbeitens dar. Die Untersuchung verfolgt daher das Ziel, gerade die anthropologischen Komponenten des flusserschen Werks unter Berücksichtigung der codestrukturellen Veränderung hin zur Nachmoderne[6] zu stärken. Dabei steht die Annäherung der wissenschaftlichen Ausführungen Flussers an einen bildungswissenschaftlichen Diskurs der Nachmoderne im Vordergrund. Die vorgelegte Arbeit behandelt letztlich die Problemstellung, wie Bildung in einer Gesellschaft des digitalen Codes noch möglich ist. Verfolgt wird die Annahme, Bildung als einen Begriff zu fassen, der Ordnungen überschreitet und einen reflexiven Bezug des Menschen als Projekt auf Welt etabliert. Die Untersuchung kann in dieser Ausprägung als bildungstheoretische Grundlage des Entwurfs einer telematischen Gesellschaft gesehen werden. Damit verbunden ist die Fragestellung, wie der Mensch in einer Welt der Postmedialität[7], unter der Voraussetzung der Auflösung des linearen Codes, noch Subjekt sein kann, das heißt, wie er sich kritisch und zweifelnd zu seiner Lebenswelt in Beziehung setzt. Flusser liefert einen Theoriekomplex, der in besonderem Maße darstellt, wie wenig sich der einzelne Mensch noch kritisch auf eine digitalisierte Lebenswelt der Nachmoderne beziehen kann. Vielmehr zeigt er Momente auf, die den Menschen in einer digitalen Unmündigkeit halten. Im Zuge dessen verliert das Subjekt seine aktive, absichtsvolle Stellung zur Lebenswelt und wird zum Gegenstand der Vermassung und der Stereotypisierung. Es wird digital, als stereotypes Objekt der Diskurse programmiert.

Mit Flusser lässt sich genealogisch auf die Veränderungen von Codeformen blicken. Unter einer historischen Perspektive zeigt er auf, wie die Menschen ihre aktive Stellung zum Code aufgeben, indem sie eine Veränderung des Codes hin

---

4   Ströhl, A. 2013, S. 43
5   Vgl. hierzu Lagaay, A./ Lauer, D. 2004; Mersch, D. 2006; Kloock, D./ Spahr, A. [4]2012
6   Der Begriff der Nachmoderne wird von Vilém Flusser übernommen und steht für das Zeitalter nach der Moderne.
7   Vgl. hierzu Selke, S./ Dittler, U. 2009; Selke, S. 2010

zum Digitalen nicht reflektieren. Aufbauend auf selbiger Analyse entsteht im
flusserschen Werk ein utopischer Denkraum, der Ansatzpunkte bietet, den kritischen Bezug auf die Lebenswelt und anschließend daran auf Bildung in einer Welt
des digitalen Codes und der Auflösung des Menschen als Subjekt zu überdenken.
Im Zuge dessen ist mit Flusser der Bildungsbegriff auf der Grundlage des Menschen als Projekt neu zu konturieren.

> „Der im nachdenklichen Lesen entstehende Denkraum vermag möglicherweise auch den Spiel-
> raum herzustellen, in dem die menschlichen Beziehungen zu den unterschiedlichen Apparaturen
> und Medien reflektiert und modellhaft und experimentell entworfen werden."[8]

Aus einer bildungswissenschaftlichen Perspektive kann sein Ansatz eine Möglichkeit darstellen, von einem veränderten Standpunkt auf die Entwicklungen der
Gesellschaft der Nachmoderne zu blicken, der zugleich die Frage nach dem Modell von Subjektivität in einer Gesellschaft des digitalen Codes umfasst. Im Kontext dessen kann Flussers Bedeutung für den bildungswissenschaftlichen Diskurs
trotz der kaum stattfindenden Rezeption als außerordentlich relevant eingeschätzt
werden. Ausgehend von der Auflösung eines starken Subjekts[9] der Moderne stellt
sich in der Nachmoderne die Frage, wie in einer digitalen Lebenswelt Bildung
verstanden werden kann. Flusser löst die Nomenklatur der Moderne auf und diskutiert eine neue Form der in Gruppen vernetzten Gesellschaft. Damit verknüpft
ist die Etablierung eines Modells von Menschen als Projekt, das sich von einer
Subjekt-Objekt-Trennung radikal löst.

In der philosophischen Diskussion[10] digitaler Gesellschaften zeigt sich, dass
die Fragen rund um den Bereich der Medien als zentrale Konstitutionsbedingung
von Gesellschaft verzögert Einzug in den Diskurs halten. Besonders einer Prob-
lematisierung der Veränderungen, die mit der Digitalisierung eintreten und die
häufig mit dem eher unpräzisen Begriff der „neuen Medien" bezeichnet werden,
gilt es verstärkt als zentrale anthropologische Komponente Aufmerksamkeit zu
widmen. Ansätze hierfür ergeben sich im Rahmen der sich im letzten Jahrzehnt
vollziehenden medienkritischen Wende im philosophischen Kontext. Mit dieser
verlieren Medien ihre Neutralität sowie ihre Transparenz und werden in philoso-

---

8   Zepf, I. 2001, S. 154
9   Vgl. hierzu Meyer-Drawe, K./ Fischer, M. 1990
10 Für einen derartigen bildungswissenschaftlichen Zugang nehmen in gesondertem Maße der
    pädagogische, aber auch der philosophische Diskurs eine zentrale Rolle ein. Dabei steht das
    Medium unter dem Blickwinkel des Einflusses auf Kommunikationsstrukturen im Mittelpunkt.
    Beiden Bereichen gilt es in einer bildungswissenschaftlichen Untersuchung Aufmerksamkeit
    zu widmen, um daran zeigen zu können, welche veränderten Fragestellungen Flusser zu einer
    digitalisierten Gesellschaft beitragen kann.

phischen Untersuchungen zum Topos.[11] Durch den Verlust der Neutralität wie
auch der Transparenz geraten die lebensweltlichen Konstitutionsbedingungen des
Medialen in den Blick. Diese können mit Flusser um den binären Code erweitert
werden. Im Rahmen der veränderten Fragestellungen wenden sich die Theorien
gegen transzendentale Denkmuster und historisieren Formen vermeintlich end-
gültiger Wahrheit.[12] Es wird deutlich, dass die Medientheorien seit McLuhan als
Ausprägungen einer postmodernen Theoriebildung gelten können. Sie weisen
zentrale Momente wie die Pluralisierung der Wahrheitsansprüche, Theorien des
Sprachspiels im Verständnis von Diskursen und veränderte Formen des Verständnisses von Autonomie, Freiheit und Macht auf.[13] Anschließend an die Theorien seit
McLuhan entsteht ein Diskurs um Medien, der ihre Position der Mittlerstellung
reflektiert.[14] An die Position des Mittlers ist eine Trennung in Sender und Empfänger und die Möglichkeit der Übertragung von Informationen und Daten geknüpft. Es ist eine Stellung, die einen Sender zu einem Empfänger in Beziehung
setzt und dabei die Mittler nicht als transparent und wertfrei ansieht. Die Mittler
verbinden Aktanten miteinander und bauen auf eine vorausgegangene Trennung
auf. Aus einer semantischen Perspektive geht diese Teilung bereits aus dem Begriff des Mit-teilens hervor.[15]

„Alle Mitteilung setzt die Teilung voraus und hat sich in ihr einzurichten."[16]

In Bezug auf die nicht neutrale Stellung der Medien stellen sich Fragen, die nach
dem Einfluss der Medien auf die Inhalte wie auch die Kommunikationsstruktur
suchen und im Zuge dessen Veränderungen anthropologischer Art hervorrufen.
In einer durch Medien veränderten Welt entstehen zwangsläufig neue anthropologische Modelle des Menschen.[17] Ohne Medien findet keine Übertragung von
Sinn, also keine Kommunikation statt. Eine Konstitution von Gesellschaften ist
ohne sie nicht möglich. Daran anschließend entsteht das Bild einer Gesellschaft,
die ausschließlich medial vermittelt und medial konstituiert ist. Medien funktionieren so lange in ihrer transparenten Form, wie ein passender Sender und ein
dazu passender Empfänger existieren und die Zeichen ohne Störung übertragen
werden.[18] Subjekte werden erst bei einer Störung[19] auf die mediale Vermitteltheit

---

11   Vgl. Krämer, S. 2004, S. 18–19
12   Vgl. Kaminski, A. 2011, S. 14
13   Vgl. hierzu Welsch, W. [7]2008; McLuhan, M. 1995; Baudrillard, J. [19]1997
14   Vgl. Krämer, S. 2012, S. 68
15   Vgl. Krämer, S. 2010, S. 29–30; Krämer, S. 2012, S. 69–72
16   Krämer, S. 2012, S. 74
17   Vgl. Swertz, C. 2008a, S. 11
18   Vgl. Krämer, S. 1998, S. 74

ihrer Lebenswelt aufmerksam, das heißt, die Teilnehmer eines kommunikativen Prozesses denken erst über ein Übertragungsmittel nach, sobald dieses nicht mehr in gewünschter Form überträgt. Mit Flusser ist genau in dieser Störung der menschliche Status als Sub-jekt, welches erst als ein Gegenüber zu einem Ob-jekt entsteht, in Frage gestellt. Erst in dieser Teilung als Entfremdung aus der Natürlichkeit geht der Mensch als Subjekt, das über Kanäle mit seiner Lebenswelt verknüpft ist, hervor. Daran zeigt sich der von Flusser verändert ausgelegte Begriff des Subjekts. Subjekte entstehen bei Flusser quasi mit dem Austritt aus der Natur. Für die Überbrückung dieser Teilung zwischen Sender und Empfänger verweist Krämer auf die Figur des Boten als Metapher für Medien. Dieser übermittelt eine Information, er spricht also mit der Stimme eines anderen und versucht sich neutral oder sogar als Person unsichtbar zu verhalten. Damit lässt sich die Metaphorik leicht mit der schon angesprochenen „medialen Selbstneutralisierung"[20] der Medien verbinden. Die Figur des Dazwischengeschobenen findet sich in ähnlichen Formen bei Debray, der diese Mitte als Intervall, Interface oder Vermittler interpretiert und darauf die Wissenschaft der Mediologie gründet.

> „Im Begriff *Mediologie* bezeichnet der Wortteil *medio* weder Medien noch Medium, sondern meint *Mediationen* (Vermittlungen), also die dynamische Gesamtheit der Prozeduren und Körper, die zwischen eine Produktion von Zeichen und eine Produktion von Ereignissen geschaltet sind."[21]

In einer postmodernen beziehungsweise postmedialen Auseinandersetzung mit Medien ist es das Ziel, das vermeintlich technische Dispositiv in seiner normativen Wirkung anzuerkennen und die Medien als einen tragenden Faktor der Kommunikationsstrukturen wie auch des In-Welt-seins[22] zu etablieren. Diese Herangehensweise erscheint als wesenhafte Komponente der nachmodernen Auseinandersetzung mit dem Medialen und dem dahinterstehenden Code. Erst auf dieser Grundlage kann die Bedeutung der Medien als normative Komponente der Lebenswelt sichtbar werden. Medien nehmen die Stellung eines Dispositivs ein, welches die Aufmerksamkeit steuert, Emotionen normiert, wie auch den Umgang mit Zeit[23] verändert.[24] Das Subjekt war und ist daher immer ein medial konstituiertes. Es entsteht aus einer durch den Code und den Kanal bedingten Ordnung

---

19 Vgl. hierzu Meyer-Drawe, K. [2]2012
20 Krämer, S. 2010, S. 56
21 Debray, R. 1999, S. 72
22 Der Begriff des In-Welt-seins verdeutlicht im Rahmen dieser Untersuchung die postmoderne diskursive Pluralisierung von Welt.
23 Vgl. hierzu Dörpinghaus, A./ Uphoff, I. K. 2012
24 Vgl. Schmidt, S. J. 2012, S. 146; Münker, S. 2012, S. 337; Münker, S./ Roesler, A. 2012, S. 7

als Gegenüber zum Objekt. Somit nimmt der Mensch eine Stellung ein, die ihm meist unbewusst durch Medien vermittelt und durch Codes konturiert wird. Für die Frage nach den Bildungsmomenten ist diese Implikation, mit Flusser der Boden unseres In-Welt-seins, aufzudecken, um eine kritische Stellung als Bedingung von Bildung zu diesen einnehmen zu können. Dabei ist darauf hinzuweisen, dass sich Untersuchungen zu Medien immer in Medien vollziehen. Es gibt kein außerhalb von Medien und für Flusser kein außerhalb von Codes.[25] Mit dieser Voraussetzung lässt sich nichts ohne Medien und Codes sagen, und alles wird durch und in Medien und Codes erkannt.[26] Die Menschen sind nur Menschen als Subjekte im Netz des Medialen wie auch des Codes und dadurch in diesem gefangen.

„In diesem Sinn ist Wissen von den Formen seiner Vermittlung nicht zu trennen."[27]

Diese veränderte Form der Gesellschaft, bedingt durch Veränderungen in der Codestruktur, kann durch den Begriff der Postmedialität markiert werden. Mit diesem Begriff wird versucht, die Nachmoderne auf den Bereich einer veränderten Medialität zu spezifizieren. Es ist eine Zeit, in der die Medien allgegenwärtig und verinnerlicht beziehungsweise inkorporiert sind. Durch Mobilität, Ubiquität und Invasivität von medialen Momenten verändern sich Lebensräume, die Rolle des Menschen und damit verbunden die Aneignung von Welt beziehungsweise Welten.[28] Besonders der schwindende Zugang zu den Schnittstellen als Möglichkeit des Zugriffs stellt sich dabei als zentrales Problem für den technischen und den medialen Diskurs dar.[29] Diese Veränderungen bedingen über die Konstitution der Wahrnehmung der Menschen eben auch die Dinge selbst und dadurch die Lebenswelt. Somit erhält die anthropologische und damit weltkonstituierende Komponente ein großes bildungstheoretisches Gewicht, wie es sich bereits bei McLuhan zeigt[30] und Debray es in seinen Überlegungen zu einer Mediologie erneuert.

„Mitteilen heißt, die Information im Raum verbreiten, übermitteln heißt, die Information in der Zeit verbreiten. In diesem Sinn ist der Akt der Übermittlung das, was Kultur ausmacht und was demnach den Menschen vom Tier unterscheidet."[31]

---

25 Vgl. Ernst, W. 2012, S. 162
26 Vgl. Krämer, S. 1998, S. 73; Münker, S. 2012, S. 334–335
27 Höhne, T. 2011, S. 137
28 Vgl. Dittler, U. 2009b; Dittler, U. 2009a, S. 216; Schelhowe, H. 2008, S. 95
29 Vgl. hierzu Wiegerling, K. 2011
30 Vgl. McLuhan, M. [2]1995, S. 21–26
31 Debray, R. 2001, S. 4

Mit den Medien, den Codes und dem damit verknüpften Wissen konstituiert sich ein Subjekt der Aneignung. Der Mensch wird erst innerhalb der Codestruktur zum Subjekt und zum Adressat von Medien in verschiedensten Formen. Kommunikation, die sich immer medial vollzieht und durch den Code bedingt ist, stiftet förmlich die Lebenswelt. Dabei bringen Medien als Produkte des Codes immer den passenden Rezipienten zu den vorherrschenden medialen Formen hervor. Sie konstituieren ihre Empfänger[32] und etablieren dabei Kulturräume.

> „[Es] ist die Annahme, dass kaum etwas so große Bedeutung für die Strukturen einer Gesellschaft und die Formen einer Kultur hat wie die jeweils »geschäftsführenden« Verbreitungsmedien."[33]

Medien stellen den Sozialisationsraum des Menschen dar. Sie konstituieren den Raum der Möglichkeiten sowie die Grenzen der mit ihnen verknüpften Wirklichkeit.[34] Diese Wirklichkeit pluralisiert sich im Rahmen der digitalisierten Formen der Medien. Somit ist in der postmodernen Diskussion von Wirklichkeiten zu sprechen. Es entstehen mixed realities die sich in der Überschneidung zwischen digitalen und analogen Wirklichkeiten konstituieren. Das Gegensatzpaar virtuell-real kann dabei nur noch als Grenzwert angesehen werden. Es sind Überschneidungen zwischen den Realitäten und Wirklichkeiten, welche durch neue technische Möglichkeiten, die als postmediale bezeichnet werden können, immer weniger zueinander abgrenzbar sind. Es finden Überlagerungen statt, die sich zwischen dem Virtuellen und dem Realen ansiedeln.[35] Die Frage nach den Medien ist vor allem in einem bildungstheoretischen Kontext zu stellen. Daher legt die folgende Untersuchung ihre Deutungspräferenz auf einen philosophisch-pädagogischen Bildungsbegriff.[36] Marotzki wie auch Meder heben die Bedeutung von Medien für einen philosophischen Bildungsbegriff als eine Veränderung des Selbst wie auch der Welt hervor.[37] Unter der Annahme, dass der Code und die Medien die Kommunikation bedingen, präfigurieren sie nach Swertz auch die Möglichkeiten der Bildung.[38]

> „Nur im Medium, nur als Transformation des Mediums findet Bildung statt. Bildung ist immer Medienbildung."[39]

---

32 Vgl. Höhne, T. 2011, S. 137; Meyer, T. 2011a, S. 15
33 Meyer, T. 2011a, S. 13
34 Vgl. Sesink, W. 2008a, S. 15
35 Vgl. Hubig, C., S. 6–7; Günzel, S. 2011, S. 161
36 Die Begriffe Lernen und Erziehen müssen daher bei dieser Untersuchung in den Hintergrund treten.
37 Vgl. Marotzki, W./ Jörissen, B. 2008, S. 109
38 Vgl. hierzu Swertz, C. 2008b, S. 7
39 Meder, N. 2011, S. 79

Unter Bezugnahme auf einen philosophischen Bildungsbegriff versucht unter anderem Meyer den pädagogischen Diskurs in den letzten Jahren zu erweitern. Er betont, dass in diesem häufig ein unterkomplexes und an dem technischen Aspekt ausgerichtetes Verständnis von Medien vorherrscht.[40] In vielen Fällen überschreitet der Diskurs methodische und didaktische Fragestellungen dabei nicht. In der Tradition von Meyer versucht die Untersuchung zu Vilém Flusser, ein am Code orientiertes Verständnis der medial bedingten Lebenswelt zu explorieren. Erst mit der Analyse der veränderten Codeform wird es möglich, die Fragen nach einer neuen Möglichkeit des kritischen Weltbezugs zu stellen. Kritik im klassischen Verständnis ist seit der Etablierung der Schrift an diesen dominierenden Code geknüpft. Schwindet die Bedeutung des alpha-numerischen Codes, was die Untersuchungen Flussers zeigen, dann muss die Frage nach den neuen Möglichkeiten der Kritik in dem neuen Code des Binären gestellt werden. Erst dadurch kann der Mensch eine mündige Stellung in der Nachmoderne zurückgewinnen. Sobald eine Verknüpfung des kritischen Weltbezugs mit Bildung stattfindet, wird die Bedeutung des flusserschen Werks für die Bildungswissenschaft ersichtlich. Erst durch die Reflexion auf die Veränderung der dominierenden Codeform ist es möglich überhaupt über Momente der Bildung in der Nachmoderne nachzudenken. Daher muss es das Ziel sein, ein technologieorientiertes Verständnis pädagogisch zu überschreiten und die anthropologische Komponente der Codes sowie die Bedeutung der Kritik in veränderten medialen Formen in den Mittelpunkt zu rücken.

> „Eine Pädagogik, die ohne Mittel und Mittler auskommt – un-mittel-bar sozusagen –, ist nicht denkbar. Und eine Bildungstheorie, die das Verhältnis von Subjekt und Gesellschaft ohne Berücksichtigung medialer Bedingtheit zu bestimmen sucht, erscheint vor diesem Hintergrund lückenhaft."[41]

An eine Auslegung von Bildung als Selbst- und Weltbezug, also an eine kritische Perspektive auf Welt, eine Veränderung von Welt und Überschreitung von Ordnung schließt sich Meyer an, der das Modell des Cultural Hacker[42] als kritischen Beobachter der Welt erörtert. Dieser hat gelernt, den Code zweckzuentfremden und eine individuelle Auslegung der Möglichkeiten beziehungsweise eine Überschreitung der Grenzen zu wagen.[43] Der Cultural Hacker kann dadurch als eine anthropologische Figur gelten, die sich ihren Status als absichtsvoll handelndes Wesen erhält und im flusserschen Verständnis Projekt ist.

---

40   Vgl. Meyer, T. 2008, S. 72
41   Meyer, T. 2008, S. 73
42   Vgl. hierzu Düllo, T./ Liebl, F. 2005
43   Vgl. Meyer, T. 2011b, S. 46–48

Flusser als Phänomenologe des Codes arbeitet seine Untersuchungen zu großen Teilen an der Fotografie[44] aus.[45] Er zeigt an der Fotografie die apparatischen und codebedingten Veränderungen hin zur Nachmoderne auf. Besonders die Bedeutung des binären Codes als Ausgangspunkt für ein entwerfendes In-Welt-sein wird daran ersichtlich. Diese exemplarische Annäherung mit Hilfe der Fotografie kann als Grundlage zur Analyse der Nachmoderne dienen. Die Kritik der Fotografie ist bei Flusser eine Form der Kulturkritik. Somit kann Flussers Arbeiten als eine phänomenologische Analyse der Gesellschaft mit und in Medien gesehen werden, die das Mediale den veränderten Codestrukturen unterordnet. Es ist eine essayistisch geprägte Bildungsphilosophie mit und in Codes.[46] Durch diesen Ansatz öffnet Flusser einen Denkraum vielfältiger pädagogischer Überlegungen. Er zeigt auf, wie sich auf der einen Seite ein kritischer Bezug zur Welt in medialen Momenten gestalten lässt und auf der anderen Seite, wie diese den kritischen Bezug gerade verhindern. Somit eröffnet der zweifelnde Weltbezug mit und innerhalb des digitalen Codes einen Ansatzpunkt, um das Moment von Bildung in einer digitalen Welt zu überdenken oder verändert zu konturieren.[47] Flusser ist ein Spieler mit und innerhalb verschiedener wissenschaftlicher Methoden und Theorien, ein Spieler mit der ideologischen Nomenklatur der Moderne. Dadurch kann er als nachmoderner Collagist betrachtet werden.

Die folgende Untersuchung bezieht sich auf veröffentlichte und unveröffentlichte Texte aus dem Nachlass Vilém Flussers. Sie beschränkt sich auf Texte, die in deutscher Sprache verfasst wurden beziehungsweise Texte, die in Übersetzung vorliegen. Die unveröffentlichten Texte sind im deutschen Vilém Flusser Archiv[48] in Berlin zugänglich. Für dieses Vorgehen wird methodisch eine hermeneutisch kritische Exegese zu Grunde gelegt. Diese setzt sich zu großen Teilen werkimmanent mit Flusser und seinen Arbeiten auseinander. Dieses werkimmanente Vorgehen ist notwendig, da, so die These, Flusser nur aus seinem Gesamtwerk heraus in seiner Besonderheit interpretiert und ausgelegt werden kann. Eine verkürzte Rezeption führt zwangsläufig in eine interpretative Einseitigkeit, welche die dialektische Struktur des flusserschen Werks verkennt. Es ist ein Ansatz, der nicht nach Definitionen und Lösungen sucht, sondern mit Flusser neue Räume

---

44   Die Analyse der Fotografie in ihrer analogen Form kann als veraltet angesehen werden, sobald die technischen Aspekte im Vordergrund stehen. Flusser fragt allerdings nach der anthropologischen Bedeutung am Beispiel der Fotografie. Dadurch bleiben seine Ausführungen in herausragender Form für eine Gesellschaft, die als postmedial beschrieben wird, relevant.
45   Vgl. Wiesing, L. 2008, S. 30–34
46   Vergleiche in Abgrenzung dazu Alpsancar, S. 2012, S. 53
47   Vgl. Flusser, V. 2004, S. 136–139; Flusser, V. 2008, S. 96
48   http://www.flusser-archive.org/

der Reflexion schafft. Dies gelingt Flusser mit Hilfe seines anthropologischen
Modells des Menschen als Projekt, welches eine Subjekt-Objekt-Trennung hinterfragt und zugleich die Grundlage eines Hinterfragens der pädagogischen Nomenklatur schafft. Mit der Auflösung des Subjekts bringt Flusser einen Raum für ein
neues bildungstheoretisches Modell des Menschen als Projekt hervor. Flusser
wird in diesem Kontext ferner als ein essayistischer Denker interpretiert, der im
Verständnis einer eidetischen Reduktion nach Husserl permanent versucht, neue
Standpunkte – die sich häufig auch als utopische beschreiben lassen – einzu-
nehmen. Die vorliegende Studie ist, um der Komplexität und der Vielfältigkeit
Flussers weitgehend gerecht zu werden, darauf angewiesen, gelegentlich Motive,
Deutungsmuster und Denkfiguren wiederholend aufzugreifen, um sie neu und ver-
ändert, je nach Problemzusammenhang, zu kontextualisieren. Somit sind derlei
Wiederholungen in einer solchen Arbeit notwendig und unumgänglich Kurzum:
Das Ziel der Untersuchung ist die veränderte Bewertung und Konturierung des
Begriffs Bildung als Projekt, das sich von individual-autonomen Dogmen päda-
gogischen Selbstverständnisses löst und sich einer kritisch-skeptischen pädagogischen Tradition einer Auflösung des Menschen als Subjekt hin zu einem essayistischen Projekt widmet. Im Anschluss an Vilém Flusser lassen sich daher
bildungstheoretische Kernbegriffe wie Freiheit, Subjektivierung, Mündigkeit,
Fortschrittskritik, Distanz, Zeit, Fragen der Lebenskunst, Mensch-Welt-Verhältnis
und Verzögerung aus einem veränderten Blickwinkel ausführen. Es werden
Grundlagen für eine digitale postmediale Anthropologie ausgearbeitet, die eine
telematische sozio-kulturelle Rahmung des Bildungsgedankens erlauben. Diese
Überlegungen werden in Kapitel 7 ausgeführt.

Die Untersuchung gliedert sich in sieben Kapitel. In einem ersten Kapitel
nähert sich die Untersuchung Vilém Flusser und versucht, die sehr verschiedenen
methodischen Zugänge seines Arbeitens aufzuzeigen, um sein Verständnis von
Wissenschaft und seine wissenschaftlichen Zugänge offenzulegen. Dabei wird die
Bedeutung der Kunst für das flussersche Werk aufgezeigt. Neben dem künstlerischen wie auch spielerischem Aspekt des In-Welt-seins nimmt die sogenannte
Bodenlosigkeit als Komponente der Nachmoderne eine zentrale Rolle ein. Von
dieser ausgehend ist es das Ziel mit Flussers phänomenologischer Herangehensweise, die eine Dezentralität voraussetzt, anthropologische Fragen an eine nachmoderne Gesellschaft der Digitalität zu stellen. Es wird die Grundlage geschaffen,
Bildung als Projekt durch eine Dezentralität der Standpunkte in den Fokus der
Betrachtungen zu rücken, indem der Mensch als Projekt sich von einzelnen
diskursiv geprägten Sichtweisen auf Welt entfernt und sich zu dieser Pluralität
spielerisch verhält. In dem darauf folgenden Kapitel wird die Kommunikologie

als Flussers theoretische Überlegung zur Kommunikation diskutiert. Diese ist zentral, um ein Verständnis der nachmodernen Veränderung von Gesellschaft im Werk Flussers aufzeigen zu können. Ebenso bilden sie und nicht die Medien die Grundlage für eine Reflexion auf Gesellschaft. Es ist ein Versuch des Aufdeckens der Veränderung der Codestruktur hin zu einer nachmodernen Form von Gesellschaft. Im Mittelpunkt steht dabei die Struktur der Kommunikation, die sich hin zu einem amphitheatralischen Diskurs verändert und als geschlossene Form keinen Zugriff auf die sendenden Einheiten zulässt. Daran zeigt sich, dass Flussers telematische Anthropologie durch eine veränderte Kommunikationsstruktur bedingt ist. Der Mensch verändert sich von einem modernen Modell des Subjekts zu einem nachmodernen Projekt. Dies vollzieht sich durch eine veränderte Struktur des Codes hin zum Technocode und Technobild. Um absichtsvoll Handeln zu können, das heißt, Projekt in einer telematischen Gesellschaft zu sein, ist es von zentraler Bedeutung, den neuen Code zuerst quasi hermeneutisch lesen zu können. Im Kapitel vier wird die Bildtheorie Flussers erörtert, um einen Zugang zu den Veränderungen hin zum Technobild aufzuzeigen. Dabei kann das Technobild als exemplarischer phänomenologischer Zugang zu einer Welt des binären Codes gesehen werden. Mit Hilfe der Fotografie werden die Veränderungen am Übergang von einer Welt des linearen Codes zu einem binären sichtbar, so dass der Übergang vom klassischen Bild zum Technobild in den Mittelpunkt der Betrachtungen rückt. Dabei kann anhand der Fotografie gezeigt werden, was es heißt, eine kritische Stellung zu dem Code einzunehmen, um ein nachmodernes Ek-sistieren[49] zu denken. Mit dem Modell des Fotografen ist bei Flusser ein absichtsvoll handelnder Mensch verknüpft, der gelernt hat, den Code zu lesen und sich unter anderem manipulativ zu den Apparaten zu verhalten. Im Anschluss daran zeigt sich mit Hilfe des Fotografen eine veränderte anthropologische Vorstellung, von der ausgehend der Mensch als bildungstheoretisches Projekt ausgeführt werden kann. Die Grundlage der Kommunikologie wie auch des

---

49 Den Begriff der Ek-sistenz übernimmt Flusser von Heidegger, der sich mit dieser Schreibweise von der Existenzphilosophie abgrenzt. Für Heidegger beruht das Wesen des Menschen in seiner Ek-sistenz. Er unterscheidet diese von dem Begriff der *existentia,* den er mit Wirklichkeit übersetzt und betont die Bedeutungskomponente der essentia als Möglichkeit. (Vgl. Heidegger, M. 1978, S. 322) „Das ekstatische Wesen des Menschen beruht in der Ek-sistenz, die von der Metaphysik gedachten existentia verschieden bleibt." (Heidegger, M. 1978, S. 323) Damit verknüpft Flusser einen Begriff der Ek-sistenz, welcher den Raum des Möglichen hervorhebt und der dann wieder in Anlehnung an Heidegger zum Raum der Möglichkeit des Ent-werfens wird. Mit diesem Raum des Möglichen verknüpft Heidegger „das, worin das Wesen des Menschen die Herkunft seiner Bestimmung wahrt". Die Frage nach dem Ek-sistieren ist mit Heidegger immer eine Frage die nach dem Wesen des Menschen fragt, die Flusser für seine Untersuchungen übernimmt. (Vgl. Heidegger, M. 1978, S. 312–324)

Technobilds werden genutzt, um die gesellschaftlichen Veränderungen in Kapitel
fünf darzulegen. Dazu dient die an die Moderne anschließende Nachmoderne als
Raum der Analyse. Zentrale Veränderungen sind die Auflösung des privaten
Raums und der im Anschluss daraus resultierende totalitäre private Raum. Ein
weiterer Blick gilt dem Subjekt als stereotypen Konsumenten des Immergleichen
und dem dadurch entstehenden programmierten Funktionär. Hieran wird aufgezeigt, welche Momente in einer sich verändernden Gesellschaft Bildung als projektive Einstellung in Welt verhindern. Es sind Veränderungen gegen die der
Mensch als Projekt strebt, solange er absichtsvoll und nicht als vermasstes programmiertes Objekt in Welt sein will. Im sechsten Kapitel wird die Utopie einer
telematischen Gesellschaft erörtert und diskutiert. Es werden zentrale Momente
des utopischen Denkens Flussers anhand einer Gesellschaft der dialogischen
Spieler wie auch Künstler aufgezeigt, als Formen, die ein Überschreiten einer
amphitheatralischen Ordnung ermöglichen. Dabei werden die Kritik und die damit verbundene Möglichkeit des Projizierens in den Mittelpunkt gerückt. Ausgehend von der Utopie der telematischen Gesellschaft verweist Flusser auf den
Menschen als Projekt, das den Menschen eben aus seiner Vernetztheit der Gruppe
denkt. Mit seinen Ausführungen hinterfragt Flusser vor allem die starke Zentrie-
rung auf den einzelnen Menschen. Zwangsläufig sind dann die grundlegenden
Begriffe des pädagogischen Diskurses neu auszuhandeln. Auf dieser Grundlage
lässt sich in Abschnitt sieben die Frage nach den Bildungsmomenten in einer
nachmodernen oder nach Flusser telematischen Gesellschaft stellen. Dabei nimmt
die Schule im Sinne des griechischen Verständnisses der *scholé* eine zentrale
Rolle ein. Als Ort des müßigen In-Welt-seins bietet sie Anschlusspunkte, die im
Rahmen des Cultural Hackings Möglichkeiten des projekthaften Lebens aufzeigen
und Anknüpfungspunkte liefern, Bildung als Projekt zu verstehen. Die Arbeit
schließt mit einem Resümee als kritische Schlussbetrachtung.

2 Wissenschaft als Engagement

2.1 Essayismus als Projekt

Flusser[50] ist ein Getriebener der Sprache(n) und des Schreibens, der trotz der an vielen Stellen seines Werks dargelegten Auflösung der Bedeutung der alphanumerischen Schrift an ihr festhält. Er erwähnt schon sehr früh in einem Brief an Alex Bloch, dass er sich klarer schriftlich als mündlich ausdrücken könne[51] und verweist an anderer Stelle darauf, dass das Ziel seines Seins immer das Reden und das Schreiben ist.[52]

> „Wenn Flusser schreibt, und er tut es mit der Leichtigkeit des Atmens, übersetzt und rückübersetzt er denselben Text in die Sprachen, die er beherrscht: Deutsch, Englisch, Portugiesisch, Französisch."[53]

Sein Bestreben ist es, einen kritischen Blick auf gesellschaftliche Veränderungen zu werfen.[54] Dieses gesellschaftliche Engagement steht nahezu hinter allen seinen Werken und zeigt sich insbesondere in den vielen Vorträgen und Interviews im Anschluss an seine Rückkehr nach Europa.[55] Flussers Leben und sein theoriegeleitetes Arbeiten ist durch Mobilität sowie durch ein Streben nach Freiheit[56] geprägt. In Anlehnung an die Ausführungen Fahles kann Flusser als ein schrift-

---

50 Das folgende Kapitel verfolgt das Ziel, in Vilém Flussers (*12. Mai 1920 – †27. November 1991) wissenschaftliches Arbeiten einzuführen. Dabei liegt der Fokus nicht auf einer dezidierten Ausarbeitung seiner biographischen Angaben (Für biographische Ausführungen sei verwiesen auf Guldin, R./ Finger, A./ Bernardo, G. 2009, S. 11–26, Bidlo, O. 2008, S. 7–10; Flusser, V. 1993h, S. 121–124; Röller, N. 2003) oder einer ganzheitlichen Erörterung des Wissenschaftsverständnisses beziehungsweise der Methoden sondern auf den, für das angestrebte Thema erkenntnisleitenden, biographischen und wissenschaftstheoretischen Momenten.
51 Vgl. Flusser, V. 1951, S. 2
52 Vgl. Flusser, V. 1992c, S. 218
53 Leao, M. L. 1990, S. 12
54 Vgl. Flusser, V. 1990d, S. 5
55 Flusser siedelt sich nach einigen Zwischenstationen innerhalb Europas in Robion Frankreich an. Mit dieser Wohnortwahl befindet er sich nach Hennrich in einer äußerst bedeutungsvollen archäologischen Landschaft. Flusser zieht in die Nähe der ältesten Höhlenmalereien, die er als einen wichtigen Schritt, als eine zentrale Revolution in seinen anthropologischen Bildbetrachtungen thematisiert. (Vgl. Hennrich, D.-M. 2012, S. 1)
56 Vgl. Rötzer, F. 1990, S. 85

stellender Philosoph bezeichnet werden, dessen Werk den Streuungen „die er für das Punktuniversum der digitalen Bilder diagnostiziert"[57] gleicht. Er wechselt permanent die Standpunkte und verfolgt nicht das Ziel einer konsistenten Theorie, sondern ist auf der Suche nach U-topien[58] und Un-Orten, die es ihm ermöglichen, die Auflösung jeglicher letztbegründeter Grundlagen im Zeitalter der Postmoderne literaturphilosophisch zu umkreisen. Ähnlich wie viele andere Vertreter der sogenannten Postmoderne sieht Flusser ihren Ursprung in der Architektur[59]. Der Begriff der Postmoderne ist weitgehend geprägt durch eine Architektur, die sich von der modernen Bauweise emanzipiert. Für Flusser verweist dieser Begriff auf ein Zeitalter, das auf die Moderne folgt und das er häufig mit dem Begriff der Nachmoderne versieht.[60] Die Postmoderne in ihrem Abschied vom Prinzipiellen[61] geht nach Flusser aus den modernen Wissenschaften und ihrer methodischen Rationalität hervor. Seine Vorstellung von Postmoderne enthält in vielen Teilen Momente der Konzeption Lyotards. Beide überschneiden sich in der Annahme, dass die großen Erzählungen als Ausdruck von Linearität enden, dass sie durch eine Theorie des Sprachspiels geprägt sind und den Begriff der Telematik für eine neue Form der Gesellschaft verwenden. Ebenso verknüpfen sowohl Lyotard als auch Flusser die Begriffe postmodern und postindustriell.[62] Nach Flusser geht die Postmoderne aus einer Krise der Moderne hervor[63], die mit dem Verlust von Autoritäten[64] verknüpft ist.[65]

Beeinflusst ist Flussers wissenschaftliches Arbeiten besonders durch die Philosophen Cassirer, Heidegger, Husserl, Kant, Marx, Nietzsche, Wittgenstein und die Literaten Camus, Kafka und Rilke[66], die er allerdings in seinen Essays nur an wenigen Stellen zitiert. Ohnehin geht er sparsam mit Verweisen um.

> „Auf Zitate und Literaturverweise wird verzichtet werden. Ich darf mir den Ruecken nicht decken, sondern ich muss fuer mich selbst einzustehen versuchen."[67]

---

57 Fahle, O. 2009, S. 162; vgl. auch Michael, J. 2009a, S. 131
58 Vergleich zum Begriff der Utopie Neusüss, A. [3]1986; Mueller, V./ Albertz, J. 2006; Vosskamp, W. 1982; Schölderle, T. 2012
59 Vgl. hierzu Welsch, W. [7]2008
60 Vgl. Flusser, V. 1995, S. 185–189
61 Vgl. hierzu Marquard, O. 1991
62 Vgl. Hanke, M. 2013, S. 123–129
63 Vgl. Flusser, V. 1997f, S. 303–304 und S. 311
64 In der Postmoderne verlieren die modernen Autoritäten ihre Bedeutung. Dies umfasst die Autorität von Modellen bis zu der Autorität von Personen.
65 Vgl. Flusser, V. XXXXy, S. 10
66 Vgl. Fahle, O./ Hanke, M./ Ziemann, A. 2009, S. 10; Flusser, V. 1975, S. 3–6
67 Flusser, V. XXXXe, S. 1 - In den unveröffentlichten Archivtexten findet sich bei Vilém Flusser bis auf einige Ausnahmen immer die Schreibweise der Umlaute mit „e". Dies ist der Einschätzung nach darauf zurück zu führen, dass Flusser große Teile seines Werks mit einer amerikanisch-englischen Schreibmaschine - einer QWERTY-Tastatur - ohne Umlaute verfasst hat.

Flusser sucht nach neuen Standpunkten und nach neuen Hypothesen, welche er im Verlauf seiner essayistischen Werke häufig dialektisch ausarbeitet. Es sind nach Rump Denkuniversen, die Flusser in seinem Werk eröffnet, die sich einer klaren Ausrichtung oder Zuordnung zu Denktraditionen verwehren. Sein Ziel ist es, so neue Denkräume als Möglichkeitsfelder innerhalb des akademischen Diskurses zu öffnen.[68]

> „Der im nachdenklichen Lesen entstehende Denkraum vermag möglicherweise auch den Spielraum herzustellen, in dem die menschlichen Beziehungen zu den unterschiedlichen Apparaturen und Medien reflektiert und modellhaft und experimentell entworfen werden."[69]

Diese neuen Denkräume stellen Spielräume für den nachmodernen *homo ludens* dar, in denen Reflexionen und kritische Bezüge zur Gesellschaft möglich werden. Flusser begründet seine quasi Nicht-Zitation mit der schwindenden Bedeutung des Autors,[70] der durch die dialogische Gemeinschaft beziehungsweise die dialogische Kommunikation ersetzt wird. Die Autorenschaft geht von einer Einzelperson auf die Gruppe über. Der Verzicht auf die Angabe von Quellen und Verweisen stellt daher keine mangelnde Wissenschaftlichkeit dar, sondern ist Ausdruck des Versuches, eine neue essayistische Arbeitsweise zu etablieren. Die Philosophie[71], sofern sie nicht mit der Frage nach der ewigen Wahrheit belastet ist, wie Flusser schon im Jahr 1957 betont, spielt für dieses Verständnis von Wissenschaft eine große Rolle.[72]

Flusser bleibt Zeit seines Lebens ein Querdenker, der den akademischen Diskurs kritisch hinterfragt und sich nicht in konventionelle wissenschaftliche Schemata einordnen lässt. Seine essayistischen Versuche überschreiten die Grenzen der akademischen Welt, um neue Denkräume zu entwickeln. Flusser entzieht sich dadurch zugleich dem Methodenzwang der modernen Wissenschaft.[73]

Essayistisch zu arbeiten ist ein Schreiben, wie Flusser es im Jahre 1989 in einem Interview ausdrückt, das Hypothesen formuliert, als hätte niemand anderes

---

68   Vgl. Rump, M. C. 2001, S. 42
69   Zepf, I. 2001, S. 154
70   Vgl. Flusser, V. 1995, S. 182
71   Die Philosophie bewegt sich nach Flusser in einem permanenten Schwanken zwischen essayistischem und akademischem Stil. Der akademische Stil verbindet intellektuelle Ehrlichkeiten mit existentiellen Unehrlichkeiten, weshalb Flusser ihm vorwirft, dass er sich seiner lebensweltlichen Verantwortung entzieht. Wie sich an den meisten seiner Arbeiten zeigt, präferiert er aus diesem Grund den Essayismus. Allerdings verweist Flusser darauf, dass die Universität der Ort sein sollte, an dem sich die beiden Stile gegenseitig durch Kritik überholen. (Vgl. Flusser, V. 1998e, S. 139–140)
72   Vgl. Flusser, V. 1957, S. 165
73   Vgl. Rump, M. C. 2001, S. 60

bis jetzt an diese gedacht.[74] Der Essay ist bestrebt, eine Standortunabhängigkeit aufzubauen, die sich thematischer Grenzen entzieht oder diese vielmehr überschreitet. Der Charakter des Entwurfs zeichnet den essayistischen Schreibstil aus, der nichts Endgültiges anstrebt und fragmentarisch bleibt. Skizzen, Karikaturen und eine antinormative Einstellung prägen ihn,[75] Standpunkte werden permanent gewechselt und, in Anlehnung an Adorno, der „Widerspruch als Selbstzweck"[76] genutzt. Einerseits birgt der Essay stets die Gefahr sich im Thema oder das Thema selbst zu verlieren. Andererseits kann der Autor sein komplettes Engagement erst mit Hilfe des Essays artikulieren.[77]

Ernst bezeichnet Flusser als einen „embryonalen Literaten"[78], der in der Grenzregion zwischen Literatur und Philosophie eine literarische Skepsis eröffnet. In dieser skeptischen Verknüpfung mit seiner Lebenswelt sieht Flusser die Möglichkeit, die Grenzen der fragmentierten Diskurse der Postmoderne zu überschreiten.[79] Kurzum: Das Ziel des Essayismus ist die Kritik,[80] insbesondere an den Effekten der modernen Wissenschaften und den Strukturen einer nachmodernen Gesellschaft. Flusser verweigert jeglichen Metastandpunkt und verfolgt in seinen kritischen Arbeiten eine „standpunktlose Standortbestimmung"[81]. Sein Vorgehen zeichnet sich durch das vorbehaltlose Hinterfragen von Selbstverständlichkeiten, Traditionen und überkommenen Denkschablonen sowie Strukturen aus.[82]

Durch das Aufdecken der Verbindung zwischen Apparat und Funktionär in der Moderne kommt Flusser der Forderung Adornos nah, „daß Auschwitz nicht noch einmal sei"[83].

„Die Bedeutung von »modern« aber, so wie sie sich etwa in Auschwitz, in der Leere des wissenschaftlichen Weltbilds oder in der allgemeinen Verblödung durch Massenmedien herausstellt, ist nicht akzeptabel."[84]

Flussers Engagement wendet sich gegen die Vermassung und Verobjektivierung des Menschen[85] sowie gegen jede Form totalitärer und faschistischer Strukturen.

---

74   Vgl. Flusser, V./ Sander, K. 1996, S. 92
75   Vgl. Guldin, R. 2005, S. 326–327
76   Flusser, V./ Sander, K. 1996, S. 184
77   Vgl. Flusser, V. 1998e, S. 140
78   Ernst, C. 2005, S. 323
79   Vgl. Ernst, C. 2005, S. 323
80   Vgl. Rump, M. C. 2001, S. 57
81   Kritlova, K. 2010, S. 5
82   Vgl. Rötzer, F. 1990, S. 87
83   Adorno, T. W. 1970, S. 88
84   Flusser, V. 1997f, S. 315–316

Es ist ein Appell an das kritisch denkende Subjekt, das versucht sich seiner Vermassung zu entziehen. Die apparatische Infiziertheit[86] des Westens als Ausdruck verobjektivieren der Rationalität ermöglicht Auschwitz. Dadurch wird es umso dringlicher, die Abhängigkeit zwischen Mensch und Apparat sichtbar zu machen. Durch Auschwitz hat „Kultur ihre Maske abgeworfen"[87], das heißt, die Auswirkungen der Verknüpfung zwischen Mensch und Apparat werden sichtbar. Erst unter der Voraussetzung der inhumanen Verobjektivierung der Subjekte kann der Apparat Auschwitz funktionieren.[88] Für Flusser ist der Totalitarismus des Nationalsozialismus in der apparatisch strukturierten Gesellschaft angelegt. Die Vernichtung von Menschen wird zudem durch die Manipulation der Massen in der nationalsozialistischen Propaganda mit Hilfe von Fotografien und Filmen unterstützt.[89]

Für Flusser präsentieren sich die Auswirkungen der Veränderungen nach dem Ende des Zweiten Weltkriegs in den Nürnberger Prozessen und dem im Jahre 1961 in Jerusalem stattfindenden Eichmann-Prozess.[90] Es entsteht in der Zeit des Nationalsozialismus eine Situation völliger Verantwortungslosigkeit in allen gesellschaftlichen Bereichen, die die Vernichtung der Juden erst ermöglicht.[91] Im Nationalsozialismus entwickeln sich politische, programmierende Strukturen, die den Einfluss eines mündigen Subjekts schwinden lassen.[92] Diese strukturelle Anlage eines „postindustriellen Faschismus"[93] sieht er im Stalinismus sowie in den modernen und schließlich nachmodernen Technokratien fortgeführt, die sich im Vergleich zum Nationalsozialismus gesellschaftlich umfassenderer Apparate bedienen.[94] Auch die unkritischen Wissenschaften, insofern sie vorgeben, einen neutralen Standpunkt einzunehmen, befördern diese technokratischen Strukturen der Entsubjektivierung. Zugleich bieten, gleichsam dialektisch, diese durch Ap-

---

85 Unter Vermassung versteht Flusser, dass das Subjekt aufgelöst wird und an dessen Stelle stereotype Objekte treten. Daraus resultiert eine Gleichschaltung der Menschen und die mit dem Subjekt verbundenen Denkfiguren wie Freiheit, Mündigkeit und Autonomie lösen sich auf. (Vgl. Flusser, V. 1997c, S. 73; Flusser, V. 1992f)

86 Vgl. Flusser, V. 1990e, S. 64

87 Flusser, V. 1990e, S. 62

88 Vgl. Flusser, V. 1990e, S. 63

89 Vgl. Flusser, V. 1990a, S. 121

90 Vgl. hierzu Arendt, H. [7]2011

91 Vgl. Flusser, V. 1993e, S. 30

92 Vgl. Flusser, V. 1997k, S. 208–209

93 Flusser, V. [4]2007, S. 237

94 Vgl. Flusser, V. XXXXw, S. 6 - Manager sind im Zuge dieser Entwicklung für ihn daher nichts anderes als Eichmann-Stereotype innerhalb der nachmodernen Gesellschaft. Sie zeichnen sich durch eine Abhängigkeit von (ökonomischen) Systemen aus, die sie, wie auch die Konsumenten ihrer verbreiteten Produkte, verobjektivieren beziehungsweise im flusserschen Verständnis vermassen. Im Zuge dessen verlieren sie jegliche Möglichkeit des verantwortlichen Eingreifens.

parate bedingten Strukturen die Möglichkeit einer vernetzten aufgeklärten telematischen Gesellschaft.[95] Flusser sucht nach Spielräumen der Kritik, die veränderte Formen der Kommunikation und Gesellschaft vordenken. Gelingt es nicht,
neue Formen der Kritik zu etablieren, setzt sich nach Flusser die Entwicklung
des nationalsozialistischen Totalitarismus fort.[96] Häufig wird in der deutschen
Rezeption des Werkes Flusser seine persönliche und wissenschaftliche Prägung
durch die Zeit des Nationalsozialismus vernachlässigt, wenn er ausschließlich als
Medienwissenschaftler, Medienphilosoph oder Vordenker des Mediendiskurses
ausgelegt wird. Erst durch die Berücksichtigung dieser politischen Dimension
seines Werkes wird sein engagiertes und essayistisches Verständnis von Wissenschaft verstehbar. Die Beschränkung auf den Bereich der Medien wird also dem
kritischen Anspruch des flusserschen Arbeitens nicht gerecht. Um dem Werk
Flussers gerecht werden zu können, scheint vielmehr der umfassendere Begriff
eines kritischen Kulturwissenschaftlers oder Kulturtheoretikers im Anschluss an
Finger[97] geeigneter zu sein. Er bringt vielleicht am ehesten zum Ausdruck, dass
Flusser sich nicht auf den medialen Bereich beschränken lässt, sondern politische
und gesellschaftliche Prozesse sowie bildungsphilosophische und anthropologische Fragestellungen vor der Konstitutionsleistung medialer Diskurse und
deren Codes untersucht.[98]

Wissenschaft versteht Flusser in einem nachmodernen Sinn als „Ausdruck
eines spezifischen In-der-Welt-sein[s]"[99], als eine Wissenschaft, die sich auf die
Lebenswelt der Subjekte bezieht.[100] In diesem Ansatz zeigt sich die Nähe Flussers
zu einer Phänomenologie, die er vor allem im Anschluss an die Überlegungen
Husserls zu entfalten sucht. Darüber hinaus projiziert der Mensch seine Lebenswelt mit Hilfe der technischen Produkte der Wissenschaften. Er setzt dabei ein
Verständnis der Lebenswelt voraus, das die Signatur differierender Symbolnetze
trägt.[101] Erst die Etablierung des Menschen als kritisches Projekt, ermöglicht die
Gestaltung von Selbst und Welt.[102] Diese Lebensform als Projekt ist eine kritisch
reflexive Haltung zur Welt und eine Arbeit an der Vielfalt der Denkräume. Sie
ist zugleich eine Veränderung der durch Symbolnetze und Codes strukturierten
Welt.[103]

---

95   Vgl. Flusser, V. [4]2007, S. 50; Flusser, V. XXXXw, S. 7; Flusser, V. 1990b, S. 106
96   Vgl. Flusser, V. 1993e, S. 31; Flusser, V. 1997k, S. 208
97   Vgl. Finger, A. 2009, S. 245
98   Vgl. Flusser, V./ Sander, K. 1996, S. 86
99   Flusser, V. 1992c, S. 240
100 Vgl. Flusser, V. 1990e, S. 81
101 Vgl. Flusser, V. 1992c, S. 239
102 Vgl. Flusser, V. 2003b, S. 83
103 Vgl. Flusser, V. 1992g, S. 48–49

Die Wissenschaften der Moderne können sich nach Flussers Auslegung erst
auf der Grundlage der Säkularisierung entwickeln.[104] Mit der Aufklärung und der
zunehmenden Säkularisierung werden sie die Instanz des Wahrsprechens[105], die
die Religion[106] ablöst. Sie übernehmen in der Moderne die gesellschaftliche Position Gottes und bestimmen Modelle des gesellschaftlichen Zusammenlebens.[107]

> „Wissenschaft und Technik sind unsere »Religionen«."[108]

Daher werden sie zu einer säkularen Autorität, der das Wahrsprechen in der mo-
dernen Gesellschaft zukommt. Für die Nachmoderne zeigt Flusser auf, dass die
Wissenschaft die einzige noch intakte Instanz ist, die sich, wie die weiteren Analysen zeigen werden, allerdings auf eine Krise zubewegt.[109] Dabei verweist Flusser
darauf, dass das Ziel der modernen Wissenschaften nicht die Übernahme der
Autorität ist, sondern in kritischer und aufklärender Absicht das methodische
Zweifeln. Dem Interesse an Leben und Tod in den Religionen setzt die moderne
Wissenschaft das Interesse an Natur entgegen und entwickelt dadurch ein unbe-
lebtes automatisches, ein kausales System.[110]

Große Teile der modernen Wissenschaften lenken ihr Interesse so auf eine
Natur im eingeschränkten Verständnis der Physik, während sie die Themen beispielsweise des Geistes, der Gesellschaft oder des Menschen den Geisteswissenschaften überlässt. Die modernen Wissenschaften degradieren den Menschen und
die Natur zu Objekten. Erst in dem zweifelnden Bezug auf diese Objekte konturiert sich das Subjekt und „ek-sistiert"[111]. Mit anderen Worten: Der Mensch wird

---

104 Vgl. Flusser, V. 1990e, S. 64
105 Vgl. hierzu Foucault, M. 2012
106 Die Nähe von Religion und Wissenschaft stellt Flusser an verschiedenen Stellen seines Arbeitens
     dar. Es geht ihm dabei nicht darum, die Theologie in die Wissenschaft zu überführen, sondern auf-
     zuzeigen, an welchen Stellen sich die Diskurse ähneln beziehungsweise wie die Wissenschaften
     auch durch Übernahme von Mechanismen der Religion entstehen konnten. (Als Gegenposition
     hierzu siehe Neswald, E. 1998 und Han, B.-C, 2013, S. 63) Für Flusser ist der Übergang hin zur
     modernen Wissenschaft eine reformatorische Bewegung, die den Diskurs der Religionen restruk-
     turiert. (Vgl. Flusser, V. XXXXx, S. 21) „Man kann die moderne Wissenschaft an ihrem Ursprung
     als eine reformatorische Bewegung innerhalb der katholischen Wissensstruktur ansehen. Und zwar
     nicht nur in jenem verschwommenen Sinn, in welchem behauptet wird, dass die Wissenschaft
     versuche, die Methode des Glaubens und der Logik zum Erzielen des Wissens durch die Methode
     des Zweifels und der Beobachtung zu ergaenzen oder zu ersetzen. Sondern die Wissenschaft kann
     als reformatorische Bewegung in einem ganz exakten Sinn angesehen werden, naemlich als
     Versuch, die Struktur des katholischen Diskurses von innen umzubauen." (Flusser, V. 1978a, S. 1)
107 Vgl. Flusser, V. 1998b, S. 135–136
108 Flusser, V. ⁴2007, S. 46
109 Vgl. Flusser, V. 1993e, S. 29
110 Vgl. Flusser, V. XXXXx, S. 2–3
111 Flusser, V. 1993g, S. 295

durch seinen zweifelnden Bezug auf die Lebenswelt zu einem erkennenden Subjekt. Die nach Flusser als interessant deklarierten Dinge der Ek-sistenz lassen sich nicht durch die modernen Wissenschaften betrachten, insofern sie sich nur mit den bloßen Objekten befassen.[112]

Wissenschaftliche Wahrheiten werden in dem Verständnis der Nachmoderne begrenzt auf Diskurse und Methoden, die als Bedingung für die Wahrheiten anerkannt werden müssen.[113] Je mehr Perspektiven und Standpunkte zu wissenschaftlichen Aussagen eingenommen werden, desto begründeter, desto wahrscheinlicher werden sie.

> „Wir können nicht anders als fortan die Wahrheit als einen unerreichbaren Grenzwert der Wahrscheinlichkeit ansehn [sic]."[114]

Ein modernes Verständnis von Wahrheit und Wirklichkeit pluralisiert sich postmodern durch die Vielfalt der Diskurse. Wirklichkeiten werden zu einem intersubjektiven Sein mit Anderen in der Welt.[115] Sie nehmen eine virtuelle Form an, so dass im Anschluss an die Postmoderne nur noch von Wirklichkeitsgraden im Sinne von Virtualitätsgraden gesprochen werden kann.[116] Wirklichkeiten werden zu einer Verwirklichung von Möglichkeiten[117], die im besten Falle in dialogischen[118] Netzen entstehen.

Wissenschaft jeder Form ist nach Flusser immer mit einer Anerkennung des Kommunikationsnetzes[119] eines spezifischen Diskurses und der Anerkennung einer Wahrheit unter anderen möglichen Wahrheiten verbunden. Die Wissenschaft zieht Netze aus Wahrheiten zwischen Subjekt und Welt ein[120], die sich unter anderem mit Hilfe von Bildern realisieren. Somit versucht Flusser durch die Analyse der Bilder, die Konstitutionsleistungen der Diskurse in den Fokus zu rücken. Dabei stehen in besonderem Maße die Technobilder im Mittelpunkt.[121] Bei diesen Bildanalysen geht es also um den symbolischen Gehalt der Kultur und die Beein-

---

112 Vgl. Flusser, V. XXXXx, S. 4
113 Durch die modernen Wissenschaften wird alles erklärt und zerkleinert bis das erkennende Subjekt auf die Körner stößt. Der Begriff Körner wird mit dem Begriff Partikel von Flusser gleichbedeutend verwendet. (Vgl. Flusser, V. ⁵2002, S. 78; Flusser, V. 1990f, S. 32)
114 Flusser, V. 1991c, S. 78
115 Vgl. Flusser, V. 1997d, S. 216; Flusser, V. ⁴2007, S. 213
116 Vgl. Flusser, V./ Sander, K. 1996, S. 120
117 Vgl. ebd., S. 177
118 Vgl. hierzu Kapitel 3.3 in dem insbesondere die Unterscheidung zwischen Dialog und Diskurs thematisiert wird.
119 Vgl. Flusser, V. 1992c, S. 240
120 Vgl. Flusser, V. 2006, S. 20
121 Vgl. Marburger, M. R. 2011, S. 29

flussung oder vielmehr die Programmierung der Subjekte durch die Bildmedien.[122] Die symbolischen Netze und die damit verbundenen kulturellen Kommunikations- und Codestrukturen stellen Ordnungen der Wirklichkeit dar. Sie entstehen, gleichwohl sie die Subjekte quasi programmieren, dennoch gerade durch Handlungen der Subjekte. Als absichtsvolle, projizierte Ordnungen drücken sie so die Möglichkeit der Gestaltung von Welt aus.[123]

Flusser benennt drei unterschiedliche Perspektiven auf die Krise der Wissenschaften der Moderne. Erstens ergibt sich für die Geisteswissenschaften von hier an das Problem, dass sie, anders als die moderne Naturwissenschaften, diesen vermeintlich objektiven Standpunkt zur Welt nicht einnehmen können. Sie sind stattdessen immer schon konstitutiv mit der Welt verwoben, können sich aus dieser nicht zurückziehen und unterlaufen so letztlich einen Dualismus von Subjekt und Objekt. Dadurch erlangen die Geisteswissenschaften keine nomologische Exaktheit ihrer Untersuchungen[124], so dass sich im Verhältnis zwischen Geisteswissenschaft und Naturwissenschaft eine krisenhafte Situation ergibt. Flusser fasst diese Krise der Wissenschaft insgesamt als eine Krise des Glaubens an die Subjekt-Objekt-Trennung auf.[125] Diese Krise wird bestärkt durch die empirischen Wissenschaften, die von kausal definierten (Natur-) Gesetzen ausgehen.[126] Flusser wendet sich daher in seinen Analysen gegen ein rational „wohlpassendes Ideenkleid"[127] der Lebenswelt, ohne aber zugleich die naturwissenschaftliche Perspektive auszuklammern. Ähnlich wie Heidegger wirkt er der Unsichtbarkeit beziehungsweise der Neutralität[128] kommunikativ alpha-numerisch präfigurierter Codestrukturen und den damit verknüpften Wahrnehmungs- und Denkstrukturen (bei Heidegger des Technischen) entgegen. Er thematisiert wie Heidegger die menschliche Tendenz zum reinen Bestand[129] und kritisiert ähnlich wie Husserl den reinen Tatsachenmenschen.[130] Das Ausbrechen aus dieser reinen kausalen und rationalen Welt ist eines der Anliegen Flussers, um eine Wiederkehr einer apparatisch totalitären Gesellschaft, wie sie sich in aller Radikalität durch Auschwitz zeigt, zu verhindern.[131] Zweitens befinden sich die Wissenschaften der Moderne auch durch ihre enorme Ausdifferenzierung in Disziplinen und Subdisziplinen in der Krise. Diese

---

122   Vgl. Alpsancar, S. 2012, S. 50
123   Vgl. Flusser, V. 1989a, S. 4
124   Vgl. Flusser, V. XXXXx, S. 5–6
125   Vgl. Flusser, V. XXXXx, S. 15
126   Vgl. Flusser, V. 2008, S. 51
127   Husserl, E. ³1996, S. 55
128   Vgl. Heidegger, M. 1954, S. 13
129   Vgl. Heidegger, M. 1954, S. 26
130   Vgl. Husserl, E. ³1996, S. 4
131   Vgl. Flusser, V. 1992g, S. 48–49

verschiedenen Zweige der Wissenschaften verwenden differierend Codestrukturen des Austauschs.[132] Die Krise der Wissenschaften ist daher auf der einen Seite bedingt durch technokratische Tendenzen, die das Moment des Zweifelns an der Methodik der Wissenschaften selbst verdrängen, und auf der anderen Seite durch das Interesse des Bürgertums an unbelebten Dingen und Objekten. Dabei kann nach Flusser die Frage gestellt werden, inwieweit die Krise auf eine neue Denkform und auf eine neue Codeform verweist[133] und in welchem Maß daher die Wissenschaften nur Teil einer bürgerlichen Ideologie sind.[134] Für Flusser besteht der einzige Weg, diese Krise zu überwinden, in der Interdisziplinarität der Wissenschaften, welche eine Anerkennung der politischen, ästhetischen und wirtschaftlichen Auswirkungen realisieren würde. Solange dieser Schritt nicht vollzogen wird, befinden sich die Wissenschaften der Moderne in der Krise. Somit resultiert diese Krise aus einer Krise der Modelle und Codes. Drittens geht sie aus der Abschwächung der Vorrangstellung des Menschen als Subjekt in der Nachmoderne hervor.[135] Dies vollzieht sich auf der Grundlage, dass durch die Zerteilung der Welt in Körner das Subjekt der Moderne relativiert wird. Dabei entsteht die Möglichkeit der Vermassung der Menschen als einer Auflösung im Objekt oder eine neue Form des Seins in Welt als Projekt in einer telematischen Gesellschaft. Dadurch besteht die Möglichkeit aus der Struktur der Wissenschaften auszubrechen, um eben die Bereiche dazwischen zu erfassen.[136] Welche Auswirkungen sich durch die beiden Tendenzen ergeben, soll in der Untersuchung gezeigt werden.

> „Letztlich wird man wohl die neuzeitliche Ideologie, wonach der Mensch als Traeger des Lichts der Vernunft das Subjekt einer zu erklaerenden und zu beherrschenden objektiven Welt ist, aufgegeben werden muessen."[137]

Die Krisen der modernen Wissenschaften führen nach Flusser allerdings zwangsläufig auch zu einer Krise der Gesellschaft.[138] Für Flusser müssen sich Natur- wie

---

132 Vgl. Flusser, V. 1978a, S. 7
133 Vgl. Flusser, V. XXXXx, S. 1–3
134 Vgl. ebd., S. 13
135 Vgl. Flusser, V. XXXXh, S. 4
136 Vgl. Flusser, V. XXXXl, S. 2–3
137 Flusser, V. XXXXh, S. 3
138 Vgl. Flusser, V. XXXXx, S. 2 – Bereits im Jahre 1957 verweist Flusser darauf, dass sich die Wissenschaft immer mehr ihrer Grenzen bewusst wird, was als ein erster Hinweis auf die Probleme und auch die Krise der modernen Wissenschaften ausgelegt werden kann. Die Krise dieser ist, dass Wissenschaft nicht sein kann, was ihr aus dem bürgerlichen Milieu, in der Renaissance ausgearbeiteten Form, auferlegt wurde. Flusser verweist darauf, dass in der Nachmoderne aufgezeigt werden kann, dass die moderne Wissenschaft von ihrer Anlage her problematisch ist. (Vgl. Flusser, V. 1957, S. 98)

auch Geisteswissenschaften ihrer ethischen und politischen Verantwortung stellen, wenn sie nicht zugleich den Menschen zu einem möglichen Objekt der Manipulation machen wollen. Die Wertfreiheit großer Teile der Wissenschaft ist ihm nichts anderes als eine neue Form der Barbarei. Dies verdeutlicht er besonders an dem Beispiel der Statistik. Mit Hilfe von statistischen Mitteln wird das einzelne Subjekt entindividualisiert und einer Masse einverleibt, so dass es lediglich zu einem stereotypen Objekt wird. Den Effekt, das einzelne Subjekt in ein Stereotyp zu überführen, zeigt Flusser an Auschwitz. Auschwitz ist für ihn ein Beispiel, das für die Auflösung des Subjekt-seins steht. Die Menschen funktionieren nur noch als stereotype Objekte in ihrer zugewiesenen Rolle.[139] Im Nationalsozialismus lösen sich die Formen des kritischen Subjekt-seins auf und werden durch eine verobjektivierte Masse ersetzt. Diese Stereotypisierung des Menschen ist für ihn ein bedeutendes Kennzeichen sowohl der Moderne als auch der Nachmoderne. Den Menschen zum Objekt zu machen löst ihn als Subjekt auf.[140] Diese Formen der den Menschen verobjektivierenden Wissenschaften bezeichnet Flusser als „gemeingefaehrliche Waffe"[141] für eine aufgeklärte Gesellschaft. Wissenschaften haben daher auch ihre ethischen, politischen, wie auch ästhetischen Dimensionen anzuerkennen und zu gewichten.[142]

Flussers Ansatz sollte allerdings auch in seinem wissenschaftlichen Engagement nicht als ein Gegenentwurf zu den modernen Naturwissenschaften betrachtet werden, sondern vielmehr als der Versuch einer Verbindung unterschiedlicher wissenschaftlicher Disziplinen. Durch diese Interdisziplinarität in der Gestalt des Essays kann Wissenschaft den Diskurs um veränderte Gesellschaftsformen bereichern.[143] Ausschließlich durch die Beachtung verschiedener wissenschaftlicher Bereiche kann der Bedeutung des naturwissenschaftlichen Bereichs[144] ebenso Rechnung getragen werden, wie der Bedeutung der literarisch-philosophischen Komponente in Flussers Werk. Einerseits wendet sich Flusser gegen die naturwissenschaftlich orientierten Wissenschaften und die Wissenschaften, die sich der naturwissenschaftlichen Methodik bedienen, da sie sich auf eine reine Datensammlung beschränken. Andererseits zeigt er an den Geisteswissenschaften auf, dass diese ihren gesellschaftlichen Einfluss verlieren, da sie nur noch in begrenzten

---

139 Vgl. Flusser, V. 1990e, S. 60–62
140 Vgl. Flusser, V. XXXXx, S. 9–10
141 Flusser, V. XXXXx, S. 9
142 Vgl. Flusser, V. XXXXr, S. 13
143 Flusser unterscheidet in seinen Ausführungen zu der Kommunikologie die Begriffe Dialog und Diskurs, was in Kapitel 3 weiter erläutert wird. Dialoge stellen dabei im Gegensatz zum Diskurs die Möglichkeit dar, aus den programmierenden gesellschaftlichen Strukturen ein Stück weit zu entkommen beziehungsweise sich absichtsvoll zu diesen zu verhalten.
144 Vgl. Flusser, V. 2008, S. 117 und S. 122

Bereichen der wissenschaftlichen Diskurse Einfluss haben. Ähnlich wie die Kunst werden sie in ghettoisierte Räume abgeschoben

> „Was aber den Klub von Rom von anderen Zukunftsvisionen tatsaechlich unterscheidet, ist seine philosophische Naivitaet, eben seine ‚Dummheit'. Es wird dort gemessen und verglichen, und zwar unmessbares gemessen, und unvergleichbares verglichen. Zum Beispiel wird Nahrung in Kalorien oder Proteinen gemessen, und verliert dadurch die Qualitaet ‚menschlicher Nahrung'".[145]

In einer einseitigen Ausrichtung der Naturwissenschaften ist von einem freien, weil absichtsvoll handelnden Subjekt keine Rede mehr. Sie verfolgen eine mechanische und automatisierte Weltsicht. Gegen diese Weltsicht spricht nach Flusser allerdings die Zufälligkeit des In-Welt-seins.[146]

> „Das Weltbild der exakten Wissenschaften, so klar und ästhetisch vollkommen es auch sein mag, ist unvollkommen. Und zwar unvollkommen im Sinn der Allumfassung. Es ist in sich abgerundet, aber es ignoriert alle Dinge, die sich aufs Leben, auf den Menschen und auf seine Gesellschaft beziehen, das heisst also alles, auf dessen Verständnis es eigentlich ankommt."[147]

Auf der anderen Seite sind es die Geisteswissenschaften, die sich durch ihre Erkenntnisformen von den exakten Wissenschaften, also den Naturwissenschaften unterscheiden. Sie verlieren durch die Verwendung veralteter Formen der Kritik ihren Einfluss. Dadurch kommt ihnen ihre aktiv skeptische Stellung gegenüber den technisch bedingten gesellschaftlichen Strukturen abhanden.

Somit lässt sich nach Flusser das Leben durch eine naturwissenschaftliche Methodik zwar beschreiben, allerdings geht dabei das Wesentliche des engagierten Mensch-seins verloren. Flusser spricht stets für einen Zusammenschluss der Wissenschaftszweige, die er im Selbstverständnis seiner Lehrstuhlkonzeption umzusetzen sucht.[148] Für Flusser ist deutlich geworden, dass die Krise der Wissenschaft eine Krise der Gesellschaft hervorruft. Diese krisenhafte Situation aufzulösen kann nur mit einer veränderten wissenschaftlichen Methodik, einer engagierten Wissenschaft die die ethischen, politischen und ästhetischen in den Blick bekommt, vollzogen werden. Dabei stellt sich die Frage nach neuen Formen des kritisch skeptischen In-Welt-seins für die Nachmoderne. Dafür spielt die Kunst und deren Verknüpfung mit der Technik eine ausschlaggebende Rolle.

---

145   Flusser, V. XXXXy, S. 8
146   Vgl. Flusser, V. 1989b, S. 4
147   Flusser, V. 1957, S. 102
148   Vgl. Marburger, M. R. 2011, S. 29

2.2 Technik als Kunst und Kunst als Technik

Für Flusser sind Kunst und Technik untrennbar miteinander verwoben. Die Handlungsfähigkeit des Subjekts in einer apparatisch programmierten Welt bleibt ohne den Gedanken dieser konstitutiven Verbindung haltlos. Daher ist es für Flusser die zentrale Aufgabe, in einer Verbindung des ästhetischen und technischen Bereichs absichtsvolle Prozesse der Veränderung von Welt wieder zu ermöglichen. Die Vorstellungen Flussers sind vor allem geprägt durch die Analysen der griechischen Antike Hannah Arendts.[149] Während seit der Antike Kunst und Technik in der Gestaltung der Welt aufeinander bezogen gedacht wurden, treten sie in der Moderne auseinander. Der Technik verbleibt die Möglichkeit Welt zu verändern, was der Kunst seit der Moderne zunehmend verwehrt ist.[150]

Kunst versucht nach Flusser etwas herauszustellen, was vorher noch nicht in der Form da war. Sie ist für ihn kein Gewächs, sondern der Samen, der mit ihrer Hilfe in die Welt gestreut wird.[151] Sie stellt in der Moderne und der Nachmoderne keine technische Praxis mehr dar, sondern eine ästhetische, die im Gegensatz zur Technik und Wissenschaft auf wertvolle Modelle, das heißt, nicht wertfreie Modelle zurückgreift. In der Moderne kann diese ästhetische Praxis sich ausschließlich in den „Ghettos" der Museen realisieren. Kunst wird in Räume abgeschoben, die keine direkte Verbindung zur Lebenswelt haben. Dadurch schwindet ihr Einfluss, Veränderungen hervorzurufen.

> „Obwohl die Neuzeit den ‚Kuenstler' zu verherrlichen schien, verbannte sie in Wirklichkeit seine zu nichts guten Werke in ‚Museen' genannte Ghettos."[152]

In der antiken Auslegung sind die Begriffe *ars* und *techne* eng miteinander verbunden, was sich spätestens mit der Moderne auflöst. Der Handwerker ist klassisch somit der Künstler, den die Gesellschaft in der Moderne immer mehr in die Museen, Galerien und Akademien verdrängt. Flusser überspitzt diese Darstellung damit, dass er diese auch als „Zoo"[153] bezeichnet, aus denen die Kunst nicht ausbrechen kann.

---

149 Vgl. hierzu Arendt, H. ⁴2003; Arendt, H. ¹¹2013; Flusser, V. XXXXw.
150 Durch die bürgerliche Revolution teilt sich der griechische Begriff der techne „in die aus der Theorie kommende Kunst, ‚Technik' und die aus der Freiheit kommende Kunst, (die ‚schoene')". (Flusser, V. XXXXw, S. 4)
151 Vgl. Flusser, V. 1990g, S. 58
152 Flusser, V. XXXXa, S. 1–2
153 Flusser, V. 2003c, S. 212

„Technik ist das Anwenden theoretischer Modelle auf die Welt der Erscheinung. Die theoretischen Modelle sind ‚wertfrei‘, das heisst sie wollen ‚objektiv‘ sein, (zum Beispiel logisch und mathematisch). Eine derart ‚wertfreie‘ Praxis wie die Technik hat es vorher nie und nirgends gegeben. Jede nicht-technische Praxis beabsichtigt, die Welt ‚besser‘ und ‚schoener‘ zu machen. Sie ist ethisch und aesthetisch. Sie verwendet ‚wert-volle‘ Modelle. Derartige Modelle aber sind fuer den Fortschritt nicht zu gebrauchen, denn der Fortschritt besteht ja in der Dialektik zwischen Theorie und Technik. Also spaltet der fortschrittliche buergerliche Staat solche ueberfluessigen Modelle ab, und sperrt sie in, (allerdings ideologisch verherrlichte), Ghettos. So entsteht die moderne Kunst und die ‚Akademien der schoenen Kuenste‘ genannten Schulen. Im Grund geht es dabei um eine Spaltung des klassischen Kunstbegriffs, (‚techne‘, ‚ars‘), in ‚wertfreie‘, fortschrittliche Technik einerseits, und in ueberfluessige ‚Kunst‘ auf der anderen Seite. Und das hat, wie gesagt, ungeahnte Folgen.“[154]

Ausgehend von dieser Entwicklung verliert Kunst ihren gesellschaftlichen Einfluss. Kunst und Technik wieder einander anzunähern gelingt Flusser durch das künstliche Herstellen der Lebenswelt mit Hilfe des Technocodes. In diesen liegt für Flusser die Möglichkeit, mit Hilfe von Technobildern Technik und Kunst wieder zusammen zu führen.[155]

Technik ist für Flusser ein Produkt, das aus den Wissenschaften und Theorien hervorgeht.[156] Technik und Wissenschaft stehen in der Nachmoderne in einem engen Verhältnis zueinander. Die Wissenschaften bedienen sich sinnstiftend der Technik, um die Bodenlosigkeit der Nachmoderne zu überbrücken.[157] Die Technik, so Flusser, verleibt sich die Wissenschaft wie auch die Politik ein,[158] mit dem Ziel, die Erscheinungen der Welt in den Griff zu bekommen beziehungsweise Macht über diese auszuüben.[159] Technik erstellt künstliche und, da sie auf wissenschaftliche Strukturen zurückgreifen, theoretische Objekte, welche die Lebenswelt strukturieren.[160] Flusser fasst die Technik als ein menschliches Weltverhältnis auf und betont die Bedeutung der Technik für das In-Welt-sein des Subjekts. Für ihn ist ein In-Welt-sein des Menschen als Subjekt ohne Technik unvorstellbar. Das verweist auf einen weiten Begriff von Technik. Für ihn gelten als technische Mittel alle, die als nicht-natürlich bezeichnet werden können. Technik und Mensch bedingen einander in hohem Maße, so dass eine menschliche Ek-sistenz und ein kritisches Subjekt-sein ohne Technik für Flusser nicht gedacht werden können.[161] Durch technische Hilfsmittel verlässt der Mensch quasi seinen Status der Natür-

---

154   Flusser, V. XXXXj, S. 2
155   Vgl. Flusser, V. XXXXm, S. 1
156   Vgl. Flusser, V. 1981 (vermutlich), S. 1
157   Vgl. Flusser, V. 1957, S. 123
158   Vgl. Flusser, V. 1997d, S. 30
159   Vgl. Flusser, V. 1992a, S. 154
160   Vgl. Flusser, V. XXXXj, S. 2
161   Vgl. Flusser, V. 2004, S. 136

lichkeit und beginnt erst zu ek-sistieren. Technik, vom ersten Faustkeil bis zum heutigen Smartphone, ermöglicht es dem Subjekt, sich von der Natur zu befreien, um sich als Mensch oder vielmehr als Subjekt zu realisieren. Es ist die Freiheit der angewandten Wissenschaften in Form von Technik, aus der der Mensch als Subjekt in der flusserschen Theorie erst ermöglicht wird.[162]

> „Die Technik verändert nicht nur das Leben, sie spendets."[163]

Durch das technische Wirken ist es dem Menschen möglich, den natürlichen Zufall in einen absichtsvollen Fall zu drehen. Mit absichtsvollen Handlungen schafft der Mensch sinnstiftende Modelle und Ordnungen seiner Lebenswelt.[164]

Der Kunst kommt es traditionell zu, dass sie die Vieldeutigkeit des Lebens aufzeigen kann und Möglichkeiten der Interpretation der Welt darlegt. In einer Welt, die mit Hilfe der Computer[165] vermeintlich alle Möglichkeiten kalkulieren kann, muss sich das Verständnis der Kunst verändern. Sobald sich hinter ihr kein Geheimnis mehr verbirgt, so Flusser, wird sie zu Kitsch.[166] Ziel des künstlerischen Wirkens sollte sein, den Apparat zu etwas zu zwingen, was in seiner Struktur und Programmierung nicht vorgesehen ist.[167] Es geht darum das oberflächliche Verständnis des Apparates zu überschreiten und dabei seine Strukturen zu verstehen. Flusser geht davon aus, dass alles, was klassischerweise als Kunst bezeichnet wird, in der Nachmoderne und in der Utopie der telematischen Gesellschaft mechanisch erzeugt werden kann.[168]

> „Es hat sich herausgestellt, wieviel von dem, was wir bisher als unmechanisierbar angesehen haben, in Wirklichkeit mechanisierbar ist. Zum Beispiel der kreative Prozeß: Das Komponieren von Musik, Bilder herstellen, Dichten. Eine ganze Reihe von dem, was wir »Kunst« nennen, fast alles, erweist sich als mechanisierbar.[169]"

Daher verfolgt er das Ziel, neue Möglichkeiten der Kunst zu finden, die die künstlerische Verarmung[170], welche Flusser als das Malen mit Öl und den klassischen Werkstoffen bezeichnet, überwinden. Technische Bilder der Nachmoderne sind mit dem klassischen Bild nicht zu vergleichen. Eine reine äußere Ähnlichkeit verdeckt

---

162 Vgl. Flusser, V. 1992g, S. 48
163 Flusser, V. 1957, S. 121
164 Vgl. Flusser, V. 1992g, S. 52
165 Zur Tradition des Begriffs *computus* siehe Borst, A. 1990
166 Vgl. Flusser, V. 1993g, S. 120
167 Vgl. Flusser, V. 1997e, S. 78–79
168 Vgl. Flusser, V./ Sander, K. 1996, S. 179
169 Ebd., S. 179
170 Vgl. ebd., K. 1996, S. 65

deren grundsätzlich differente Struktur. Für Flusser geht das klassische Bild aus der Welt hervor, wohingegen das Technobild aus Texten entsteht.[171] Eine Herangehensweise, die sich bei der Analyse der technischen Bilder auf die Methoden der klassischen Bilder stützt, verkennt den genuinen Charakter und den Einfluss des Technobilds. Vielmehr muss das Ziel sein, Technobilder als technische Produkte zu analysieren, um ihre Bedeutung für ein verändertes In-Welt-sein zu verstehen.[172] In einem Interview stellt Flusser heraus, dass es das Ziel sein sollte, der „Technik als Methode nicht zu verfallen"[173] das heißt nicht ihrer Selbstverständlichkeit unkritisch zu erliegen und so zu verhindern, ihrer programmierenden Wirkung ausgeliefert zu sein. Flussers Anliegen ist es vielmehr, eine handelnde Position zur Technik einzunehmen. Technik ist in diesem Sinne nicht nur als eine angewandte Naturwissenschaft zu begreifen, sondern zugleich in ihrer Wirkung auf die ethischen, politischen und ästhetischen Dimensionen menschlicher Lebenswelt.[174] Eine Vernachlässigung dieser Dimensionen in vermeintlich neutralen, wertfreien Wissenschaften mindert ihre gesellschaftliche Relevanz und führt unter anderem zu der benannten Krise der Wissenschaften. Ihre Neutralität führt mit Flusser zu einem verantwortungslosen Handeln. Diese sogenannte Wertfreiheit im technischen wie auch wissenschaftlichen Bereich sind für Flusser ursächliche Auslöser der Gräueltaten der nationalsozialistischen Zeit. Im Anschluss an Arendts Analysen ist Eichmann Ausdruck dieser möglichen Entwicklung.[175] Wissenschaft muss daher ihre ethischen, politischen und ästhetischen Auswirkungen im Blick haben, um unter anderem technokratische Entwicklungen zu verhindern. Unter dieser Voraussetzung ist Flusser eben kein unreflektierter Befürworter von Technik, sondern einer, der die Möglichkeiten dieser durch eine verantwortungsvolle engagierte Wissenschaft untersucht.

Flusser verweist darauf, dass durch und mit der Technik eine künstliche und dadurch auch eine künstlerische Welt entsteht, die es als technisch bedingte zu erkennen gilt. Damit bietet sich die Möglichkeit, mit Hilfe der Kunst und der Technik die Welt zu verändern und neue und veränderte Modelle zu projizieren.[176] Chancen künstlerischen Handelns sieht Flusser in der Übernahme der Arbeit durch Maschinen und Apparate. Dadurch entsteht Zeit für Muße, also eine nicht technokratisch oder auch ökonomisch durchstrukturierte Zeit.[177] Künstlerisches

---

171 Vgl. hierzu Kapitel 4
172 Vgl. Flusser, V. ⁵2002, S. 31
173 Flusser, V./ Sander, K. 1996, S. 150
174 Vgl. hierzu Cassirer, E. 2004, S. 21
175 Zu der Rezeption Eichmanns im Werk Vilém Flusser vergleiche Flusser, V. 1979, S. 5; Flusser, V. 1993e, S. 30; Flusser, V./ Sander, K. 1996, S. 9; Flusser, V. 2008, S. 158–159
176 Vgl. Flusser, V. 1957, S. 121 und 133
177 Vgl. Flusser, V. 1990e, S. 70

Handeln birgt die Option des Entwerfens und des Projizierens in sich, was für die telematische Gesellschaft eine große Bedeutung hat.[178] Am Beispiel der Biotechnologie zeigt Flusser die Überschneidungen der Bereiche von Kunst und Technik auf. Für ihn ist die Technik wie auch die Kunst eine absichtsvolle Handlung des Eingriffs in die Natur, die sich gegen das zufällige Würfeln der Natur wendet.

> „Die »Natur« erzeugt Informationen durch Würfeln, die Gesellschaft erzeugt sie absichtlich, und das heißt: dank einer Spielstrategie, methodisch".[179]

Dabei bietet sich die Möglichkeit, Kunst nicht nur in unbelebten Objekten sowie zum Beispiel Stein oder Holz zu realisieren, sondern diese direkt in das Leben zu übertragen, sie dort zu erzeugen, zu erhalten und weiterzugeben. In dieser Technologie bietet sich Flusser die Chance, nie dagewesenen Gefühlen, Wahrnehmungen, Wünschen und Gedanken eine Möglichkeit der Realisation zu ermöglichen. Sterbekunst wie auch die Kunst des Lebens werden zu der Grundlage der Biotechnik. An diesen Ausführungen zeigt sich schon, dass sich Leben und Kunst immer mehr überschneiden.[180]

> „[Biotechnologie] ist die Kunst, Lebendes kuenstlich zu machen, und Kuenstliches lebend zu machen."[181]

Für Flusser verschmelzen in der Nachmoderne Wissenschaft und Technik, wie auch Theorie und Praxis, beziehungsweise sind sie nicht mehr klar zu trennen. Es ist ein theoretisch geprägtes Zeitalter, was sich unter anderem an den Technobildern als Bilder der Theorie zeigt.[182] Die Bedeutung die Verknüpfung zwischen Kunst und Technik zu erneuern kann als eines der Ziele des flusserschen Arbeitens gesehen werden. Den künstlerischen Bereich der Gesellschaft gilt es neu zu bestimmen, um den redundanten Kitsch, der als Kunst bezeichnet wird, zu überwinden. Dabei kann Flusser als ein Autor gelten, der sich einer Metamorphose zwischen Kunst, Wissenschaft und Lebensstil verschreibt. Er versucht die Grenzen zwischen den Bereichen aufzuheben.[183] Somit ist seine Theorie der Versuch, Technik als Kunst und Kunst als Technik zu verstehen.

---

178 Vgl. Flusser, V. 2004, S. 136
179 Flusser, V. ^{6}2000, S. 102
180 Vgl. Flusser, V. XXXXm, S. 1–5
181 Ebd., S. 3
182 Vgl. Flusser, V. 1997e, S. 209
183 Vgl. Goetz, R. 2001, S. 70

„In einem spezifischen Sinn ist der gegenwaertige Alltag wieder von Kunstwerken, (vor allem von Bildern), durchdrungen, wie es im Altertum und im Mittelalter der Fall war. Man kann bei uns wieder, wie seit der Gotik eigentlich nicht mehr, von einem alles durchdringenden ‚Lebensstil‘ sprechen. Nur ist der spezifische Sinn, in dem das Gesagte wahr ist, etwas makaber. Etwas ist nicht ganz geheuer bei dieser Allgegenwart von Bildern und Plakaten, in den Schaufenstern, auf den Konservenbuechsen, in den illustrierten Zeitschriften, auf Kinowaenden und Fernsehschirmen. Um diesen Spuk zu exorzieren, muss man ihm historisch an den Leib ruecken: ihn von seinem Ursprung her analysieren."[184]

2.3 Zerzweifelte Bodenlosigkeit

Die Methode des Zweifelns[185] wird zur zentralen Grundlage der Wissenschaften.[186] In der Nachmoderne hat die Wissenschaft alles Zweifeln vorweggenommen, das heißt, sie hat alles durchsichtig gemacht und in einer numerischen Verschlüsselung aufgelöst; sie löst alles auf und erkennt dahinter die Bodenlosigkeit.[187] Es ist ein numerisches Zerkleinern bis in die kleinsten Partikel[188], woraus in einem nachmodernen Kontext das quantische Punktuniversum hervortritt, welches die Bodenlosigkeit der Nachmoderne auslöst. Dies beruht auf den Methoden der Aufklärung und dem Moment der Rationalität, das Flusser damit verknüpft, dass alles in Rationen aufgeteilt wird. Dieses Zerteilen und Zerzweifeln[189] verfolgen die Wissenschaften so lange bis sie, metaphorisch gesprochen, auf einen Haufen von Körnern treffen. Die Wissenschaften stoßen vor bis zu den kleinsten Partikeln und erkennen an diesen die Zufälligkeit, wie diese zusammengesetzt, verbunden oder, im flusserschen Jargon, gerafft werden. Mit dieser Erkenntnis endet der Fortschritt, sobald alles erklärt ist und, mit Flusser, gezeigt wurde, dass alles aus den Körnern, Partikeln hervorgeht. Diesem Zustand nähert sich die Menschheit in der Nachmoderne an.[190] Sie löst die Linearität, die geprägt ist durch die Zeile, auf[191] und stößt auf eine gleichmäßige Verteilung der Partikel. In dieser Vorstellung gibt es nur Partikel oder keine Partikel, also nichts, in einen digitalen Code

---

184   Flusser, V. XXXXa, S. 1
185   Vgl. zum Moment der Bedeutung skeptischen Zweifelns für bildungsphilosophische Zusammenhänge Fischer, W./ Ruhloff, J. 1993
186   Vgl. Flusser, V. 1990e, S. 68
187   Vgl. Flusser, V. 2004, S. 33–34
188   Vgl. hierzu Sesink, W. 2008a, S. 26–27
189   Unter der Begrifflichkeit des Zerzweifelten versteht Flusser, dass die moderne Wissenschaft alles bis auf das kleinste Teilchen zerteilt hat. Daraus geht der Bodenlosigkeit, das heißt, die Erkenntnis, dass alles Teilchen oder nicht Teilchen ist, hervor. Zu der Begrifflichkeit des Zerteilens und Zerzweifelns sei verwiesen auf Flusser, V. 1990f, S. 33 und Flusser, V. 2003b, S. 77–79
190   Vgl. Flusser, V. 2006, S. 43
191   Die Auflösung der modernen Linearität als Struktur des alphanumerischen Codes wird in Kapitel 4.1 vertieft.

übersetzt nur 1 und 0. Damit verbindet sich die Frage, wie wird aus dem Chaos
der Körner, in dem keine lineare Zeit- und Raumvorstellung mehr gelten kann,
Ordnung geschaffen?

> „Diese Situation kann mit dem Wort »Verzweiflung« gekennzeichnet werden. Es gibt nichts,
> woran man etwas zweifeln könnte. Alles dort ist bereits zerzweifelt, zerviertelt, zer-ntelt. Zweifel
> ist bekanntlich das Gegenstück zum Glauben. Woran man nicht zweifeln kann, daran kann man
> nicht glauben. Verzweiflung ist Unmöglichkeit zu glauben. Also ist die eben angenommene Lage
> unglaublich. Das aufrichtige Leben ist Annehmen der unglaublichen Lage von der wir wissen,
> daß wir uns dort befinden."[192]

Der Mensch wird vor dem Hintergrund als Zweifelnder und Suchender konstituiert, der, so Flusser, nie orientiert ist. Die Fiktion des Orientiertseins sowie die
projizierte Funktion der Symbolnetze, kurz die kulturelle Gebundenheit des Subjekts, wird daran erkenntlich. Es ist eine ständige Suche nach dem Boden, im
Wissen, diesen nicht zu finden[193], sondern nur ein weiteres zweifelndes Fragen
hervorzurufen. Bodenlosigkeit entsteht durch den Verlust des Glaubens an eine
Ordnung[194] oder vielleicht noch treffender durch das Befragen des Fraglosen. Die
moderne Denkstruktur, welche an der Zeile ausgerichtet ist, löst sich durch den
Zweifel auf und zerfällt in eine nachmoderne Welt der Partikel.[195] Die Kommunikologie, Flussers Kommunikationstheorie, stellt eine Möglichkeit der Umdeutung
dieser entstandenen Bodenlosigkeit dar.[196] Sie ist der Versuch, die Kluft unter
anderem zwischen 0 und 1 in einem Punktuniversum zu überwinden[197] beziehungsweise nicht ins Unendliche zu stürzen und seines Subjekt-seins verlustig zu
werden. In dieser Welt der Körner[198] als gestreute Teilchen, die sich durch Komputationen verbinden, gibt der Mensch seine Sesshaftigkeit auf, er entwurzelt sich
und muss lernen, mit der Bodenlosigkeit umzugehen.[199] Es gibt, nach Flusser, in

---

192 Flusser, V, 2004, S. 31
193 Vgl. Flusser, V. 1975, S. 2
194 Vgl. Flusser, V. 1990e, S. 59
195 Vgl. Flusser, V. XXXXq, S. 3
196 Zur Bedeutung der Kommunikologie für das flussersche Werk sei auf das Kapitel 3 verwiesen.
197 Vgl. Ernst, C. 2006, S. 13
198 Neben der Welt der gestreuten Teilchen, die der postmodernen Herangehensweise als Grund-
     lage dient, sieht Flusser noch zwei weitere Modelle, Realität zu begreifen. Das eine Modell ist
     das der Welle, welches er mit dem modernen Fortschrittsdenken gleichsetzt. Das andere ist das
     magisch-mythische Modell, welches sich durch einen Kreis der permanenten Wiederholung
     auszeichnet. Bei Flusser gilt es zu beachten, dass sich diese Modelle nicht klar voneinander ab-
     grenzen, sondern parallel zueinander weiter existieren, wobei immer eines der Modelle die
     dominierende Bedeutung einnimmt. (Vgl. Flusser, V. XXXXq, S. 3)
199 Vgl. Flusser, V. 1990e, S. 101–102

dieser nachmodernen Welt[200] keine Substanz mehr, auf die sich das Subjekt beziehen könnte.[201] Der „Tanz von Standpunkt zu Standpunkt"[202] ist bezeichnend für die Zeit des Technobilds, in der der Mensch versucht, nicht in die metaphorischen Abgründe zu stürzen.

> „So ist denn das, was wir gewöhnt sind fest zu nennen, nach dem Wort der Wissenschaft eigentlich eine gähnende Leere."[203]

Es entsteht eine immaterielle Welt, die die moderne Weltsicht verändert. Der Mensch ist gezwungen in einer Welt ohne Mittelpunkt und in einer Welt ohne Kern zu leben.[204] Es ist eine Welt, in der nach Flusser alle Menschen zermahlen werden.[205]

Das Zweifeln nimmt im Wissenschaftsverständnis Flussers eine zentrale Rolle ein. Es ist mit dem Denken gleichzusetzen[206] und stellt gleichzeitig die Methode seines wissenschaftlichen Arbeitens dar.[207] Zweifeln ist für Flusser eng verknüpft mit dem In-Welt-sein des Subjekts und dem telematischen Projekt. Um ek-sistieren und Subjekt sein zu können, ist ein zweifelnder Bezug auf die den Menschen umgebende Lebenswelt nötig. Daher verfolgt Flusser mit seinen Ausführungen zu einer telematischen Gesellschaft den Versuch, Antworten auf die Frage zu bekommen, wie ein zweifelndes, projekthaftes Leben in einer durch den Technocode strukturierten Welt möglich ist. Neben der Neugier kann der Zweifel als Ausgangspunkt seiner wissenschaftlichen Theoriebildung gelten.[208] Für die Philosophie als Wissenschaft zeigt er auf, dass der Zweifel eine ihrer zentralen Aufgaben ist.[209] Der Philosoph verfolgt das Ziel zum zweifelnden Beobachter der Welt und der Gesellschaft zu werden. In einem frühen Werk verweist er darauf, dass die Philosophie die „ätzende Säure des Zweifels"[210] sei, welche mit einer positiven Konnotation im Hinblick auf die gesellschaftlichen Analysen versehen ist.

---

200 Zu dem Begriff der Moderne bei Flusser vergleiche Flusser, V. 1997f, S. 318; Flusser, V. 1997i, S. 140; Flusser, V. 1997e, S. 194–196
201 Vgl. Flusser, V. 1990e, S. 209
202 Flusser, V. ⁴2007, S. 212
203 Flusser, V. 1957, S. 91
204 Vgl. Flusser, V. XXXXg, S. 3
205 Vgl. Flusser, V. 1990e, S. 100
206 Vgl. Flusser, V. 2006, S. 53
207 Vgl. Flusser, V. 1990e, S. 68
208 Vgl. Flusser, V. 2006, S. 7
209 Vgl. Flusser, V. 1997a, S. 187
210 Flusser, V. 1957, S. 145

Flusser unterscheidet im Kontext des Zweifelns zwischen dem Fragwürdigen und dem Fraglosen. Das Fraglose ist um das Fragwürdige angesiedelt und wird erst durch das Moment der Deklaration zum Fragwürdigen. Diese Regeln können als die linguistische Struktur beziehungsweise allgemein als die Struktur der Codes, aus denen die Welt erscheint oder mit denen die Welt projiziert wird, angesehen werden. Für ihn ist dabei die Frage nach dem „Wozu" eine wichtige, eine die das Zweifeln trägt und die in der Nachmoderne nicht mehr zu befriedigenden Antworten vorstößt. Daher sind die Fragen zu stellen, die ein weiteres Fragen implizieren und weiteres Zweifeln hervorrufen.[211] Ein Abschluss des Zweifelns durch endgültige Antworten würde den Menschen als ek-sistierendes Wesen, das nach dem Sinn der Lebenswelt fragt, auflösen. In dem Moment in dem alles durcherklärt ist, das heißt, alle Fragen mit Antworten versehen sind, löst sich ein kritisch skeptischer Weltbezug auf. Der Mensch würde zum rein rational berechenbaren Objekt apparatischer Strukturen.

> „Wir nehmen nur Antworten an, die uns auffordern weiter zu fragen. Wir werden immer fragwürdiger."[212]

Die stark differierenden wissenschaftlichen Ansätze und Standpunkte, die Flusser einnimmt, lassen sich als ein Kernpunkt seines Zweifelns ansehen. Dieses Hinterfragen schließt immer die eigenen Ausführungen und Positionen mit ein, löst diese teilweise auf und erweitert oder revidiert sie.[213] Das Zweifeln, welches Flusser auch als Staunen bezeichnet, ist mit einem Innehalten verbunden, dass die fließende Welt des Fortschritts in ein Ich und ein Nicht-Ich aufteilt.[214] Dadurch wird sich das Subjekt seiner selbst wie auch der anderen Subjekte und Objekte bewusst. Zweifeln ist das Moment, das den mythischen Glauben, die Naivität und Unschuld, wie auch Gewissheiten auflöst und die Wirklichkeit zu einem leeren Begriff, einem Konstrukt der Codes werden lässt.[215] Denken und auch das Zweifeln bezeichnet Flusser als eine Bewegung im Sinne eines Stakkatos. Diese Bewegung springt nach seiner Vorstellung zweifelnd von Standpunkt zu Standpunkt. Der philosophische Zweifel stellt nach Flusser das Zweifeln selbst in Frage und kann sich nur noch sicher sein, dass das Subjekt gleichsam cartesianisch zweifelt.[216] Es ist der Versuch eines absichtsvollen Vergessens und Verdrängens von Standpunkten,

---

211 Vgl. Flusser, V. 1990e, S. 51–56.
212 Ebd., S. 56
213 Vgl. Hanke, M. 2009, S. 56
214 Vgl. Flusser, V. 1957, S. 79
215 Vgl. Flusser, V. 2006, S. 7–10
216 Vgl. Flusser, V./ Sander, K. 1996, S. 126; Flusser, V. 1998b, S. 136

in dem Wissen der Unmöglichkeit. Somit schließt Flusser an Husserl und seine Methode der eidetischen Reduktion an.[217] Erst durch den Zweifel auf der Grundlage des Vergessens kann der Mensch als Subjekt entstehen. Das Zweifeln wird in der flusserschen Theorie häufig an der Geste des Fotografierens aufgezeigt, die eine dialektische Geste der permanenten Suche nach Positionen und Standpunkten ist.[218] Diese Suche wird durch das Zweifeln zu dem Erkennen, dass andere Standpunkte und analog zum Fotografieren andere Aufnahmen möglich sind.[219] Dabei spielt das Überlisten der Fotoprogramme und des Fotoapparats eine zentrale Rolle und ist eine klassische Bewegung des Zweifelns, die sich auch auf Flussers wissenschaftliches Zweifeln überträgt. Dieses sprunghafte Zweifeln wendet sich gegen feste Standpunkte und auch gegen ideologische Einstellungen. Flussers zweifelndes wissenschaftliches Arbeiten kann als ein ideologiefeindliches Vorgehen bezeichnet werden.[220] Dieses Aufzeigen, dass andere Standpunkte möglich sind, zieht sich durch das flussersche Werk bis hin zu den Philosophiefiktionen.

Der Zweifel geht von der Unmöglichkeit aus, das Wesen der Dinge zu erfassen, stellt aber gleichzeitig einen Versuch dar, die Lebenswelt und die mit ihr verbundene Zeichenordnung wie auch die Codes zu hinterfragen. Somit ist das Zweifeln für Flusser eine Methode des Zugangs zu den Zeichenordnungen und dadurch die Möglichkeit die Projektionskraft der Symbolnetze zu erkennen.[221] Im Zweifeln sieht Flusser die Tendenz zur Erweiterung wie auch die Möglichkeit der Festigung unseres In-Welt-seins[222], welches immer auch durch die Gefahr geprägt ist, das Subjekt- und Mensch-sein aufzulösen. Mit dem Zweifeln entsteht ein Misstrauen gegen das In-Welt-sein des Subjekts, gegen die Modelle der Welt, weshalb die Nachmoderne für Flusser als eine zerzweifelte gelten kann.[223] Angelegt in der modernen Wissenschaft führt dies zu dem Effekt, dass die Wirklichkeit in der Nachmoderne immer ärmer wird.[224] Auf dieser Grundlage verweist Flusser auf die Bedeutung, eine neue Form des Zweifels und der Kritik zu finden, die er in den Überlegungen zu der utopischen Vision der telematischen Gesellschaft ausführt. Diese veränderte Form des Zweifels ist für ein Ek-sistieren als Projekt, als Kongruent zum modernen Subjekt, in einer Welt der Technobilder unumgänglich.

---

217 Zu dem Moment der eidetischen Reduktion sei verwiesen auf Husserl, E. 2002, S. 255–270; Husserl, E./ Breda, Herman L. van/ IJsseling, S. [2]1976, S. 190–193
218 Vgl. Flusser, V. 1997d, S. 110; Kritlova, K. 2010, S. 17
219 Vgl. Flusser, V. [11]2011, S. 35
220 Vgl. Rump, M. C. 2001, S. 50
221 Vgl. Ernst, C. 2005, S. 324–328
222 Vgl. Flusser, V. 2006, S. 41
223 Vgl. Flusser, V. 2004, S. 31
224 Vgl. Flusser, V. 2006, S. 9

„Der Zweifel, der in der Neuzeit gegen die Wirklichkeit auszog, um sie zu modellieren und zu modernisieren, wendet sich jetzt gegen die Modelle."[225]

Diesem Zerfall folgt eine Auflösung der Modelle der modernen Gesellschaftsformen des Westens und es ist für Flusser vollkommen offen, welche neuen Formen der Gesellschaft oder des Zusammenschlusses von Menschen sich zukünftig ergeben werden.[226] Die Auflösung der Modelle von Welt beginnt nach den Analysen Flussers im 17. Jahrhundert. Die Subjekte werden vernunftbegabte rationale Wesen und versuchen die Welt auf dieser Grundlage durchzuerklären.[227] Sie teilen die Phänomene der Welt auf, zerschneiden und zergliedern sie bis auf die kleinsten Partikel und leiten die Bodenlosigkeit[228] ein.[229]

---

225 Flusser, V. 1997i, S. 141

226 Vgl. Flusser, V. 1990d, S. 4

227 Als Kontrast dazu sei verwiesen auf Horkheimer und Adorno, die den Zerfall schon in der Antike verorten. (Vgl. Horkheimer, M./ Adorno, T. W. [16]1969)

228 Die Bedeutung der Bodenlosigkeit verdeutlicht Flusser unter anderem in seiner philosophischen Autobiographie „Bodenlos". Er, als Migrant in Brasilien und später auch in Frankreich, verweist auf die Bedeutung der Bodenlosigkeit als Migration in eine Sprache und Disziplin. (Vgl. Finger, A. 2009, S. 251) Flusser zeigt auf, wie sich eine Migration in einen neuen Code auf die Konstitution des Subjekts auswirkt. An den biographischen Überlegungen zur Migration zeigen sich Überschneidungen zu der Migration in neue Formen des Codes. Bodenlosigkeit resultiert aus einer Fremderfahrung, die den Versuch eines integrativen Prozesses nach sich zieht. Dieser kann als ein Suchen nach Möglichkeiten bezeichnet werden, das das wissenschaftliche Arbeiten Flussers durchzieht. In dieser Situation lösen sich die Kategorien wahr und falsch auf, sie verlieren ihre Funktion und werden zweifelhaft. (Vgl. Ernst, C. 2006, S. 4–8) Dadurch wird eine Reflexion auf das „eigene Bezeichnungsvermögen" (Ernst, C. 2005, S. 329), also auf das sozial erworbene Symbolnetz, die eigenen habituell eingeschriebenen Strukturen, die Codierung der Welt angestoßen. Es ist im Verständnis der Migration eine Vorstellung der Heimatlosigkeit und der damit verbundenen Wurzellosigkeit des migrierten Subjekts. Mit Zepf (Vgl. Zepf, I. 2001, S. 158) stellt dies einen schmerzhaften Prozess dar, welcher mit der Bewegung, sich auf Neues einzulassen, verbunden ist. Der Vorgang der Migration und die damit verknüpften Effekte sind zu vergleichen mit dem Verlust der Codes beim Übergang in eine durch Technobilder geprägte Welt und dem Verlust der Kategorien wahr und falsch, die in den postmodernen Theorien ihrer Bedeutung entbehren. Somit übertragen sich bei Vilém Flusser lebensweltliche Erfahrungen der Migration auf den Bereich der wissenschaftlichen Theoriebildung.

229 Diese Tendenz macht Flusser schon in seinem nicht veröffentlichten Werk „Das zwanzigste Jahrhundert" aus, in dem er darauf verweist, dass sich bei dem Versuch, zu dem Kern vorzustoßen, alles in einem „statistischen Wirbel der Quanten" (Flusser, V. 1957, S. 90) auflöst, der Mensch also nicht auf einen Kern, sondern auf Leere stößt. Diese von Flusser dargestellte Leere zeigt sich auch bei der Analyse des Ichs, welches er als ein Konstrukt entlarvt und das im Rahmen seiner Analysen zerfällt. (Vgl. Flusser, V. 1957, S. 118) Bei dem Versuch, alles zu durchblicken und alles zu erklären, löst sich die moderne Welt und das moderne Weltbild auf und endet in einem nach-modernen, zerzweifelten Weltbild der gleichmäßigen Verteilung der Partikel. „[D]ie Hände sind immer tüchtiger im Zerteilen geworden, bis sie schließlich die Teilchen nicht mehr erfassen konnten und nur noch mit Fingern klauben." (Flusser, V. 1990f, S. 33)

Flusser stellt die Bedeutung von Modellen der Lebenswelt für die Erkenntnis heraus. Eine Veränderung der Modelle führt zu einer Veränderung der Erkenntnis. Ganz allgemein dienen Modelle als Werkzeuge, indem derjenige, der sie anwendet, mit ihnen Erkenntnisse über Phänomene erhält. Häufig stehen diese Modelle im Verborgenen und werden für wissenschaftliche Auseinandersetzungen nicht mit einbezogen, so Flusser. Bei Modellen gilt es dabei, zwei Komponenten zu beachten. Einerseits werden Modelle immer von einem Standpunkt her entworfen. Dieser Standpunkt ist in der Moderne die Subjekt-Objekt-Relation. In dieser erkennt ein Subjekt als Gegenüber ein Phänomen, welches die Rolle des Objekts einnimmt. Daran zeigt sich, dass Modelle epistemologische Werkzeuge sind, die nach einer festgelegten Erkenntnistheorie vorgehen. Diese vorgefasste Theorie bestimmt den Erkenntnisprozess der Menschen. Andererseits dienen Modelle der Orientierung des Menschen, weshalb für Flusser alle Modelle die Struktur von Religionen haben. Erst die Bestätigung der Modelle, oder religiös gesprochen der Glaube an sie, führt zu einer Orientierungsfunktion dieser in der Welt. Dabei ist zu beachten, dass in der flusserschen Auslegung Modelle immer erst entworfen werden, um sie im Anschluss auf das Phänomen zu legen. Sie dienen der Orientierung bei der Erkenntnis von Phänomenen.[230]

„Modelltypen aendern heisst buchstaeblich die Erkenntnis der Welt und des Menschen darin aendern."[231]

Der Mensch problematisiert, abstrahiert, stellt vor und bildet im Zuge dessen Modelle aus. Diese gehen aus Widerfahrnissen oder Zusammenstößen mit Phänomenen, mit den Hindernissen der Welt hervor.[232] Der Mensch greift auf Weltbilder zurück, die Flusser als Kunstwerke der Gesellschaft ansieht. Diese Weltbilder hat der Mensch einerseits selbst hervorgebracht, andererseits aber auch durch Sozialisationsprozesse übernommen.[233] Nach Flusser gewinnen die Menschen die Modelle aus den Maschinen und Apparaten, die in der Moderne verstärkt Einfluss auf die gesellschaftlichen Prozesse bekommen.[234] Modelle modellieren somit die Wahrnehmung und die Wirklichkeit der Menschen. Seit der Moderne und der Säkularisierung werden Modelle ersetzbar beziehungsweise austauschbar. Sie befinden sich in einem permanenten Wandel, der modern als

---

230   Vgl. Flusser, V. XXXXz, S. 1–3 und S. 8-9
231   Ebd., S. 4
232   Vgl. Flusser, V. 1989b, S. 4
233   Vgl. Flusser, V. XXXXd, S. 1
234   Vgl. Flusser, V. 1993c, S. 71

Fortschritt bezeichnet wird.[235] Gegen die schwindenden Möglichkeiten des Aus-
wählens beziehungsweise Erstellens von Modellen wendet sich Flusser in seinem
Arbeiten.

Am Übergang zwischen dem Zeitalter der Moderne und dem Zeitalter der
Nachmoderne entsteht eine Krise der Modelle, parallel zur Krise der Wisse-
schaft. Der Zweifel führt zu einer zerzweifelten nachmodernen Welt und zu einer
Auflösung von den Modellen der Moderne. Flusser benennt diese Krise als eine
existentielle Entfremdung.[236] Die Modelle werden unbefriedigend, da die Gesellschaft erkennt, dass die von ihnen modellierten Phänomene ihre Richtigkeit verlieren und unleserlich werden. Den Menschen kommt im Zuge dessen ihr Ver-
trauen in die Ordnung der Welt abhanden.[237]

Das aktive Moment der Modellierbarkeit von Theorien wie auch von Modellen gewinnt an Bedeutung und die Menschen wenden sich von dem Gedanken
einer platonisch inspirierten Ideenschau ab. Aktive Prozesse der Projektion und der
Modellierbarkeit bedingen das Leben und die Erkenntnis schon in der Moderne
und verstärkt in der Nachmoderne.[238] Es wird den Menschen im telematischen
Verständnis als Projekt möglich, Modelle zu erstellen und diese auf verschiedene
gesellschaftliche Bereiche zu übertragen. Sobald die Verteilung an Apparate übergeht, geraten diese, solange kein Zweifel an den Technobildern stattfindet, in eine
redundante Form der Verteilung und es entsteht das schon benannte Moment der
Vermassung der Gesellschaft. Es lässt sich an dieser Veränderung hin zur Nachmoderne zeigen, dass die vermeintliche (moderne) Objektivität durch das menschliche Denken und die menschlichen Modelle vorgegeben ist.

Am Beispiel des fallenden Steins zeigt Flusser, dass dieser nicht objektiv,
sondern nur nach dem durch den Menschen hervorgerufenen Modell des Denkens
fällt.[239] Daran verdeutlicht er, dass sich die Vorgänge immer nach den Modellen
verhalten. Die Menschen entdecken keine Vorgänge in der Welt, sondern sie projizieren sie in die Welt. Die vermeintliche Entdeckung dieser ist nur ein Entdecken des Modells und der sich daran anschließenden Prozesse. Die theoretischen
Modelle bedingen daher die Welt der Erscheinung und strukturieren sie. Dadurch
entwickelt sich nach Flusser ein theoriegeleitetes oder auch theoretisches In-
Welt-sein in der Nachmoderne. Es ist ein In-Welt-sein der aktiven Modellierung
der Welt.[240] Für die Zukunft der Gesellschaft stellt Flusser dar, dass sie sich auf

---

235 Vgl. Flusser, V. 1997i, S. 139–140
236 Vgl. Flusser, V. XXXXz, S. 8
237 Vgl. ebd., S. 1–2
238 Vgl. Flusser, V. XXXXb, S. 2
239 Vgl. Flusser, V. XXXXj, S. 3
240 Vgl. Flusser, V. 1992d, S. 33

das Erstellen von Modellen konzentrieren kann. Allerdings zeigt sich, dass die Gesellschaft sich zu großen Teilen programmieren lässt anstatt selbst aktiv an den Modellen mitzuarbeiten.[241]

Die Wissenschaftler der vermeintlich exakten Wissenschaften, also in der Regel der Naturwissenschaften, stoßen in der bodenlosen Welt, in der sich die Modelle aufgelöst haben, nicht mehr auf einen Kern und nicht mehr auf etwas Objektives, sondern sie erkennen, dass im Kern das Ich, das Subjekt zu finden ist.[242] Damit wird ein Misstrauen gegen die objektiven Gegenstände der Moderne hervorgehoben.[243] Es wird sinnlos von einer objektiven Welt zu sprechen. Die Objekte beginnen, sich durch die wissenschaftlichen Theorien der Moderne aufzulösen und als Punktschwärme, als Schwärme von Teilchen, zu existieren. Mit dieser These zeigt Flusser schon im Jahre 1957, dass die Weltbilder immer projizierte, das heißt, durch Subjekte konstruierte sind. Kurz gesagt, stellt der Beobachter das Beobachtete her und projiziert seine Modelle und seine Weltsicht auf das von ihm Befragte.[244] Dies ist für Flusser die zentrale Grundlage für seine theoretischen Überlegungen zur Nachmoderne. Es hat immer weniger Sinn von der Materie zu sprechen, wenn erkannt wird, dass die postmodernen Welten aus einer gleichmäßigen Streuung von Teilchen hervorgehen.[245] Es sind durch den Menschen oder natürliche Prozesse geraffte Wirklichkeiten. Je besser die Menschen dabei lernen, die Welt zu berechnen, desto mehr erscheint sie diesen als eine schwarmhafte, die sich durch die Zusammengehörigkeit von Partikeln, also Punktschwärmen, auszeichnet.[246] Daran lässt sich zeigen, dass die Begriffe „Materie", wie auch „Form" nur Zufälle sind, die vorübergehend sind, das heißt, die sich auch wieder auflösen.[247]

Somit gehen Ordnungen aus Zufällen hervor, die durch die absichtsvoll handelnden Subjekte oder die Zufälligkeit der Natur eintreten.[248] Dabei ruht jede Ebene der Ordnung auf Chaos und auf der Bodenlosigkeit.[249] Der Mensch greift sich aus den chaotischen und ungeordneten Teilchen einige heraus und fügt sie zusammen, das heißt, er ordnet sie. Flusser setzt eine Welt voraus, die durch Zu-

---

241 Vgl. Flusser, V. XXXXb, S. 1
242 Vgl. Flusser, V. 1957, S. 101–102
243 Vgl. Flusser, V. 1998h, S. 211
244 Vgl. Flusser, V. XXXXk, S. 3–4
245 Allerdings zeigt sich an dieser Argumentation immer wieder, dass Flusser davon ausgeht, dass die Naturwissenschaft die Methoden bereitstellt, die eine Wahrheit, nämlich die der Quanten, liefern kann. Darauf aufbauend schließt sich dann sein komplettes wissenschaftliches Vorgehen an. Scheinbar nimmt er die vermeintliche Exaktheit als Grundannahme hin. (Vgl. Flusser, V. 1957, S. 88)
246 Vgl. Flusser, V. 1991b, S. 2
247 Vgl. Flusser, V. XXXXk, S. 6
248 Vgl. Flusser, V. 1957, S. 91
249 Vgl. Flusser, V. 1989a, S. 2

fälle entstanden ist. Die Wirklichkeit und die dahinter stehenden Modelle fußen somit auf der Grundlage der Bodenlosigkeit und auf einer Unordnung von Partikeln. Welten entstehen in der flusserschen Theorie aus bodenlosen und chaotischen Zuständen.[250] Postmodern entstehen daher Welten immer aus einer gewissen Zufälligkeit und fußen auf dem chaotischen Zustand der Bodenlosigkeit. Für diese Welt sieht er konstruktivistische Überlegungen als gewinnbringend an und weist ihnen die Möglichkeit zu, den Zufall durch beabsichtigtes Vorgehen der Menschen zu überlisten und eben damit Ordnung zu konstruieren oder wie er es häufiger ausdrückt, diese zu projizieren. Die Projektion als ordnungsstiftendes Moment stellt die zentrale anthropologische Bestimmung des Menschen dar. Damit wendet er sich mit Hilfe der konstruktivistischen Theorie gegen die entropische Tendenz des Zerfalls der Welt.[251]

> „Daher haben wir eigentlich nur zwei Alternativen: Aus dem Weltwürfel die einzelnen Würfelchen herauszuklauben (zu ‚kalkulieren‘), oder diese Würfelchen zu alternativen Weltwürfeln wieder zurückzusetzen (zu ‚komputieren‘)".[252]

Das numerische Denken gewinnt in der bodenlosen Welt eine zentrale Bedeutung für die modernen Wissenschaften und überträgt sich auf die postmodernen Ausprägungen. Es dringt immer tiefer in sie ein, bis alles durch das Numerische beziehungsweise das Binäre erklärt ist und sich die Dinge in ein Nichts, in Partikel auflösen.[253] Das kausale Denken, welches Flusser als ein naives Denken bezeichnet, versucht dagegen alles in Ketten zu ordnen. Es sind finalistisch-numerische Muster der Erklärung, mit deren Hilfe die Welt bestimmt wird.[254] Dieses Denken fließt mit der modernen Tradition in das postmoderne Denken ein. Für postmoderne Denker, wie Vilém Flusser, ist eine Übernahme der Finalität nicht möglich. Eine vormoderne Wahrheit, wie die der religiös geprägten Epochen, ist für sie nicht mehr denkbar. Die kausalen Wissenschaften stellen mit Hilfe der Zahlen ein So-sein-Sollen dar[255], welches als die einzige Wahrheit verkündet wird. In Anlehnung an die postmodernen Theorien ist dies nicht mehr als ein Wahrsprechen und eine Wahrheit unter den anderen Möglichkeiten des Wahrsprechens. Magie, Religion wie auch Wissenschaft entstehen aus einer Verneinung des Chaos und der Etablierung von Modellen und den damit verbundenen Ordnungen.[256]

---

250 Vgl. Flusser, V. XXXXg, S. 2; Flusser, V. 1990c, S. 13
251 Vgl. Flusser, V. 1990c, S. 15–18
252 Ebd., S. 18
253 Vgl. Flusser, V. 2004, S. 11
254 Vgl. Flusser, V. 1990e, S. 72
255 Vgl. Flusser, V. 1993g, S. 309
256 Vgl. Flusser, V. 1989a, S. 1

In dieser Verneinung, die auch als Freiheit in dem absichtsvollen Akt des Umgangs mit der schwarmhaften Welt zu sehen ist, entdeckt der Mensch die Möglichkeiten der Raffung, die Flusser in der Nachmoderne als das Projizieren oder Komputieren bezeichnet. Durch die absichtsvollen Handlungen, die sich unter anderem durch eine Raffung der Teilchen äußert, verneint der Mensch das Chaos und schafft eine Ordnung. Für Flusser stellen Ordnungen durchweg eine Verneinung des Chaos dar. Es ist eine Bewegung, eine Handlung, die sich durch ein Zusammenfügen oder auch durch Vernetzung auszeichnet.[257]

Die Wahrnehmung der Welt als Wirklichkeit entsteht durch die Komputation der schwirrenden Partikel. Somit bedingen Raffungen, die durch einzelne Subjekte oder Gruppen, durch Apparate oder natürliche Prozesse entstehen, die Modelle der Wirklichkeit und die Wahrnehmung der Welt(en) der Gesellschaft. Diese stellen allerdings immer nur einen kleinen Teil der Möglichkeiten dar, die aus den Partikeln in einer bodenlosen Welt hervorgehen können.[258]

> „Computieren heißt, eine durchkalkulierte und daher abstrakt gewordene Welt zu konkret erfahrbaren Klumpen zu häufen."[259]

Für Flusser sind immer mehr Raffungen respektive Komputationen möglich als zu der jeweiligen Zeit realisiert werden. Somit stellt die Bodenlosigkeit, sobald die Subjekte sich aktiv zu ihr verhalten, einen Möglichkeitsraum dar, in dem Flusser die Anlagen zur Veränderung von Welt sieht. Bei diesen Prozessen sind die absichtsvollen von den zufälligen Raffungen der Welt zu unterscheiden. Die absichtsvollen sind durch Subjekte gerafft. Unter dieser Voraussetzung ist die wahrgenommene Welt eine geraffte, weshalb zum Beispiel das Modell des Universums für Flusser auch lediglich eine Raffung von Partikeln darstellt. Es geht aus künstlichen Prozessen hervor und ist, in der flusserschen Auslegung des Wortes Kunstwerk, ein Kunstwerk der Menschen. Diese Raffungen werden umso realer, je dichter sie komputiert werden.[260] Je besser diese Raffungen durch

---

257 Vgl. Flusser, V. 1990f, S. 32
258 Vgl. Flusser, V. 1998h, S. 213
259 Flusser, V. 1990f, S. 34
260 Vgl. Flusser, V. 1989a, S. 4–5 - Dabei hält er fest, dass nicht nur die Objekte Raffungen von Möglichkeiten der Welt sind, sondern auch die Subjekte der Welt. (Vgl. Flusser, V. 1991b, S. 3) Allerdings bleibt bei Flusser die Frage offen, inwieweit er bei dieser Annahme davon ausgeht, dass der Mensch eine Sonderstellung zu den Raffungen einnimmt oder ob auch die Menschen als künstlich bezeichnet und damit auch hergestellt werden können. Dabei spielt einerseits die Frage nach dem Natürlichen eine zentrale Rolle und andererseits die Stellung von Seele und Geist, also rein menschlichen Eigenschaften, zu den Raffungen. Inwieweit der natürliche Bereich des Menschen durch Raffungen künstlich erstellt werden kann, bleibt abschließend bei Flusser offen.

Menschen oder Apparate vollzogen werden, desto schwieriger ist es zu erkennen, dass diese aus einer Bodenlosigkeit der Welt hervorgehen.[261]

Zusammenfassend ist davon auszugehen, dass sein Bestreben, welches sich gegen eine Vermassung und Stereotypisierung des Menschen wendet, als eines gewertet werden kann, das den Menschen als Subjekt beziehungsweise Projekt betonen will, um den Unterschied zu Apparaten herauszustellen. Unter diesen Annahmen kann vielleicht die Metaphorik des Collagisten auf das postmoderne Menschenbild übertragen werden. Der ek-sistierende Mensch als Subjekt oder Projekt ist einer, der aus Zerrissenem respektive Zerteiltem Neues zusammenfügt. Erst in der Verneinung von (apparatischen) Modellen kann sich ein Moment der Freiheit ergeben. Dies geht von einem fragenden Fragen als Auflösung der Modelle aus und stößt auf die Bodenlosigkeit, welche Flusser unter anderem als eine Chance der Veränderung von Modellen sieht. Erst auf der postmodernen Pluralisierung von Wahrheit kann die von Flusser herausgestellte Komputation oder Raffung möglich werden. Sie kommen einem absichtsvollen Zusammenfügen von Partikeln gleich. Es ist nach Flusser ein Zusammensetzen, was er als ein vernunftgeleitetes und absichtsvolles darstellt. Diesen Akt verbindet er mit der Imagination.[262] Somit kann die aktive Gestaltung der Modelle als ein Akt der Freiheit und dadurch als eine Möglichkeit des Subjekt-seins bei Flusser gesehen werden.

> „Imagination ist die Fähigkeit, von der Umwelt zurückzutreten und sich ein Bild davon zu machen, während Einbildungskraft die Fähigkeit ist, einen Schwarm von Möglichkeiten in ein Bild zu setzen."[263]

2.4 Phänomenologie als dezentrales Schauen

Allgemein verfolgt die Phänomenologie mit Blumenberg gesprochen das Ziel, das phänomenale Gegebensein zu beschreiben. Blumenberg geht davon aus, dass das Subjekt sich immer eines Sachverhalts, einer Situation bewusst ist, das heißt eine Intentionalität als ein Bewusstsein von etwas hat.[264] Flusser steht in einer phänomenologischen Tradition, die beeinflusst ist von Husserl. Hennrichs stellt heraus, dass der Einfluss Merleau-Pontys[265] noch unterschätzt ist. Es seien besonders die phänomenologischen Herangehensweisen Merleau-Pontys, die das flusser-

---

261 Vgl. Flusser, V. XXXXk, S. 4
262 Vgl. Flusser, V. 1997g, S. 242
263 Flusser, V. 1998i, S. 184
264 Vgl. Blumenberg, H. 1996, S. 18–19
265 Vgl. hierzu Merleau-Ponty, M. 1974

sche phänomenologische Arbeiten geprägt haben.[266] Flussers phänomenologisches Denken lässt sich daran anschließend als ein Verständnis von Phänomenologie bezeichnen, das die Dinge zu Wort kommen lässt.[267] Es ist für ihn der Versuch, eine phänomenologische Haltung einzunehmen, welche die Vorurteile auszuklammern sucht und die schon erörterte Standpunktlosigkeit mit einbezieht.[268] In diesem Sinn wird versucht, „den Weg zur Sache selbst zu öffnen"[269], in dem Bewusstsein, dass dies „beinahe unmöglich [ist]"[270]. Ganz in der Tradition Merleau-Pontys verweist Flusser darauf, dass es absurd sei, den Menschen nach Körper und Geist zu unterscheiden, wie es die modernen Wissenschaften häufig vollziehen. In den phänomenologischen Überlegungen steht bei Flusser immer im Hintergrund die traditionelle Gegenüberstellung von Körper und Geist zu überwinden, um dabei Standpunkte, die Flusser mit Ideologien gleichsetzt, aufzulösen.[271]

Für eine phänomenologische Herangehensweise ist es wichtig, eine phänomenologische Haltung einzunehmen, die eine bewusste Auflösung des eigenen Wissens und des eigenen Standpunktes impliziert. Dahinter verbirgt sich die Intention, die Programmierung des Subjekts in einer postmodernen Lebenswelt durch Apparate mit Hilfe phänomenologischer Herangehensweisen zu verwerfen. Mit dieser methodischen wie auch wissenschaftlichen Ausrichtung beabsichtigt Flusser, Denkstrukturen zu durchbrechen und die finalistisch-kausalen Erklärungsmuster zum Scheitern zu bringen.[272] Es ist der Versuch, das husserlsche Programm auf die Telematik anzuwenden, um dabei neue Möglichkeiten unter anderem im Umgang mit den neuen Medien[273] aufzuzeigen.[274] Im Anschluss an Husserl verfolgt er das Ziel eines phänomenologischen Beschreibens der gesellschaftlichen Strukturen, das die Komplexität der Welt zu fassen sucht[275], eben im Bewusstsein der Unmöglichkeit dieses Vorhabens. Dabei bedient sich Flusser der Methodologie der Phänomenologie, die er als eine erlebende beschreibt, und davon ausgeht, dass sich um das Ich ein raum-zeitliches Netz ausbreitet.[276] Dieses kann der Mensch nicht in Gänze hinter sich lassen. Er blickt immer aus seiner Position im

---

266 Vgl. Hennrich, D.-M. 2012, S. 2
267 Vgl. Flusser, V. 2004, S. 187
268 Vgl. Flusser, V./ Sander, K. 1996, S. 34
269 Flusser, V. 1990e, S. 31
270 Ebd., S. 31
271 Vgl. Flusser, V. 1989b, S. 1; Flusser, V. XXXXm, S. 4
272 Vgl. Flusser, V. 1990e, S. 72
273 Die Begrifflichkeit der neuen Medien ist eine, die sich durch permanent wandelnde Veränderung meist im technischen Bereich nur bedingt für die Beschreibung des Phänomens eignet. Viel mehr lässt der Ansatzpunkt an den veränderten Codes eine genauere Eingrenzung zu.
274 Vgl. Ernst, C. 2005, S. 323
275 Vgl. Flusser, V. ⁴2007, S. 209
276 Vgl. Flusser, V. XXXXx, S. 16–17

Netz auf das ihn Umgebende und die Welt. Mit den utopischen Überlegungen zu der telematischen Gesellschaft versucht Flusser diese Eingebundenheit ein Stück weit zu überschreiten, durch die Herangehensweise neue Positionen mit Hilfe utopischer Überlegungen einzunehmen. Diese stellen bei Flusser immer den Möglichkeitsraum dar – ein Stück weit anders –, dezentral auf die Welt zu blicken. Hierbei gilt es sich von dem Zentrum, dem Standpunkt ein Stück weit zu entfernen, indem die modellhaften Vorstellungen des Subjektdenkens aufgelöst werden. Das Leben zeichnet sich in der flusserschen Theorie daher durch Sinngeben im Kontext einer bodenlosen Welt, bedingt durch die Dezentralität des Standpunkts, aus.[277]

In einem unveröffentlichten Aufsatz mit dem Titel „Pilpul" beschäftigt sich Flusser mit den Parallelen des Talmuds[278], dem damit verbundenen zirkulären Lesen und der husserlschen phänomenologischen Methode. Der Begriff Pilpul verweist auf die Form der Seitenstruktur, die das Lesen des Talmuds beeinflusst. Mit dem Lesen dieser Schrift sei immer die Frage nach dem Beginn verknüpft. Daraus resultierend unterscheidet es sich von dem Lesen innerhalb der westlichen Tradition (der Leser beginnt links oben). Für Flusser ist dies nicht nur eine andere Technik des Lesens, sondern auch eine existentielle Entscheidung. Sie ist existentiell, da sich für Flusser die Lebenswelt durch den Code, sowie auch die Methode der Entschlüsselung bedingt. Somit verändert sich die Existenz, wenn der Leser sich für eine zirkuläre Form der Entschlüsselung entscheidet. Es ist ein kreisendes Lesen, das nie abschließbar und für Flusser mit der Struktur des postmodernen Ek-sistierens verbunden ist. Dabei ist das Erkennen mit dem Einnehmen so vieler Standpunkte wie möglich verknüpft, immer in dem Wissen ein vollkommenes Denken, einen endgültigen Standpunkt, der modern als Wahrheit benannt wird, nicht zu erreichen und in einem permanenten Streben danach verhaftet zu bleiben.[279]

> „Was uns Okzidentale so an diesen Menschen abstoesst, ist diese fanatische widerspruchsvolle Auslegung von fuer uns bedeutungslosen Einzelheiten."[280]

In dem Aufsatz „Pilpul" zeigen sich methodische Herangehensweisen Flussers, die eng verknüpft sind mit seiner Analyse der postmodernen Welt, in der sich die Begriffe Wahrheit und Wirklichkeit auflösen. Flusser verweist bei seinen Aus-

---

277 Vgl. Flusser, V. 1975, S. 7
278 Mit Zepf gilt es an dieser Stelle darauf zu verweisen, dass Flusser weder als Theologe noch als Medientheologe einzugliedern ist. Vielmehr verweist er auf die Prägungen durch tradierte Wertmuster. (Vgl. Zepf, I. 2001, S. 155–156)
279 Vgl. Flusser, V. XXXXq, S. 1–5
280 Ebd., S. 5

führungen darauf, dass er in der Tradition des Pilpul Ähnlichkeiten zu der husserlschen Phänomenologie sieht. Er relativiert diese Aussage unter der Perspektive, dass die Struktur eines Immer-wieder-darauf-Zurückkommens zwar dieselbe sei, sich durch die Inhalte allerdings unterscheide.[281] In Anlehnung an Zepf gilt es auch bei der flusserschen Lektüre, ein zyklisch-phänomenologisches Vorgehen anzusetzen, um sich den Ausführungen des Autors zu nähern.[282] Er übernimmt in seinen Werken die zyklische Struktur, möglicherweise in Anlehnung an die des Talmuds, ohne in seinen Ausführungen durch die Struktur der Seiten auf diese zu verweisen.

Als phänomenologischer Denker erkennt Flusser sein unüberwindliches In-Welt-sein. Es ist ein subjektiver Standpunkt, aus dem heraus Argumentation möglich ist. Dadurch ergibt sich ein permanentes Wiedererkennen seiner selbst in der Lebenswelt.[283] In der phänomenologischen Schau sieht Flusser einen Standpunkt, der nicht über den Phänomenen, sondern in ihnen steht. Er bezeichnet diesen als intersubjektiv, als Erlebnis in der Lebenswelt, als ein menschliches In-Welt-sein. Für Flusser ist dieses Vorgehen nicht ein Verwerfen der objektiven Modelle, sondern ein Neuanwenden. Ebenso verweist er darauf, dass die Probleme noch nicht mit der Methode der phänomenologischen Schau behoben wurden. Er sieht die Problematik in den Medien, die dafür genutzt werden, und hofft auf bessere Möglichkeiten mit den neuen medialen, durch die Technocodes geprägten Formen. Wie sich im weiteren Verlauf unter anderem anhand der Fotografie zeigen lässt, ist diese unabdingbare Suche nach neuen Standpunkten in die neuen technischen Entwicklungen wie der Fotografie verstrickt. Flusser zeigt auf, dass wenn die Subjekte sich nicht durch die vorgegebenen Programme lenken lassen, ein kritisches, da nicht an Standpunkte gebundenes, Ek-sistieren mit Hilfe zum Beispiel der Fotografie ermöglicht wird. Er übt in diesem Kontext Kritik an den Phänomenologen, da sie nicht zu den neuen Kommunikationsmedien greifen, welche sich für einen phänomenologischen Standpunkt besser eignen würden.[284] Seiner Einschätzung nach verweigert sich zumindest die Phänomenologie seiner Zeit den im weitesten Sinn neuen medialen Errungenschaften unter anderem der Fotografie. Mit diesem Verweis zeigt Flusser auf, dass sich die Wissenschaften den neuen technischen Errungenschaften nicht öffnen und deren Möglichkeiten für die eigenen theoretischen Überlegungen verkennen. Flusser versucht diese Kritik in seinem Werk aufzunehmen und einen Übertrag der Phänomenologie

---

281   Vgl. ebd., S. 6
282   Vgl. Zepf, I. 2001, S. 162
283   Vgl. Flusser, V. 1997d, S. 103
284   Vgl. Flusser, V. XXXXz, S. 2–5

auf die neuen Medien zu vollziehen, was er besonders intensiv mit den Ausführungen zur Fotografie umsetzt.[285] Die fotografische Geste drückt für Flusser die phänomenologische Bewegung aus, die von Standpunkt zu Standpunkt springt und in der der Fotograf wie auch das zu fotografierende Objekt thematisiert wird. In der Reflexion stößt der Betrachter auf das imaginäre Bildobjekt. Die Geste des Fotografierens ist für Flusser Ausdruck für den Versuch, den eigenen Standpunkt aufzugeben und auf neue differierende Möglichkeiten des Blickwinkels zu stoßen. In der Aufgabe liegt die Möglichkeit neue veränderte Standpunkte einzunehmen. Der Phänomenologe wird dadurch metaphorisch zum Fotograf, der differierende Standpunkte zu einem Phänomen einnimmt. Damit verknüpft ist ein Verweilen an Phänomenen unter verschiedenen Standpunkten. An dieser Verknüpfung zeigt sich die Verbindung zwischen Mensch und Apparat.[286]

> „Gerade hier liegt die Stärke des phänomenologischen Ansatzes. Für diesen ist die Sichtbarkeit des Bildes grundlegender als seine Lesbarkeit und deshalb der Gedanke möglich, wenn nicht sogar nahe liegend, ein Bild ohne jegliche semiotische Funktion zu verwenden."[287]

Mit der phänomenologischen Schau hängt zugleich die Frage nach dem Standpunkt des Anwenders der Methode zusammen, um klären zu können, wie dieser zu seinen Ergebnissen gelangt. Dadurch lässt sich feststellen, mit welcher Determination, die Flusser auch als eine religiöse bezeichnet, da sie eine Frage des Glaubens an gewisse Positionen ist, der Anwender auf die Phänomene blickt. Somit hat der Betrachter mit der phänomenologischen Methodologie die Möglichkeit, verdeckte Informationen, die im Hintergrund verborgen scheinen, sichtbar zu machen.[288] Daran zeigt sich das Ziel des flusserschen Arbeitens, die oberflächliche Betrachtung der Phänomene aufzubrechen, um hinter die Objekte und Phänomene zu blicken und dadurch verändert beziehungsweise dezentral auf die Welt zu schauen.

Für Flusser ist die fotografische Geste eine zentrale Geste seines phänomenologischen Denkens, auf die er an vielen Stellen seiner Überlegungen eingeht. Aus phänomenologischer Perspektive sieht der Betrachter auf Bildern etwas, was er ohne diese nicht sehen könnte. In Bildern existiert ein imaginäres Bildobjekt, welches nicht irreal ist, aber in Zeit und Raum nicht existiert.[289]

---

285 Zur Bedeutung der Fotografie sei auf Kapitel 4.4 verwiesen.
286 Vgl. Wiesing, L. 2010, S. 3–5
287 Wiesing, L. 2001, S. 188
288 Vgl. Flusser, V. XXXXz, S. 7–10
289 Vgl. Wiesing, L. 2001, S. 184

„Die Erfindung neuer Bildmedien erscheint heute wie eine implizite Suche nach immer besseren Verwirklichungen des phänomenologischen Bildverständnisses. Zumindest paßt es hierzu,
daß kaum jemand anderes diesen Angleichungsvorgang des Bildes an die Phantasie so früh und
genau gesehen und teilweise vorhergesehen hat wie der Phänomenologe Vilém Flusser."[290]

Mit Wiesing[291] lässt sich dieses Moment des flusserschen Arbeitens als eine postmoderne phänomenologische Herangehensweise bezeichnen, mit der Flusser sich
der Welt und ihren Phänomenen nähert. Seine phänomenologischen Beschrei-
bungen, die die Bodenlosigkeit der Nachmoderne als Voraussetzung haben und
die ein festes Sinnfundament ausschließen, kommen in diesen Ausführungen
zum Ausdruck.

Es stellt sich die Frage nach der Möglichkeit des Heraustretens respektive des
Zurücktretens aus der Welt an einen Un-Ort, einen U-Topos. Dieses Heraustreten
ist immer verbunden mit dem Versuch, sich ein Stück weit aus seiner Eingebundenheit in die netzartigen Strukturen zu lösen, um daran anschließend anders
auf die Welt blicken zu können. In der Eröffnung eines u-topischen Denkuniver-
sums findet diese Möglichkeit seinen Ausdruck im Werk Flussers. Es wird intendiert, sich von Standpunkten zu lösen und möglichst keinen neuen einzunehmen.
Flusser versucht dabei, die Ortsgebundenheit aufzulösen und eine Einstellung der
Verneinung mit Hilfe des Zweifels und der phänomenologischen Herangehensweise zu ermöglichen. Durch die utopische Herangehensweise wird der Leser
häufig irritiert, weil Flusser vermeintliche Standpunkte, die er als ideologische bezeichnet, mit Hilfe von Irritation und Zweifel aufzulösen sucht. Es sind Utopien
in einem Verständnis als U-Topos, für die er die Möglichkeit in den Technocodes
des nachmodernen Zeitalters sieht. In diesem Kontext entstehen Flussers Werkzeuge, die dem Menschen bei der Verneinung und dem damit verbundenen Zweifel
behilflich sein können.[292] Dieses Zurücktreten wird mit einem Zurückziehen aus
den Dingen und Objekten verbunden, bis diese nur noch phänomenal existieren.[293]

Sein Werk zeichnet sich durch die Generierung neuer, teilweise auf den
ersten Blick abwegig erscheinender Positionen aus, die bis zu den von Moles
Abraham als Philosophiefiktion, also als science fiction auf hohem Niveau be-
zeichneten Werken reichen. Diese Art der Fiktion nutzt Flusser, um die maximalen
Möglichkeiten des Abstandnehmens auszureizen.[294] Flusser folgt der Annahme,
dass die Wissenschaft ohne Fiktion nicht auskommt und sucht nach der Schnitt-
menge zwischen Wissenschaft und Fiktion. Von den gegenwärtigen Fiktionen ist

290   Wiesing, L. 2005c, S. 117
291   Vgl. Wiesing, L. 2010, S. 7–8
292   Vgl. Flusser, V. 1993g, S. 295–296
293   Vgl. Flusser, V. 1989b, S. 2
294   Vgl. Moles Abraham. 1990, S. 53–54

er enttäuscht, da sie sich meist in der Verlängerung der Wissenschaft und Technik[295] bewegen und keine grenzüberschreitenden Hypothesen hervorbringen können.[296]

> „Das also muesste man eigentlich von ‚science fiction' erwarten: die Wissenschaft mittels Fiktion ad absurdum zu fuehren, und dadurch zu einer Methode der Erkenntnis zu werden."[297]

Die teilweise extremen Standpunkte im Rahmen der Philosophiefiktion können als Versuche einer eidetischen Reduktion, in Anlehnung an Husserl, gelten. Diese kann nicht in Gänze im husserlschen Verständnis gesehen werden, sondern vielmehr als ein Versuch Flussers, die phänomenologische Methode in die Nachmoderne zu übertragen, indem er Standpunkte auflöst, um dadurch Raum für neue Perspektiven zu schaffen.

Zusammenfassend ist es für Flusser von Bedeutung die Möglichkeiten der phänomenologischen Methode mit Hilfe veränderter medialer Möglichkeiten postmodern zu etablieren. Besonders die Fotografie gilt ihm als Möglichkeitsraum für einen neuen methodischen phänomenologischen Ansatz. Dabei spielt die Auflösung ideologischer Standpunkte als unhinterfragte aufzulösen, um neue Möglichkeiten eines digitalen Ek-sistierens zu ermöglichen.

2.5 Flussers Anthropologie der Digitalität

Wie schon an der phänomenologischen Herangehensweise ersichtlich wird, verfolgt Flusser stets Fragestellungen, die sich der philosophischen Anthropologie zuordnen lassen. Gemeint sind in nuce bildungstheoretische Problemstellungen, die sich mit der Frage auseinandersetzen, wie der Mensch in der Nachmoderne noch Subjekt beziehungsweise Projekt sein kann. Am Übergang zur Nachmoderne wird dabei die anthropologische Fragestellung im Kontext gesellschaftlicher Veränderungen thematisch.

Die Grundannahme Flussers ist, dass der erkennende Geist, das Ich, sich die Welt unterwirft, indem es Modelle von Welt projiziert.[298] Somit entsteht eine Trennung zwischen dem Ich und dem Nicht-Ich. Dabei ist das Leben des Menschen in den Vorstellungen der Moderne noch eines, dass in der Metaphorik des Flusses verhaftet ist. Nach Flusser bietet sich die Metaphorik des Lebensboots, in

---

295 Zu dem Begriff der Technik und der Technikphilosophie sei verwiesen auf Heidegger, M. 1954; Cassirer, E. 2004; Blumenberg, H. 2009; Gehlen, A. 1965; Böhme, G. 2008
296 Vgl. Flusser, V. XXXXu, S. 1
297 Ebd., S. 2
298 Vgl. Flusser, V. 1957, S. 161

dem der Mensch einen ihm entgegenfließenden Fluss entlang fährt, an.[299] Der
Mensch ist in dieser Vorstellung der Ort, an dem aus Zukunft Vergangenheit
wird, aus einem Noch-nicht ein Nicht-mehr. Damit ist die Gegenwart ein Noch-
und-Nichtmehrort und eine Noch-und-Nichtmehrzeit. Diese Formulierungen
verweisen auf den Menschen als Knotenpunkt für Ort und Zeit[300]. Durch ihn
fließt die Zeit und der Ort entsteht als ein „noch", wie auch „nicht mehr". Daraus
geht das Problem des Daseins hervor, dass das Subjekt in seinem gegenwärtigen
Sein in sich wie auch außer sich ist.[301] Es ist ein vergängliches Konstrukt des
Menschen in einem permanenten Wandel der Zeit. Dieses endet mit dem Tod des
Menschen. Er fährt, um in der Metaphorik des Flusses zu bleiben, als endliches
Wesen seinem Tod entgegen.[302] Diesen Vorgang benennt Flusser als Er-Fahrung[303]. Der Mensch er-fährt seine Welt und stößt dabei gegen die Dinge. Diese
Erfahrung strukturiert die Beziehungen des Menschen zu seiner Lebenswelt wie
auch zu seinen Mitmenschen. Durch sie verhält sich der Mensch als Subjekt zu
den Objekten, mit denen er konstitutiv verwoben ist. Daraus resultiert eine zeitlich wie auch topologisch strukturierte Lebenswelt. Es ist eine Erfahrung, in der
das Subjekt den Widerstand der Welt durch die Dinge, gegen die es stößt, ver-
spürt, ohne sich zwangsläufig selbst bewegen zu müssen.[304] Innerhalb dieses
Lebensflusses unterscheidet sich der Mensch vom Tier durch die Möglichkeit,
dass er etwas absichtsvoll erstellen kann. Der Mensch hat die Mittel, den Zufall
in Absicht zu wenden, indem er sich gleichsam gegen die Strömung wendet, sich
aus ihr zieht. Der Moment des Zweifels, des kritischen Blicks auf die Welt ist für
Flusser mit der metaphorischen Fahrt gegen die Strömung gleichzusetzen. Die
Wendung stellt dadurch eine absichtsvoll kritische Handlung dar mit dem der
Mensch zu ek-sistieren beginnt. Dem Tier unterstellt Flusser hierbei immer ein
rein zufälliges Erstellen.[305]

„aus »Zufall« wird zunehmend »gezielter Zufall« im absichtsvollen, kalkulierten Umgang mit
dem Unvorhersehbaren."[306]

---

299 Vgl. ebd., S. 150
300 Zur Bedeutung des Subjekts für das Erkennen von Zeit und Raum sei verwiesen auf Merleau-
      Ponty, M. 1974, S. 284–346; Merleau-Ponty, M. 1974, S. 466–492
301 Vgl. Flusser, V. 1993m, S. 458
302 Das Engagement gegen den Tod ist der Imperativ der flusserschen Theorie. (Vgl. Alpsancar, S.
      2012, S. 51)
303 Zu dem Begriff der Erfahrung sei verwiesen auf Waldenfels, B. 2002
304 Vgl. Flusser, V. 1990c, S. 14
305 Vgl. ebd., S. 17
306 Goetz, R. 2001, S. 67

Durch dieses Wenden des Zufalls in einen gezielten oder absichtsvollen Einfall ist es dem Menschen möglich, neben seinem genetischen Gedächtnis ein kulturelles auszubilden. Er verhält sich in einer aktiven und absichtsvollen Handlung zu seiner Lebenswelt und verändert diese. Durch die Ausbildung des kulturellen Gedächtnisses[307] wird der Mensch zu einem anti-natürlichen Wesen[308] oder wie Flusser an anderer Stelle betont ein Natur manipulierendes Wesen, welches Kulturen erstellt, die die Weitergabe von Wissen in der informierten Natur ermöglichen.[309] Mit dem Umwenden[310] ist bei Flusser das Moment der Subjekt-Werdung verbunden. Ein Wenden des Kopfes als kritischer Akt repräsentiert für ihn die anthropologische Grundbedingung des Menschen.

Im Übergang zur Nachmoderne gewinnt die Er-Fahrung an Bedeutung für das Menschsein. Es entstehen Lebensformen, die Flusser an einigen Stellen als nomadenhafte bezeichnet. Der nachmoderne Mensch begibt sich als Nomade auf die Suche nach seinen Grenzen.[311] Er löst sich von dem er-wartenden Menschen ab und er-fährt seine Lebenswelt.[312] Es ist eine Vorstellung des Menschen, die sich dem sesshaften Menschen, der unter anderem mit festen Standpunkten verknüpft werden kann, entgegensteht. Im erfahrenden In-Welt-sein löst sich der Mensch von festgefahrenen Positionen, die Flusser auch als ideologische bezeichnet, und probiert sich in veränderten Formen des Ek-sistierens aus. Durch diese Nicht-Verortung des Nomaden ergeben sich Möglichkeiten des Entzugs aus einer apparatisch strukturierten Welt. Diese Nomaden entwickeln in der Nachmoderne mit Hilfe der Wissenschaft neue Erkenntnisformen, die den Menschen als transzendentales Subjekt in ein in der Welt lebendes überführen und überwinden dadurch den Subjekt-Objekt Dualismus. Im Er-fahren und Erkennen seiner Lebenswelt wird der Mensch zum Menschen der erkannten Modelle. Eine Veränderung des anthropologischen Modells und der Erkenntnisformen, wie es sich am Übergang zur Nachmoderne vollzieht, führt zu einem veränderten In-Welt-sein. In Anlehnung an die Ausführungen von Joisten findet sich in Flussers Theorie eine negative Anthropologie, die versucht den Menschen von seinem Subjekt-sein zu lösen, mit dem Ziel einen entwerfenden Menschen, den Flusser als Projekt bezeichnet, hervorzubringen.[313]

---

307 Vgl. hierzu Assmann, J. ⁶2007
308 Vgl. Flusser, V. 1988a, S. 1
309 Vgl. Flusser, V. 1997b, S. 133
310 Zur Bedeutung der Umwendung für die menschliche Existenz wie auch Bildungsprozesse sei verwiesen auf Plato/ Apelt, O. 1988, S. 269–275
311 Vgl. Flusser, V. 1990f, S. 20
312 Vgl. Goetz, R. 2001, S. 63
313 Vgl. Joisten, K. 2002, S. 52

Der Mensch als Projekt befindet sich nicht erst seit der Nachmoderne in einer Welt, die durch Entropie gekennzeichnet ist, also einer Tendenz zum Zerfall und gleichmäßiger Verteilung.

> „Entropie' [...] meint, dass sich der Raum mit der Zeit (oder die Zeit mit dem Raum) ausdehnt, und dass sich dabei Teilchen immer gleichmäßiger verteilen."[314]

Der Mensch wendet sich gegen die Tendenz des Zerfalls unter anderem durch die Ausbildung von Kultur und kulturellen Gedächtnissen. Flusser bezeichnet das Arbeiten gegen die Strömung des „Flusses", also ein absichtsvolles Handeln gegen die natürlichen Zufälle und Zerfallsprozesse, als das Moment, das die Würde des Menschen ausmacht.

> „Die Würde des Menschen ist, glaube ich, gegen die Tendenz, gegen die sture, blöde Tendenz der Welt, sich zu stemmen."[315]

Erst durch eine absichtsvolle Handlung schafft der Mensch Ordnung in einer bodenlosen und chaotischen Welt. Durch diese Handlung beginnt er zu ek-sistieren und beginnt Mensch zu sein. Somit lässt sich mit Flusser zeigen, dass die Kunst und insbesondere die Formen der Künstlichkeit von Dingen, die sich gegen das Natürliche und Zufällige wenden, den Menschen zum Menschen werden lassen. Dieses Engagement vollzieht sich immer in dem Wissen, dass auch diese künstlichen Dinge zum Verfall und letztlich zur Rückkehr in die Natur, in das Natürliche bestimmt sind.[316] Die Lagerung von Kultur in kulturellen Gedächtnissen ist immer mit dem Vergessen verbunden.[317] Die geschichtlichen Prozesse laufen im Kontext der flusserschen Analysen darauf hinaus, dass durch die entropische Tendenz der Welt Information in Desinformation überführt wird, das heißt, sie wird zu Abfall und wieder zur Natur. Alles kehrt in die Natur zurück.[318] Somit sieht Flusser in konstruktivistischen Prozessen der Projektion Möglichkeiten einer neg-entropischen Tendenz.[319] Hieran wird deutlich, dass Flusser neben der Phänomenologie auch durch die Überlegungen geprägt ist, die vermeintlich dem Konstruktivismus zugeordnet werden können. Für die Analyse des Vorgefundenen, der Subjekte und Objekte, greift er häufig auf phänomeno-

---

314 Flusser, V. XXXXs, S. 5
315 Flusser, V. 1992a, S. 160
316 Vgl. Flusser, V. 1992b, S. 148–149
317 Vgl. Flusser, V. 1992f, S. 117
318 Vgl. Flusser, V. 1997k, S. 207; Flusser, V. 1993c, S. 69; Flusser, V. 1997g, S. 239–240
319 Vgl. Flusser, V. 1990c, S. 17–18

logische Ansätze zurück. Dadurch stößt er auf eine zergliederte Welt, die er mit der Vorstellung des Menschen als Projekt, als Konstrukteur dieser nutzt.

In Anlehnung an die konstruktivistischen Überlegungen wird der Mensch zum Konstrukteur seiner Lebenswelt oder wie Flusser an anderer Stelle hervorhebt zum Designer, der sich gegen die Natur wendet beziehungsweise gegen die entropische Tendenz der Natur strebt.[320] Er lässt aus dem Nicht-Ich künstlich Geschaffenes, was als Kultur bezeichnet werden kann, entstehen. Er greift aus den gleichmäßig verteilten Teilchen einige heraus und rafft diese absichtsvoll zu einem kulturellen Produkt. Dieses Moment der Erschaffung von Künstlichem findet nach Flusser erst seit der Moderne statt, an dem Punkt, an dem das autonome Subjekt meint, die Stellung Gottes einnehmen zu können und in dem Zuge die Wissenschaft Fragen der Religion übernimmt.[321]

Der Mensch findet sich immer in dem Erfundenen wieder, das heißt, dass die Menschen unter anderem über das Erfundene, das künstlich Hergestellte, auf ihre Mitmenschen treffen. Der Mensch trifft in seinem Er-fahren der Welt auf die kulturellen Entwürfe, oder mit Flusser auf Projektionen seiner Mitmenschen. Somit treffen sie auf die künstlich und künstlerisch erstellten Modelle und Produkte, die unter den Sammelbegriff der Kultur fallen. Daraus abgeleitet sind sie nicht objektiv, sondern auch intersubjektiv und tragen dialogische Tendenzen des Austauschs in sich:[322]

„wir erfinden zuerst und dann entdecken wir, was wir erfunden haben."[323]

Für die Analysen dieses nachmodernen In-Welt-seins spielt, wie schon dargestellt, die Fotografie eine zentrale Rolle. Wiesing sieht bei Flussers Analysen eine Nähe zu den Auslegungen von Hans Jonas, der das Bild als Artefakt voraussetzt. Die Voraussetzung zum Erstellen von Bildern ist dabei eine anthropologische, die die Einbildungskraft wie auch ein handwerkliches Können voraussetzt. Es entstehen Bilder, die bei Flusser nur in Kombination zu ihrem Ersteller analysiert werden können. Somit prägt Flusser eine anthropologische Bildwissenschaft, die eine objektive Analyse des Bildes ausschließt und die intersubjektive Komponente zwischen Bild und dem Ersteller in den Mittelpunkt rückt. Dabei kann mit Wiesing davon gesprochen werden, dass Bilder einerseits von Menschen hergestellt werden und andererseits von ihnen handeln.[324] Bilder haben für Flusser

---

320 Vgl. Flusser, V. 1993i, S. 12
321 Vgl. Flusser, V. 1997c, S. 148
322 Vgl. Flusser, V. 1993b, S. 41
323 Flusser, V. 1992a, S. 155
324 Vgl. Wiesing, L. 2005b, S. 19–24

ein großes anthropologisches Gewicht. Sie sind in der Nachmoderne in Form von Technobildern omnipräsent geworden. Sie gelten als Repräsentanten der digitalen Codeform und modellieren so die Lebenswelt. Damit lebt der Mensch in einer Welt der Technobilder und ist zugleich bedingt durch sie. Postmodern ist der Mensch in Welt durch das Technobild und dem damit verbundenen Technocode. Problematisch stellt sich für Flusser die Nicht-Reflexion auf diesen Zustand dar.

Der Mensch „in-sistiert"[325] wie alle anderen Lebewesen und beginnt zu „ek-sistieren"[326] in dem Moment, in dem er versucht, sich herauszuziehen, also versucht Abstand und damit einen reflexives Moment zu gewinnen, was unter anderem bei dem fotografischen Akt realisiert wird. Mit Hilfe des Denkens, welches auf der Sprache beruht, entwirft sich der Mensch aus seinem Geworfen-sein[327] in der Welt.[328] Somit bildet die Subjektivität für Flusser einen Un-Ort, einen U-Topos, der eine scheinbare Möglichkeit des Zurücktretens aus der Welt darstellt[329], welche er mit Hilfe der Kommunikologie und den Strukturierungen durch Codes zu analysieren sucht. Für die Nachmoderne scheint diese Option des Zurücktretens und des reflexiven Moments immer stärker zu schwinden, da der Mensch seine Eingebundenheit und Programmierung durch den Code und die Apparate nicht erkennt. Für Flusser ist das Zurücktreten für die Erstellung von Bildern wichtig und wird in seinen Ausführungen zu einer anthropologischen Leistung. Es bedarf dafür eines Zurücktretens an einen, wie eben benannten Un-Ort, ein aus der Strömung des Flusses zu treten, um der Einbildungskraft eine Möglichkeit der Entfaltung zu geben.[330] Dabei reflektiert der Mensch, indem er sich aus seiner Lebenswelt herauszieht und in einen Raum der Nicht- oder Un-Orte tritt. Es ist in der flusserschen Auslegung ein Noch-nicht-Raum und eine Noch-nicht-Zeit, die unter anderem für die Erstellung von Bildern nötig ist.[331] Daran zeigt sich die Bedeutung des Utopischen und des Fiktionalen als bedeutend für eine Erstellung von Bildern. Die Bedeutung des Charakters des Noch-nichts ist dafür zentral. Bilder nehmen in den Ausführungen eine wichtige Rolle ein, da sie es den Menschen ermöglichen aus der Lebenswelt zurückzutreten. Dadurch werden sie zu Mittlern oder Medien.[332]

---

325   Flusser, V. 1993g, S. 295
326   Ebd., S.295
327   Den Gedanken des Geworfen-seins sollte Flusser von Heidegger übernommen haben. (Vgl. Heidegger, M. [15]1979, S. 181–199) Zur Rezeption Heideggers im Werk Vilém Flusser sei verwiesen auf Kroß, M. 2009
328   Vgl. Flusser, V. 2006, S. 26
329   Vgl. Flusser, V. 2008, S. 97
330   Vgl. Wiesing, L. 2005b, S. 20–21
331   Vgl. Flusser, V. 1991c, S. 75–78
332   Vgl. Flusser, V. 1990b, S. 104

Den Menschen, den Flusser in die Nachmoderne setzt, oder vielmehr das an vielen Stellen utopische Menschenbild, das Flusser zeichnet, ist eines des *homo ludens* oder wie Guido Bröckling es übersetzt des kompetenten digitalen Spielers.[333] Flusser meint einen absichtsvoll konstruierenden Spieler, den er als Gegenüber zu der von ihm analysierten vermassten Gesellschaft stellt und der sich in seiner Bewusstheit der Eingebundenheit absichtsvoll zu dieser verhält.

Im Rahmen der Arbeit kann Flussers Wissenschaftsverständnis als ein (negativ) dialektisches Ausarbeiten von Denkräumen gesehen werden. Es ist gezeichnet durch einen standortunabhängigen Essayismus, der den Menschen als nomadenhaften *homo ludens* der Nachmoderne vorstellt. Diese Herangehensweise stellt eine Fokussierung und Etablierung eines Denkraums für eine veränderte Form des Bildungsbegriffs dar, die mit der Frage nach der Ent-stereotypisierung der Menschen in einer Welt der pluralisierten Wahrheit verknüpft ist. Flussers Ansatz eröffnet im Zeitalter der Auflösung der großen Erzählungen und Wahrheiten einen Raum des Engagements, der Bildung als kritisches Verhältnis in Welt ermöglicht. Diese Denkfiguren sind verknüpft mit dem zweifelnden Beobachter der Welt, der von Standpunkt zu Standpunkt springt und, um in der Metapher der Fotografie zu bleiben, über das Auslösen zweifelt. Den Menschen als Projekt und Bildung als projektive Einstellung in Welt zu verstehen ist eng mit dem Zweifeln an Ideologien verbunden. Der Mensch als er-fahrendes Projekt verknüpft sich in der Manipulation von Kultur und deren Modellen in Form von absichtsvollen Handlungen mit Welt. Der Mensch als Projekt und Bildung als eine projektive essayistische Einstellung in Welt können daher als der Versuch eines Zurücktretens, im Wissen der Eingebundenheit in Welt, gesehen werden. Es ist ein Denkuniversum des u-topischen Zurücktretens aus Welt, welches sich in der Nachmoderne mit dem Bildungsbegriff verknüpft. Erst durch eine Erneuerung dieses Begriffes ist ein Menschenbild als Projekt in Welt möglich. Es impliziert das Streben nach einer absichtsvollen Stellung in Welt, in der sich technische und ästhetische Diskurse spielerisch in der Modellierung der Gesellschaft überholen.

---

333 Vgl. Bröckling, G. 2012, S. 187–189

3 Die Kommunikologie – Kommunikation als Freiheit

Seit den 80er Jahren, nach seiner Rückkehr nach Europa, verändert sich Flussers thematische Ausrichtung. Er beleuchtet zunehmend unter einer kommunikationstheoretischen Perspektive die Verbindung zwischen Codes, Medien und Informationen.[334] In Flussers Arbeiten zur Kommunikation kristallisiert sich die dialektische Abhängigkeit von Codes und kulturellen Zäsuren heraus, die er auch als „Kulturrevolution"[335] bezeichnet. Kultur meint im Kontext dieser Überlegungen das Resultat und den Möglichkeitsraum der Speicherung und der Weitergabe von Inhalten.[336] Diese theoretischen Überlegungen gehen davon aus, dass der Mensch nur durch Kommunikation und die Speicherung von Inhalten ek-sistieren kann.[337] Für die Kommunikation stellt er zwei zentrale Formen heraus, den Dialog und den Diskurs. Den Dialog verbindet er mit einem Verständnis von Demokratie, während der Begriff des Diskurses mit der Vermassung und Verobjektivierung der Menschen assoziiert wird. Informationen sind für Flusser in diesem Kontext eine produktive Störung der Ordnung, durch die ein Widerspruch gegen redundante Verbreitungen von Inhalten möglich ist. Für Flusser entsteht eine Unterscheidung von Informationen in informativer Form und in redundanter Form. Die Verwendung des Begriffs Inhalt bietet sich an dieser Stelle als übergeordnete Begriffsebene an, um den Gedanken der Information, der dann sowohl redundante als auch informative Informationen umfasst, zu präzisieren. Inhalte werden in Codes codiert und transportiert, um sie mit Hilfe von Sprachen schriftlich oder mündlich weiterzugeben. Dieser Vorgang ist für Flusser eine anthropologische Konstante des Menschen. Der Mensch ist nur in einer sozialen Praxis kommunikativer Prozesse existent, das heißt, innerhalb eines intersubjektiven Seins be-

---

334 Vgl. Michael, J. 2009b, S. 23–24 - Zum besseren Verständnis findet sich hier eine kurze Erläuterung der zentralen Begriffe des Kapitels. Codes können in ihrer spezifischen Ausprägung als Sprache bezeichnet werden. Somit ist Code der Überbegriff oder Sammelbegriff, der Sprachen in sich vereint. In Sprachen und auch in spezifischen Codes sind Symbole in eine Ordnung gebracht, zu einer Ordnung geordnet. Die Ordnung der Sprache ist somit auch die Ordnung der Welt und kann unter anderem als Grammatik bezeichnet werden.
335 Flusser, V. 1993k, S. 54
336 Vgl. Flusser, V. 1995, S. 9
337 Vgl. Hanke, M. 2009, S. 50

dingt durch die Codestrukturen. Die Variable stellt dabei die Form des Codes dar, was er mit Hilfe der Veränderung des alphanumerischen Codes hin zu dem binären[338] aufzeigt. Die Kommunikation mit Hilfe von Codes ermöglicht neben der Konstitution des Menschen auch die Konstitution der Welt. Als Konsequenz daraus entstehen durch eine Veränderung der Codestrukturen Möglichkeiten der Veränderung von Welt.[339]

Die Wissenschaft der Kommunikation bezeichnet Flusser als Kommunikologie. Sie ist eine Theorie der Kommunikation, die sich mit der Übertragung von informativen und redundanten Inhalten zwischen Menschen auseinandersetzt. Unter Kommunikologie versteht Flusser einen Metadiskurs, der bestrebt ist, die Strukturen der Kommunikation sichtbar werden zu lassen.

„Kommunikationstheorie ist ein Metadiskurs aller menschlichen Kommunikationen, und zwar so, daß dabei die Strukturen dieser Kommunikationen ersichtlich werden".[340]

Für Flusser eröffnet Kommunikation den Menschen – nicht erst seit der Nachmoderne – die Möglichkeit, Ordnungen von Welt zu erstellen und diese zu verbreiten. Durch Codes stiften Menschen Ordnung, und über die Anerkennung des Diskurses der Ordnung bilden sich gesellschaftliche Zusammenschlüsse aus. In einer nachmodernen Gesellschaft, die sich im flusserschen Verständnis durch Bodenlosigkeit auszeichnet, bietet die Kommunikation die Möglichkeit, Strukturen einzuziehen und eine künstliche Ordnung zu erstellen, das heißt, sich über Inhalte mit anderen Subjekten zu verknüpfen.[341] Diese nachmoderne Ordnung zielt nicht auf die Herstellung eines festen Bodens in Form von Wahrheiten ab, sondern auf eine Umdeutung, die es dem Menschen ermöglicht, in einer nachmodernen Gesellschaft überhaupt zu ek-sistieren. Sie befähigen den einzelnen Menschen, Mensch zu sein, indem er Standpunkte und im flusserschen Verständnis Sichtweisen etabliert.

Kommunikation ist für Flusser ein generelles Phänomen der Freiheit und stellt eine Bedingung für gesellschaftliche Umbrüche dar. Sie ist ein Engagement des „freien" Subjekts gegen die entropische Tendenz der Welt.[342] Sie versucht zu des-ideologisieren, das heißt, sie versucht in ihrer informativen Form Standpunkte zu verändern.[343] Auf der Grundlage des Verständnisses der Kommunikologie

338   Weitere Ausführungen zur Bedeutung des binären Codes für eine postmoderne Gesellschaft finden sich unter anderem bei Baudrillard. (Vgl. Baudrillard, J. 2008, S. 29–32)
339   Vgl. Flusser, V. 2004, S. 16
340   Flusser, V. 1992c, S. 223
341   Vgl. Ernst, C. 2006, S. 13
342   Vgl. Flusser, V. ⁴2007, S. 15
343   Vgl. Marcelli, M. 2007, S. 1

entwickelt er seine Überlegungen zu den gesellschaftlichen Veränderungen und der digitalen Revolution der Nachmoderne. Flusser vertritt ein chronologisches Modell, welches einen historischen Fortschritt der Codes von einem vorkulturellen Zeitalter bis hin zur Gegenwart untersucht.[344]

Im Kontext der Kommunikologie sind Medien die Kanäle[345] der sprachlichen Vermittlung der Codes. Sie stellen die Strukturen dar, in denen die Codes funktionieren, das heißt, sie sind der Kanal der Übertragung.[346] Ähnlich wie Codes treten Medien in den Hintergrund, sie sind meist unsichtbar.[347] Sie sind in einem Dazwischen angesiedelt[348] und bilden die Übertragungsmöglichkeiten für Codes und deren Inhalte.[349] Neben der Veränderung der Codes vollzieht sich eine parallele Veränderung der Medien hin zur Nachmoderne. Auf der Grundlage des neuen binären Codes, den Flusser als Technocode bezeichnet, entstehen veränderte Möglichkeiten des Sagbaren und Befragbaren. Es öffnen sich Denkuniversen für wissenschaftliche Überlegungen, woraus neue technische Realisationen hervorgehen. Veränderte Formen von Apparaten und veränderte Möglichkeiten der medialen Übertragung behaupten sich in der Nachmoderne.[350] Ein Medium kann nach Krämer von einem Tisch, der Luft bis zum Computer alles sein, was als Kanal der Übertragung von Inhalten in Codes bewusst oder unbewusst genutzt wird. Besonders den Bereich des Unbewussten, des Unsichtbaren[351] und vermeintlich Vergessenen versucht Flusser in den Blick zu nehmen. Dabei gilt es zu beachten, wie sich durch die Struktur der medialen Formen der Standpunkt, der Möglichkeitsraum für den Einzelnen darstellt. Flusser verweist darauf, dass besonders alltägliche mediale Formen, wie zum Beispiel der Tisch, im Bereich des Unbewussten und auch Unbeachteten liegen. Mit dem Verweis auf die unbeachteten Einflüsse der Medialität versucht Flusser die Bedingungen der Kommunikation darzustellen. Durch ein breites Verständnis von Medien wird es ihm möglich, den Einfluss der Dinge auf die Kommunikation in den Blick zu bekommen. In diesem Verständnis ist die Kommunikation von dem Tisch, der im Raum der

---

344 Vgl. Marburger, M. R. 2011, S. 39 - Von seinem methodischen Vorgehen ist Flusser in der Nähe von McLuhan (Vgl. hierzu McLuhan, M. 1995; McLuhan, M. ²1995) oder Régis Debray (Vgl. hierzu Debray, R. 2003) einzuordnen.

345 Hanke stellt bei Flusser eine Variation des Begriffs Medium fest. Medien können für die Kanäle als Kommunikationsstruktur stehen, was für die vorliegende Arbeit das zentrale Kriterium neben der Bedeutung der Medien als Massenmedien, ist. Ebenso kann der Begriff Medium bei Flusser auch für den Begriff Zeichen stehen oder als Form einer Mediation. (Vgl. Hanke, M. 2009, S. 45)

346 Vgl. Flusser, V. ⁴2007, S. 271

347 Vgl. Bystrický, J. 2007, S. 9

348 Vgl. Kritlova, K. 2010, S. 2

349 Vgl. Michael, J. 2009b, S. 33; Hanke, M. 2009, S. 46

350 Vgl. Hanke, M. 2009, S. 53

351 Vgl. hierzu Krämer, S. 2012, S. 69–72; Grube, G. 2009

Kommunikation steht, genauso abhängig, wie von dem Smartphone, kurzum von allem, was die Vermittlung von Inhalten prägt.[352] Daher lässt sich mit Flusser an Krämer anschließen, die davon ausgeht, dass unser gesamtes Wissen und Erkennen über die Welt durch Medien strukturiert ist und – was in besonderem Maß für Flusser bedeutsam wird – nur mit ihnen möglich ist. Es sind alle medialen Formen inbegriffen, die in der gesellschaftlichen Kommunikation in den Hintergrund getreten sind. Nach Krämer ist genau diese Undurchsichtigkeit oder Unsichtbarkeit das Moment, an dem Medien ihre Bedeutung innerhalb kommunikativer Prozesse einnehmen.[353] Im Fokus der Betrachtungen Flussers stehen, im Gegensatz zu Thesen von Autoren wie McLuhans „the medium is the message", die Codes. Für Flusser ist das Medium der Kanal der Übertragung, welcher Einfluss auf die Kommunikation hat. Als Kanal bildet er unter anderem den Möglichkeitsraum, die Struktur der Weitergabe von Inhalten. In diesen Kanälen der Weitergabe bedingen für Flusser allerdings die Codes die Möglichkeit des Sagbaren.

> „Was beweist, dass, im Gegensatz zu McLuhans beruechtigtem Ausspruch ‚the medium is the message', diese Struktur geeignet ist, so verschiedene Botschaften zu tragen wie die christliche Heilsbotschaft und die Gilgamesch."[354]

Neben den Codes und Medien setzt sich die Kommunikologie mit dem Speichern, Prozessieren und Weitergeben von Inhalten auseinander. Sie legt eine entropische Struktur der Inhalte zu Grunde. Unter dem Begriff der Entropie fasst Flusser die Annahmen, dass alle Dinge wieder zerfallen, das heißt, sich im flusserschen Sprachspiel die Raffungen auflösen. Diese Annahme ist für alle natürlichen wie auch künstlichen Gegenstände für Flusser gesetzt. Daher verändert sich die Vorstellung der Sterblichkeit des Menschen. Das Subjekt in der Nachmoderne stirbt für Flusser im Gegensatz zu dem modernen Subjekt nicht, wenn sein natürlicher Körper verstirbt, sondern wenn mit dem Subjekt in einem Netz der Kommunikation keine Inhalte mehr verknüpft sind. Flusser verwirft im Zuge dessen die klassische Vorstellung von Tod und misst der Kommunikation eine zentrale Bedeutung zu. Dadurch ergibt sich ein permanentes Streben des einzelnen Subjekts gegen den Tod mit Hilfe der kulturellen Weitergabe von Inhalten durch Codes und in Medien.[355] Kommunikation meint in diesem Verständnis mit Michael ein existentielles Apriori[356], welches sich gegen das Vergessen des Menschen als zum

---

352 Vgl. Alpsancar, S. 2012, S. 53
353 Vgl. Krämer, S. 1998, S. 73–74
354 Flusser, V. 1978a, S. 2
355 Vgl. Flusser, V. 2008, S. 26–27
356 Vgl. Michael, J. 2009b, S. 27

Tode verurteiltes Wesen stemmt. Auf dieser Grundlage zeichnet sich Kommunikation durch drei Phasen aus, die der Erzeugung, der Übertragung und der Speicherung von Inhalten.[357] Die Übertragung findet in Symbolen statt, welche verschlüsselt Inhalte übermitteln.[358] Symbole sind nach Flusser alle informierten, das
heißt, alle mit Sinn versehenen und benannten Gegenstände. Alle befragten Phänomene der menschlichen Lebenswelt bilden den symbolischen Raum. Kommunikation ist ein künstlicher Vorgang, da Symbole nicht naturgegeben sind, sondern
durch den Menschen mit Hilfe von kommunikativen Prozessen hervorgebracht
werden. Der Mensch ist mit Flusser für das Sprechen ausgestattet, aber nicht für
eine spezifische Sprache, einen spezifischen Code oder spezifische Symbole,
sondern ausschließlich für die Codestrukturen des Sprechens in allgemeinster
Form der symbolischen Bedeutung.[359]

> „Unter »Symbol« wird hier jedes Phänomen verstanden, welches laut irgendeiner Übereinkunft
> ein anderes Phänomen bedeutet. »Code« hingegen wird jedes System meinen, welches die
> Manipulation von Symbolen ordnet."[360]

Der Kommunikologie als Kommunikationsforschung kommt die Aufgabe zu, auf
den symbolischen Aspekt der Kommunikation zu blicken und dabei das Veränderbare der Symbole und Codes sichtbar zu machen. Ziel ist es das Fraglose zum
Fragwürdigen zu erklären.[361] Die Kommunikologie legt den Fokus dabei auf die
Überkreuzung der Bereiche des Körpers, der Sinne, der Symbole, der Strukturen
und der Kanäle.[362] Sie beschränkt sich nicht auf ein reines Sender-Empfänger-
Modell, sondern versucht einen weiteren Blickwinkel zu dem Thema der Kommunikation einzunehmen. Mit dem Fokussieren der benannten Bereiche entsteht
in dem flusserschen Theoriekomplex eine Kommunikationstheorie, die mit Hilfe
der Strukturen versucht, das menschliche In-Welt-sein zu erklären und in der die
anthropologische Komponente eine zentrale Rolle einnimmt. Es ist die Frage,
wie der Mensch durch Kommunikation zum modernen Subjekt oder telematischen Projekt wird.

Ein Engagement als kommunikativer Akt gegen die entropische Tendenz
des Vergessens stellt gleichzeitig ein Engagement gegen die Technisierung der
Kommunikation dar. Mit einer Technisierung der Kommunikation sind für Flusser
die Tendenz der Auflösung des menschlichen Engagements im Rahmen der

---

357 Vgl. Flusser, V. 1995, S. 16; Flusser, V. 1997e, S. 83
358 Vgl. Flusser, V. 1995, S. 39
359 Vgl. Flusser, V. 1995, S. 52; Flusser, V. ⁴2007, S. 9
360 Flusser, V. ⁴2007, S. 74–75
361 Vgl. Flusser, V. 1997d, S. 10
362 Vgl. Flusser, V. 1992c, S. 227

Kommunikation und der Verlust des menschlichen Ek-sistierens verknüpft. Eine ausschließliche Synthetisierung der Inhalte durch Apparate würde eine Auflösung des Subjekts nach sich ziehen. Die Suche nach einem Ausweg aus der Unterwerfung, den Flusser in seinem utopischen Szenario der telematischen Gesellschaft ausarbeitet, steht dabei im Mittelpunkt.[363]

Krisen der Kultur und auch die Krise der Wissenschaften sind immer Krisen der Kommunikationsstrukturen.[364] Durch die Auflösung und Veränderung von Strukturen der Kommunikation verändern sich Ordnungen von Gesellschaft. Als Konsequenz resultiert ein krisenhaftes Moment der Kultur auf der Grundlage des Übergangs in eine neue Codestruktur. Flusser benennt dieses Moment als eine Glaubenskrise, da der Glaube an eine gewisse Kommunikationsstruktur und damit eine Weltsicht und Gesellschaftsform erschüttert wird. Eine Krise der Kommunikationsstruktur zieht immer auch eine Krise der Ek-sistenz des Menschen nach sich.[365] Mit der Kommunikologie verbindet Flusser die Hoffnung, am Übergang zur Nachmoderne, zu einer veränderten Form des Ek-sistierens zu gelangen.[366]

Flusser fasst seine Kommunikologie in drei Hauptsätzen zusammen:

„Erster Hauptsatz: Was nicht kommuniziert wird, ist nicht, und je mehr es kommuniziert wird, desto mehr ist es.
Zweiter Hauptsatz: Alles, was kommuniziert wird, ist etwas wert, und je mehr es kommuniziert wird, desto wertvoller ist es.
Dritter Hauptsatz: Wer kommunizieren will, darf weniger informieren."[367]

In einem ersten unterstreicht er die quantitative Komponente seiner Kommunikationstheorie. Er deutet dabei an, dass Subjekte und Objekte nur durch den Prozess der Kommunikation und der Rede über Subjekte und Objekte in dieser Form entstehen. Endet die Kommunikation und der Austausch von Inhalten, die mit einem Objekt oder Subjekt verknüpft sind, dann endet auch deren kommunikative Existenz. Der zweite Hauptsatz hingegen misst den kommunikativen Inhalten per se einen Wert zu, der mit der Häufigkeit der Kommunikation wächst. Für Flusser werden wertvolle Inhalte also durch den jeweiligen Diskurs bestimmt und durch ihn aspektiert in zum Beispiel ökonomisch oder auch ästhetisch wertvoll. In einem dritten Hauptsatz verweist er darauf, dass Kommunikation und informative Informationen in einem negativen Abhängigkeitsverhältnis stehen. Dabei kommt zum Ausdruck, dass Informationen in einem flusserschen Ver-

---

363   Vgl. Michael, J. 2009a, S. 134
364   Vgl. Flusser, V. 1995, S. 115
365   Vgl. Flusser, V. 1978b, S. 7
366   Vgl. Flusser, V. 2008, S. 26
367   Flusser, V. 1995, S. 8

ständnis als Neues und nicht als Redundantes anzusehen sind. Den Wert der Information verlieren die Inhalte durch die Wiederholung in kommunikativen Prozessen. Sie nehmen eine redundante Form an und werden zu redundanten Inhalten. Der größte Teil der menschlichen Kommunikation besteht aus diesen redundanten Inhalten. Die Information als Form der Veränderung, als eine Störung, hat dem gegenüber eine Sonderstellung.

3.1 Information als Störung des Geordneten

Neben den Codes stellen die Informationen eine zentrale Komponente der flusserschen Kommunikologie dar. Informationen zu erzeugen verbindet Flusser mit einer absichtsvollen Handlung, die er als Voraussetzung mit dem Ek-sistieren des Subjekts verknüpft. Informationen erweitern die codestrukturelle Ordnung und stellen ein dialektisches Verhältnis zu den Redundanzen dar. Durch die Speicherung und Weitergabe von Inhalten entstehen Kultur wie auch Gesellschaft und mit Hilfe der informativen Inhalte wird die Ordnung erweitert. Eine Veränderung der Ordnung geht bei Flusser immer auf eine Information als Störung zurück. Die anthropologische Komponente der Information ist in der flusserschen Theorie stark zu gewichten.

Aus einer historischen Perspektive erscheint der Mensch als ein Wesen, welches die Natur informiert und dadurch Kultur schafft. Das Subjekt ist in einem allgemeinen Verständnis ein Natur manipulierendes Wesen.[368] Es greift Dinge aus der Natur und erhebt sie durch dieses Be-greifen aus dem Status des Fraglosen. Mit dem Befragen des Fraglosen ist das Informieren verknüpft. Erst durch diesen Vorgang des Befragens bilden sich kulturelle Zusammenschlüsse heraus, die auf gleiche Inhalte, gespeichert in kulturellen Gedächtnissen, zurückgreifen.[369]

> „Informationen, welche in Koden verschluesselt sind, welche nicht im Programm einer gegebenen Gesellschaft sind, werden von ihr nicht als Informationen angenommen."[370]

Flusser geht von einer entropischen Tendenz der Natur aus, was als Folge einen Informationsverlust mit sich bringt.[371] Der Mensch engagiert sich im Kontext dieser Grundannahmen permanent gegen das Verschwinden, indem er mit der

---

368 Vgl. Flusser, V. 1997b, S. 133
369 Vgl. Flusser, V. 1978b, S. 1
370 Flusser, V. 1978b, S. 3
371 Vgl. Flusser, V. ⁴2007, S. 259

Erzeugung von Informationen gegen seine Einsamkeit kämpft.[372] Er wird als ein Wesen gesehen, dessen anthropologische Voraussetzung das Informieren, in dem Wissen eines permanenten Informationsverlustes, ist.[373] Die Informationsgesellschaft[374] verdrängt in der Nachmoderne die Industriegesellschaft und die Informationen lösen industrielle Produkte als prägenden Bestandteil der Gesellschaft ab.[375] In der Auslegung Flussers kann ein quantitativer Anstieg von Inhalten, in ihrer redundanten und auch informativen Form, als eine Tendenz gesehen werden, die sich gegen die eigene Sterblichkeit wendet. Ausdruck hierfür können unter anderem die Versuche der permanenten Veröffentlichung aller lebensgeschichtlichen Unwichtigkeiten bei Facebook und in anderen Formen der sozialen Medien sein.

Informationen generieren sich spätestens seit der Nachmoderne nicht durch den Einzelnen, sondern sie synthetisieren sich immer in Gruppen.[376] Flusser geht davon aus, dass es in Anlehnung daran zumindest in der Nachmoderne keine Autorenschaft mehr gibt, sondern nur noch Autorengruppen, die Objekte informieren. Der Mensch wird in der netzartigen Struktur einer telematischen Gesellschaft zur Schnittstelle von Inhalten beziehungsweise zu einem Verhältnis innerhalb des Netzes. Er verliert dabei die vermeintlich starke Stellung als Subjekt der Moderne und ek-sistiert nur, solange er als Knotenpunkt in der netzartigen Struktur verwoben ist.[377] Der Mensch ist sodann nicht mehr in der Subjekt-Objekt-Relation zu seiner Welt, sondern er ist Schnittstelle des intersubjektiven Netzes in Welt.

Die Inhalte unterscheidet Flusser nach verschiedenen Kriterien. Ein zentrales Kriterium ist das Gegensatzpaar redundant und informativ. Der größte Teil der Inhalte seien redundante, was an der vermassten nachmodernen Gesellschaft zu erkennen ist. Redundanz ist für Flusser der Faktor, der nachmoderne Subjekte in stereotype Objekte überführt. Er verbindet sie mit der Wiederkehr des Immergleichen, welches die Ökonomie für ihre Zwecke nutzt. Informativ sind Informationen dagegen, wenn sie innerhalb eines Codes liegen und diesem Geräusche einverleiben, das heißt, neue, unwahrscheinliche Informationen synthetisieren. Sie tragen zur Veränderung der Gesellschaft bei, das heißt, sie fügen in diese Ordnung Störungen als Geräusche ein.[378]

---

372   Vgl. Grube, G. 2009, S. 200
373   Vgl. Flusser, V. 1998i, S. 17
374   Vgl. hierzu McLuhan, M. [2]1995
375   Vgl. Flusser, V. 2000, S. 204
376   Vgl. Flusser, V. [6]2000, S. 104
377   Vgl. Flusser, V. 1997e, S. 31
378   Vgl. Flusser, V. [4]2007, S. 335; Flusser, V. [11]2011, S. 25

Die Informationen unterteilt Flusser wiederum in drei Formen, in indikative, imperative und optative. Indikative Informationen sind zum Beispiel wissenschaftliche Publikationen, die nach dem Schema „A ist A" funktionieren. Sie liefern wissenschaftlich wahre Aussagen, die in der Moderne meist an kausale Erklärungsmuster anknüpfen. Indikative verschließen mit kausalen Definitionen Spielräume oder Möglichkeitsräume der Veränderung. Imperative Informationen kommunizieren hingegen eine Soll-Vorgabe, die das Ziel hat, den Einzelnen zu programmieren. Sie übertragen Modelle, wie zum Beispiel im politischen Kontext oder der Werbung, die (ökonomische) Vorstellungen verteilen wollen. Künstlerische Fotografien können als Beispiel für optative Informationen gelten, die nach dem Schema „A möge A sein" erstellt werden und häufig utopische Schemata aufweisen. Sie vermitteln nach Flusser Schönheit und eröffnen einen Möglichkeitsraum, der dem Schema „A ist A" verschlossen bleibt. Für seine weitergehenden Überlegungen stehen die informativen Informationen im Mittelpunkt, wobei eine getrennte Betrachtung der Inhalte in ihrer redundanten und informativen Form immer nur eine theoretische sein kann. In deren praktischen Realisationen findet eine Vermischung statt.[379] Hinter den Überlegungen zur telematischen Gesellschaft steht immer die Frage, wie der Mensch aus den redundanten Informationen der Massengesellschaft ausbrechen kann, um informative Inhalte, das heißt, unwahrscheinliche Inhalte mit Hilfe dialogischer Netzstrukturen zu erstellen. Dabei spielen die Möglichkeiten einer optativen Informationserzeugung eine tragende Rolle, wie sich an Flussers eigenen als utopisch zu bezeichnenden Ausführung zur telematischen Gesellschaft zeigt. Mit dem Vorgehen, die Gesellschaft möge wie eine telematische sein, erstellt er einen utopischen Raum, der Reflexion auf gesellschaftliche Prozesse zulässt. Es entsteht ein Denkuniversum, welches als optative Information aus einem künstlerischen Moment hervorgeht. Dabei spielt die Frage eine Rolle, wie mit Hilfe einer optativen Informationserzeugung eine Form der Gesellschaft erreicht wird, in der es möglich ist, informative Inhalte zu erzeugen.

In Anlehnung an das Modell der veränderten Codeformen beschreibt Flusser ein aus fünf Phasen bestehendes Modell der unterschiedlichen Speicherung von Inhalten[380] aus einer historischen Perspektive. Diese Phasen fallen für Flusser mit zentralen Veränderungen des Codes zusammen. In der kulturfreien Epoche, die die erste Phase darstellt, werden die Inhalte von Mensch zu Mensch weitergegeben. Es wird das Medium der Luft als Mittler genutzt und im Gegensatz zu den darauf folgenden Epochen keine Objekte, wie Wände, Papier oder Ähnliches

---

379 Vgl. Flusser, V. ¹¹2011, S. 49
380 Die Lagerung von Kultur ist immer mit dem Vergessen verbunden. (Vgl. Flusser, V. 1992f, S. 117)

informiert. In der peolithischen Epoche der Werkzeuge wird Information auf Gegenstände gedrückt, das heißt, durch die Erstellung von Gegenständen, wie zum Beispiel dem Faustkeil, werden Steine informiert. Ein Modell beziehungsweise eine Vorstellung der Form eines Werkzeugs wird auf die Steine übertragen, die wiederum gesellschaftliche Auswirkungen nach sich ziehen. In der paleolithischen Epoche, der bildermachenden, werden Informationen auf Oberflächen aufgetragen, wie es zum Beispiel an den Höhlenmalereien aufgezeigt werden kann. Es werden Informationen als Vorstellung von Formen auf Flächen gemalt und an andere Menschen weitergegeben. Die Dauer der Speicherung nimmt dabei zu. In der historischen Epoche, der text-erzeugenden, werden Informationen auf Oberflächen in Linien geordnet, was sich mit Hilfe des guttenbergschen Buchdrucks stark ausweitet. Als gesellschaftliche Auswirkung entsteht dadurch eine Epoche, die sich linear an der Zeile ausrichtet, was zunehmend zu einem Leben, das sich am linearen Fortschritt orientiert, führt. In der emportauchenden Epoche, der nachgeschichtlichen, werden die Informationen in die elektromagnetischen Felder projiziert, in denen dann künstliche Gedächtnisse[381] mit einer vermeintlichen Möglichkeit der dauerhaften Speicherung entstehen.[382] Die verschiedenen Phasen der Informationserzeugung sind nicht getrennt voneinander zu betrachten, sondern durchdringen sich und greifen ineinander, was Flusser bei seinem Phasenmodell[383] hervorhebt. Anhand der zur jeweiligen Epoche gehörigen Gedächtnisstützen können nach Flusser die jeweilige Lebensweise wie auch die Formen des Denkens und die Wirklichkeiten und Wahrheiten dieser Epoche erkannt werden.[384]

Durch Kommunikation werden Inhalte erzeugt und gesammelt. Die Sammlung erfolgt mit Hilfe diskursiver Medien und Codes, an die sich das Synthetisieren anschließt. Im Moment der Sammlung, also der Überführung der informativen Inhalte in Ordnung, beginnt der Informationswert zu schwinden und der redundante Teil der vormals informativen Inhalte gewinnt an Bedeutung. Kurzum: Alle informativen Inhalte werden im Zuge ihrer Eingliederung zu redundanten Formen. Je höher die quantitative Präsenz der Inhalte in den Kommunikationsstrukturen ist, desto schneller verlieren sie das verändernde und störerische Mo-

---

381   Mit den künstlichen Gedächtnissen verlagern die Menschen ihr Gedächtnis und die Möglichkeiten der Speicherung nach außen. (Vgl. Debray, R. 2001)
382   Vgl. Flusser, V. 1988b, S. 1
383   Mit Ströhl lässt sich an Flusser Kritik hinsichtlich der fortschreitenden Phasenmodelle üben. Er kritisiert, dass Flusser eine Gesellschaft voraussetzt, die sich permanent weiterentwickelt und damit fortschreitet in einem linearen Verständnis. Dies zeigt er an der Annahme auf, dass es zu den Dialogen immer Diskurse braucht, die die Information weitertragen, wodurch eine lineare Gesellschaft auch in der nachgeschichtlichen Gesellschaft erhalten bleibt. (Vgl. Ströhl, A. 2013, S. 56)
384   Vgl. Flusser, V. 1988b, S. 1–3

ment. Diese anfänglichen Störungen werden bis zu ihrer Auflösung als Störung in die Modelle der Gesellschaft integriert. Es ist ein in Ordnung bringen des Störenden, der Information. Diese Eingliederung erfolgt immer in Diskursen, dadurch kann ein redundanter Inhalt in einem Diskurs ein informativer Inhalt als Störung im nächsten Diskurs sein. Die Erzeugung von Informationen vollzieht sich nach Flusser im besten Fall innerhalb dialogischer Strukturen[385], in vergesellschafteten Gruppierungen, die durch den Akt der Kommunikation Information und auch Kultur erzeugen.[386] Die Erzeugung von Informationen beschreibt Flusser als das Informieren der Natur. Der Mensch drückt dieser eine Form auf, die im flusserschen Verständnis dem Informieren gleichkommt.[387] Das Subjekt in-formiert, bringt also die Objekte durch das Moment der Arbeit in Form. Dieses Arbeiten in der flusserschen Auslegung des Informierens kann von der Herstellung eines Werkzeugs bis zur Veränderung künstlicher Gedächtnisse reichen. Bei dem Vorgang hat der Mensch immer eine Richtung, ein Sein-Sollen als Ziel vor Augen, wie er die Objekte verändern will. Dieses Ziel verknüpft er mit einer Metaperspektive, die auf die Veränderungen, die sich für das In-Welt-sein und die Lebenswelt ergeben, reflektiert. Die entstandenen Objekte sind im Gegensatz zu den natürlichen kulturell erzeugt.[388] Der Mensch als Subjekt hat die Möglichkeit Partikel herauszugreifen, diese zu raffen und durch deren Benennung in eine Ordnung zu bringen, das heißt, durch ein In-Form-bringen zu informieren. Er erzeugt durch diesen Vorgang kulturelle Güter. Dieser Vorgang ist ein Formen und Ordnen von Teilchen, die Flusser auch als Partikel bezeichnet. Indem das Subjekt Partikel ordnet, misst es ihnen eine Bedeutung in einer Ordnung zu. Den Grad dieser erzeugten Information unterscheidet Flusser nach der Wahrscheinlichkeit ihres Auftretens. Je wahrscheinlicher eine erzeugte Information ist, desto weniger informativ ist diese. Im Gegensatz dazu sind die unwahrscheinlichen Informationen die mit hohem Informationsgrad.[389] Es bleibt dabei festzuhalten, dass Vorgänge des Informierens durch ein absichtsvoll handelndes Subjekt seltene Momente sind. Vielmehr kann es als ein Streben nach dem In-Formieren bezeichnet werden, in dem sich das Subjekt als Subjekt realisieren kann. Der Mensch verfolgt das Ziel, Momente des absichtsvollen Informierens zu erhalten, um seinen Subjektstatus zu stärken und nicht dermaßen vermasst zu werden.

---

385 Vgl. Flusser, V. 1990e, S. 89
386 Vgl. Flusser, V. 1997e, S. 29
387 Vgl. Flusser, V. ⁵2002, S. 43; Flusser, V. 2008, S. 141; Flusser, V. 1997d, S. 58
388 Vgl. Flusser, V. 1998i, S. 118
389 Vgl. Flusser, V. 2008, S. 49; Flusser, V. ⁶2000, S. 22

In der Nachmoderne stellen die Gedächtnisstützen die künstlichen Gedächtnisse dar. Eine Veränderung von Inhalten als informativer Akt der Störung muss an diesen ansetzen. Künstliche Gedächtnisse können bei Flusser als Formen des kulturellen Gedächtnisses des nachmodernen Zeitalters gesehen werden. Durch Formen der künstlichen Speicherung werden in diesen mit Hilfe von binären Codes Möglichkeiten der Aufbewahrung geschaffen, die die des Menschen aus Sicht der Dauer wie auch der Menge überschreiten.[390] Die Menschen dieser Epoche erzeugen in Folge Inhalte, die zu großen Teilen auf das Ablegen dieser in künstlichen Gedächtnissen abzielt. Die Frage, die Flusser nicht weiter ausarbeitet, ist, was das Besondere an diesen nachmodernen Inhalten ist. Allerdings zeigt sich an den Ausführungen, dass es sich um Inhalte handelt, die sich dem binären Code sowie dem Technobild anpassen. Die Menschen, die diese Inhalte erstellen, bezeichnet Flusser als programmierte, da sie Inhalte in Abhängigkeit von der Form ihrer Speicherung erstellen. Somit bestimmt die Form den Inhalt, und es entstehen zu großen Teilen imperativ redundante Inhalte. Mit Flusser ist die Frage zu stellen, wie gerade diese Imperative überschritten werden können.[391]

Durch den Vorgang des Speicherns werden die Codes, respektive Symbole nicht nur geordnet, sie werden verschlüsselt und in die Umwelt übertragen. Die Speicherung findet in Objekten statt, indem der Mensch Symbole zu Codes ordnet, um diese dann zu speichern.[392] Aus dieser sind sie abrufbar, solange die Codes, also die künstliche Verschlüsselung bekannt ist.[393] Darauf beruhend ist die Einführung in die Codestruktur, die Sozialisation in Codes, eine zentrale Aufgabe der Gesellschaft, um die erworbenen Inhalte vererben zu können. Dabei ist die digital literacy[394] ein Kompetenzbereich, der zu der Sozialisation in einer nachmodernen Welt beiträgt. Flusser spricht davon, dass es ein programmiertes Gedächtnis für die zu empfangenden Inhalte geben muss, also ein den Codes angepasstes.[395] Neben dieser Anpassung an die Codes ist aber nicht nur für Flusser eine kritisch-reflexive Stellung zu diesem System wichtig. Erst durch diese reflexive Stellung beginnt der Mensch zu ek-sistieren und Räume eines Bildungsbegriffs öffnen sich. Im weiteren Verlauf wird daher nicht ein Kompetenzmodell einer nachmodernen Gesellschaft stehen, sondern die Frage der Bildung als Moment des kritischen In-Welt-seins.

---

390 Vgl. Flusser, V. XXXXk, S. 5
391 Vgl. Flusser, V. XXXXi, S. 5
392 Vgl. Flusser, V. ⁴2007, S. 74
393 Vgl. Flusser, V. 1997e, S. 41–42
394 Zu dem Konzept der digital literacy sei verwiesen auf Sofos, A. 2010; Pietraß, M. 2012; Pietraß, M. 2010
395 Vgl. Flusser, V. 1997e, S. 32

Die Aufgabe des Zugangs zu den vorherrschenden Codestrukturen übernehmen seit dem neunzehnten Jahrhundert verstärkt die schulischen Einrichtungen.
Sie ermöglichen den Subjekten, eine Schnittstelle zu dem kulturellen Gedächtnis
herzustellen. In diesen wird die Form des Codes an die Kinder und Jugendlichen
übertragen und dadurch ein Zugang zur Kultur geschaffen. Die Weitergabe von
Inhalten findet in einer imperativen Form statt. Dabei wird der Nachwuchs durch
die Codes der jeweiligen Epoche programmiert und in diese eingepasst. Für
Flusser stellt sich dabei die Frage, wie es möglich ist, die Ordnung zu überschreiten und dadurch auch zu verändern. Dies geschieht, indem Subjekte informative
Inhalte als Geräusche in Form eines kritischen Akts in den Code einfügen.[396]
Eine Form der Störung der Ordnung in Form von Geräuschen findet in institutionalisierten Systemen wie der Schule keinen Niederschlag. Schule als Institution
strebt meist keine Veränderung von Gesellschaft an, sondern eine Einpassung in
diese. Es ist ein Einführen in künstliche Formen der Codes und der dazugehö-
rigen künstlichen Gedächtnisse. Bereiche wie die des Cultural Hackings[397], die
unter anderem mit ästhetisch-künstlerischen Momenten versuchen Kultur und
Ordnung zu verändern, geraten nicht in den Blick.

Das Subjekt wird in der Nachmoderne der Knotenpunkt und die Schnittstelle der Inhalte, das über verschiedene Informationsträger die Struktur seiner
Lebenswelt erfährt und durch diese sozialisiert wird.[398] Es stellt den „Treffpunkt
von Verhaeltnissen, (Informationen)"[399] dar. Somit ergibt sich die Frage nach der
Produktion und Speicherung von Information als eine existentielle. Als Engagement gegen den Tod beginnt der Mensch die Welt zu informieren[400], um sie dadurch für ihn (er-)lebbar zu machen. In der Nachmoderne ist das Leben eng mit
dem Nicht-Vergessen-werden verknüpft. Der Mensch ist existent, solange Informationen respektive Inhalte in dem Netz mit ihm verknüpft sind. Jede Erzeugung
von Information ist mit dem Bestreben des einzelnen Menschen verknüpft, nicht
vergessen zu werden und aus einer modernen Perspektive nicht zu sterben. Das
Vergessen-sein im Netz wird zum postmodernen Synonym des modernen Ster-
bens. Dagegen wendet sich der Vorgang der Stauung der Inhalte gegen das Vergessen-werden.[401] Mit Heidegger bezeichnet Flusser dieses Vorhaben als ein

---

396 Vgl. Flusser, V. 2008, S. 28
397 Zu dem Bereich der Schule und des Cultural Hackings siehe Kapitel 7.
398 Vgl. Flusser, V. ⁶2000, S. 9
399 Flusser, V. 1978b, S. 2
400 Im Verständnis von Vilém Flusser würde eine Transplantation des Gehirns keinen Sinn ergeben,
     da es ihm immer um die Unvergesslichkeit, welche von den Anderen und von künstlichen Ge-
     dächtnissen abhängt, geht. (Vgl. Flusser, V. 2004, S. 102)
401 Vgl. Flusser, V. ⁴2007, S. 16

Engagement gegen das Fallen zum Tode hin.[402] Die Einsamkeit des Daseins überbrückt Flusser für sich selbst mit dem Schreiben. Für ihn ist trotz der schwindenden Bedeutung der Schrift die Möglichkeit durch sie gegeben, nicht umsonst gelebt zu haben.[403]

Bei Flusser steht nicht das Objekt, sondern die Information im Zentrum der Überlegungen zur nachmodernen Gesellschaft.[404] Die Menschen stellen keine Dinge mehr her, das übernehmen Maschinen und Apparate automatisiert, sondern sie werden zu Erzeugern von Inhalten.[405] Inhalte lösen die Arbeit[406] in der nachmodernen Gesellschaft ab und bestimmen gleichzeitig den Einfluss des Subjekts auf die Gesellschaft auf der Grundlage der ihm innewohnenden und zugänglichen Inhalte.[407] Es handelt sich dabei um Inhalte, die bis in den privaten Raum eingedrungen sind. Technische Möglichkeiten, begonnen bei der Zeitung bis zur Post, lösen den Marktplatz, an dem klassisch Inhalte verteilt und verhandelt werden, auf und etablieren diesen in Privaträumen. Daran schließt sich an, dass der Mensch in der nachmodernen Informationsgesellschaft eher uninformiert ist, wenn er diesen privaten Raum verlässt.[408] Es entsteht in der Nachmoderne eine Informationsflut, die sich nach Flusser für wertfrei hält, allerdings wertlos sei.[409]

Informationen, die sich gegen diese Entwicklung wenden, verbindet Flusser mit dem Aspekt der Störung und dem Eindringen von Geräuschen in eine Ordnung. Durch die informatorische Störung kommt es zu einer neuen Information, die immer gesellschaftliche Veränderungen hervorruft. Informationen sind ein Spiel mit der Struktur der Codes, mit dem Ziel etwas Neues zu schaffen. In diesem Erstellen von informativen Inhalten liegt die Möglichkeit des Ausbrechens aus der Ordnung und ihrer Veränderung. Informative Inhalte sind im Gegensatz zu redundanten Formen der Kommunikation Ausdruck der menschlichen Ek-sistenz. In der Nachmoderne, in der redundante Inhalte durch Apparate erzeugt und in künstlichen Gedächtnissen gespeichert werden, gilt es nach Flusser Möglichkeiten zu suchen, die Informationen als Störung der Ordnung erzeugen.

---

402   Vgl. Flusser, V. 2008, S. 179
403   Vgl. Flusser, V. 1975, S. 11
404   Vgl. Flusser, V. 2001a, S. 15
405   Vgl. Flusser, V. 1997e, S. 186
406   Zur Vertiefung des Begriffs der Arbeit im Verständnis Flussers siehe Arendt, H. [11]2013, S. 98–160
407   Vgl. Fahle, O./ Hanke, M./ Ziemann, A. 2009, S. 10
408   Vgl. Flusser, V. 2008, S. 71
409   Vgl. Flusser, V. XXXXy, S. 9

3.2 Sprache als veränderbare Codestruktur

Codes programmieren den Menschen mit Hilfe medialer Strukturen, die Flusser als Mittler oder Kanäle benennt. Sie schaffen Ordnungen, aus denen Wahrheiten und Wirklichkeiten hervorgehen.[410] Medien stellen dabei eine Trennung von Subjekt und Objekt her, durch die ersichtlich wird, dass eine unmittelbare, das heißt, eine non-mediale Kommunikation nicht möglich ist. Der Mensch ist nie ohne Medien zur Welt, sondern immer in einem medialen Verhältnis zu ihr. Medien sind die Kanäle des Zugangs zur Welt.[411] Allerdings liegt die prägende Bedeutung bei Flusser nicht auf dem Medium als Mittler und Kanal, sondern auf der menschlichen Kommunikation und den die jeweilige Zeit strukturierenden Codes. Es sind die formalen Aspekte der Kommunikation, die Flusser in den Blick nimmt.[412]

Neben der Unterscheidung zwischen den Strukturen des Dialoges und Diskurses sind die Codes bedeutend für die Kommunikationstheorie Flussers. Codes sind ein System aus Symbolen, die die Kommunikation zwischen Menschen ermöglichen und determinieren. Der Mensch schafft Symbole wie im Straßenverkehr das Stopp-Schild und ordnet die Welt, in dem Fall den Straßenverkehr, durch deren Anerkennung und Verwendung.[413] Somit sind Codes Symbole, mit deren Hilfe Sachverhalte in der Wirklichkeit geordnet werden.[414] Die Codes strukturieren das In-Welt-sein des Menschen. Sie prägen den Menschen in seiner Wahrnehmung von Wirklichkeit und Wahrheit. Anders: Er kann sich ohne Codes und die damit verbundenen Mittler als Kanäle, die Medien, nicht auf die Welt beziehen.[415] Diese Kommunikationsstrukturen sind immer nur einer gewissen Gemeinschaft zugänglich, die das Lesen, besser vielleicht das Verstehen der für sie gültigen Codestruktur erlernt hat und die für die Formen der Kommunikation einer kulturellen Gemeinschaft sozialisiert ist. In einer alpha-numerisch sozialisierten Gesellschaft, wie beispielsweise der Moderne, werden diese Codes durch das Sprechen wie auch das Schreiben sichtbar.[416] Sie dienen der Benennung und Weitergabe von Inhalten.[417] Die Codes, als System der Symbole einer Gesellschaft, werden durch die Intentionalität der an ihnen partizipierenden Menschen, also der Kultur oder Gesellschaft, getragen.[418] Zentrale Voraussetzung zur Teilhabe an

---

410 Vgl. Ziemann, A. 2009, S. 131
411 Vgl. Flusser, V. 1997d, S. 189–190
412 Vgl. Hanke, M. 2009, S. 42
413 Vgl. Flusser, V. 1997e, S. 23
414 Vgl. Flusser, V. ^{6}2000, S. 17
415 Vgl. Michael, J. 2009b, S. 26–27
416 Vgl. Flusser, V. 1997e, S. 41
417 Vgl. ebd., S. 31
418 Vgl. Kantner, R./ Schaufler, G. 2002, S. 194

gesellschaftlichen Prozessen stellt das Entschlüsseln also des Lesens der Codes dar. Erst mit dem Moment des Sprechens und besonders des Lesens kann der Mensch aktiv in Welt sein, da viele der kulturellen Inhalte erst über das Lesen zugänglich sind.[419] Ihre Aufnahme ist nur möglich, wenn die Informationen oder Wahrheiten dem eigenen Programm, der eigenen Programmierung entsprechen, das heißt, wenn sie in der eigenen Sprache verfasst werden. Sätze sind dann redundant oder informativ informierend, wenn der Empfänger die Zeichen und Regeln der Sprache kennt, also das Programm der Verschlüsselung. Am Übergang zur Nachmoderne scheint sich die Frage nach dem Code, das heißt, welche Form der Schrift zu erlernen ist, neu zu stellen. Der aufkommende Diskurs um die digital literacy kann als Beispiel dafür gesehen werden. Kein Mensch der (westlichen) Moderne kann außerhalb von Sprachlichkeit sein. Ein Heraustreten in Gänze aus der jeweiligen Codeform ist nicht möglich.

> „Wir glauben also, mit anderen Worten, dass die Regeln der europaeischen und aehnlicher Sprachen irgendwie die wirklichen Zusammenhaenge spiegeln."[420]

Häufig vergisst der Mensch die Künstlichkeit der Codes und der Kommunikations-strukturen. Er hat daher den Einfluss der symbolischen Codierung nicht mehr im Blick.[421] Er vergisst die strukturierende Funktion der Lebenswelt durch Codes und rutscht in ein Abhängigkeitsverhältnis zu diesen. Für die Nachmoderne muss es daher im Anschluss an Flusser ein Ziel sein, die Technobilder und deren Codestruktur lesen und verstehen zu lernen, das heißt, auf die veränderte Künst-lichkeit der Codes hinzuweisen. Das Lesenlernen der Codes und dadurch das Erkennen der Welt, die durch einen binären Code geordnet und strukturiert ist, stellt für Flusser neben der Muße die zentrale Komponente eines postmodernen Verständnisses des Ek-sistierens dar, welches eng mit einem postmodernen Ver-ständnis von Bildung verknüpft werden kann.

Bei der Informationserzeugung und der Weitergabe der Inhalte, die auf dem Lesen und Verstehen beruhen, gibt es zwei Ebenen, die zu beachten sind. Auf der einen Seite die der Botschaft und auf der anderen die des Codes, in dem die Botschaft mit Hilfe von Symbolen verschlüsselt wird.[422] Somit stellen der Inhalt und die Verschlüsselung des Inhalts den Kommunikationsprozess dar. Mit den Codes löst der Mensch etwas aus dem „namenlosen Fluss"[423] heraus und verändert

---

419 Vgl. Flusser, V. XXXXp, S. 3
420 Ebd., S. 2
421 Vgl. Flusser, V. [4]2007, S. 9–10
422 Vgl. Flusser, V. 1997e, S. 33
423 Flusser, V. 1957, S. 81

dabei immer nur einen Teil der Ordnung der Gesellschaft.[424] Durch das Heraus-greifen benennt das Subjekt einen Schwarm von Partikeln und ordnet diesen einer Wirklichkeit zu. Dadurch gewinnt ein Objekt Bedeutung und bedingt dadurch nicht nur die Welt, sondern auch den einzelnen Menschen. Flusser legt zu Grunde, dass die Codes die Denkart der Menschen prägen und verändern.[425] Von Codes ist das Denken abhängig, und Codes sind wiederum durch das Denken bedingt. Sie bilden den Möglichkeitsraum dessen, was überhaupt erzeugt werden kann, der Sichtweisen auf die Welt und der Wirklichkeiten, die sich dem Einzelnen darbieten.[426] Menschen, die durch eine andere Grammatik, zum Beispiel durch eine andere Nationalsprache[427], zur Welt sind, leben nach Flusser auch in einer veränderten Welt und sind von veränderten Phänomenen umgeben.[428] Am Bei-spiel der Melodie der Sprache zeigt er diese Strukturierung der Wirklichkeiten und deren Phänomene durch Sprache auf. Jede Sprache, er geht von unterschied-lichen Landessprachen aus, hat ihre eigene Melodie und jede dieser länderspezi-fischen Sprachen ist von der Komponente der Melodie abhängig. Mit dieser verweist der Redner auf das Unartikulierte, Flusser spricht hier auch von dem Versickerten. Es ist die unbewusste Komponente, die in den verschiedenen Spra-chen mitschwingt und die Wahrnehmung der Welt prägt. Somit fällt ein Stein nach der Melodie der jeweiligen Landessprache. Auf dieser Grundlage lässt sich von einem deutschen im Gegensatz zu einem spanischen Fallen des Steins spre-chen.[429] Ausgeweitet betrachtet zeigen sich daran die Bedeutung der einzelnen Strukturen der Sprachen und die Auswirkung auf die jeweilige Gesellschaft. Phänomene treten in Form und unter der Gestalt der jeweiligen Sprache auf. Dadurch sind die Menschen da, wo ihre Codes sind.[430]

Begriffe sind wiederum in der Struktur des Codes zwischen den Menschen und den Dingen angeordnet. Durch das Be-greifen werden Phänomene der Welt benannt und werden frag-würdig beziehungsweise be-fragungs-würdig. Sie ord-nen die Welt auf der Grundlage des Be-fragten, Be-griffenen und Benannten. Dadurch strukturieren sie das Denken über Welt. Auf dieser Grundlage gilt es für Flusser zu betonen, dass Denken mit der Sprache und dadurch auch mit der Logik zusammenhängt. Die Grammatik der Sprache ordnet das Denken des

---

424 Vgl. ebd., S. 81
425 Vgl. Flusser, V./ Sander, K. 1996, S. 67
426 Vgl. Flusser, V. 1993g, S. 310; Grube, G. 2009, S. 201
427 Zum Nationalcharakter der Sprachen sei verwiesen auf Wilhelm von Humboldt. (Vgl. hierzu Humboldt, W. v. 1963a; Humboldt, W. v. 1963b)
428 Dieses Phänomen zeigt er in seiner Autobiographie „Bodenlos" auf. (Vgl. Flusser, V. 1992c)
429 Vgl. Flusser, V. XXXXn, S. 1–4
430 Vgl. Kantner, R./ Schaufler, G. 2002, S. 193

Menschen und die Begriffe benennen das Wertvolle einer Gesellschaft.[431] Grammatik in diesem Verständnis zeigt die Möglichkeiten des Denkens und im Anschluss daran die Möglichkeiten von Ordnung in einem gesellschaftlichen Rahmen auf:

> „die Gesellschaft macht für uns die Dinge erst wirklich, indem sie sie durch uns ausspricht, ausdrückt, symbolisiert und natürlich gehorchen dann die Dinge diesen Gesetzen der Ausdrücksform [sic], nämlich der Grammatik".[432]

Die Gewalt der Sprache[433] beeinflusst den menschlichen Geist. Durch die Betrachtung des strukturellen Aufbaus von Sätzen ergibt sich für Flusser der Zugang zur Ordnung der Wirklichkeit.[434] Daraus lässt sich folgern, dass der Mensch in der Welt unter den Bedingungen ist, die ihm von den Codes im modernen Sinn durch den alpha-numerischen auferlegt wurden.[435] Sprechen und Denken bilden die Landkarte der Wirklichkeit und der Weltwahrnehmung. Daraus resultiert für den Menschen die Orientierung in der Lebenswelt.[436] Somit projiziert jede Codeform, sei es die Sprache oder das Bild, ihre Struktur in die Lebenswelt.[437] Alle Gedanken sind für Flusser grammatikalische oder werden während des Denkens zu diesen. Sie bilden in der Moderne den alphanumerischen Möglichkeitsraum des Sprechens wie auch des Schreibens. Sprechen, Schreiben und Denken bedingen sich in der flusserschen Vorstellung gegenseitig.[438] Dabei bleibt festzuhalten, dass der Möglichkeitsraum einer Epoche immer durch den vorherrschenden Code dominiert wird. Andere Formen des Codes treten dabei in den Hintergrund. Aus dieser dreiteiligen Abhängigkeit geht die Welt als Ordnung, die Wirklichkeit und Wahrheit einer Epoche hervor.

> „Die Wirklichkeit deckt sich Punkt fuer Punkt mit der Sprache, in der wir denken. Was wir nicht sagen koennen, das koennen wir nicht denken, und was wir nicht denken koennen, das existiert nicht."[439]

---

431   Vgl. Flusser, V. 2006, S. 23–25
432   Flusser, V. 1957, S. 57
433   Vgl. Flusser, V. XXXXn, S. 1
434   Vgl. Flusser, V. 2006, S. 27–29 und S. 37
435   Vgl. Flusser, V./ Sander, K. 1996, S. 24
436   Vgl. Flusser, V. XXXXp, S. 1
437   Vgl. Flusser, V. 1978b, S. 6
438   Vgl. Flusser, V. 1957, S. 57–58
439   Flusser, V. XXXXn, S. 2 – Diese These scheint eine gewisse Nähe zu Wittgensteins „Was wir nicht denken können, das können wir nicht denken; wir können also auch nicht sagen, was wir nicht denken können." (TLP 5.61) zu haben. (Vgl. hierzu Flusser, V. 1993l)

Kurzum: Ein In-Welt-sein außerhalb von Codes ist nicht möglich. In der Moderne ist dieses durch den alphanumerischen Code geprägt. Erst am Übergang zu einer telematischen Gesellschaft schwindet die Dominanz des alphanumerischen Codes. Dies zeigt sich an dem schwindenden Einfluss der schriftlichen Realisationen und der zunehmenden Bedeutung von (Techno-)Bildern. An diesem Übergang lösen sich das alphanumerische Sprechen, Schreiben und Denken auf. Festzuhalten bleibt dabei, dass sich nicht Codes oder auch Symbole in ihrer allgemeinen Form verändern und auflösen, sondern nur deren Ausprägung in einer alpha-numerischen Form. Eine Veränderung der Ordnung der Lebenswelt ist an diesem Übergang der flusserschen Theorie inhärent.[440]

Am Beispiel der Schrift stellt Flusser heraus, dass je mehr schriftliche Produkte erzeugt werden, umso stärker ist das Denken textuell beeinflusst. Diese Annahme überträgt sich auf eine Häufung des Technobilds in der Lebenswelt der Nachmoderne. Durch sie verändern sich die menschliche Wirklichkeit und Wahrheit und die Formen des reflexiven Bezugs auf Welt. Durch diese neue Struktur des Codes treten einschneidende Veränderungen der Wahrnehmung der Welt auf, die durch den Code der Technobilder, den Technocode, bedingt sind.[441]

Für Flusser spielt die historische Perspektive der Veränderung des Zugangs zur Welt durch veränderte Codes eine zentrale Rolle. Flusser ist nach Marburger durch den linguistic turn stark beeinflusst.[442] An vielen Stellen zeigt sich, wie Flusser die Sprache in einem weiten Verständnis analysiert und dabei Rückschlüsse auf die Ordnung von Gesellschaften zieht. Die Bindung an den alphanumerischen Code sieht er nicht als apriorisch an. Aus einer genealogischen Betrachtungsweise der Codes lassen sich bei Flusser verschiedene Phasen des Codes aufzeigen.[443] Der Mensch ist aus dem Blickwinkel Flussers Theoriebildung durch die Codes zur Welt und verändert sie mit Hilfe der Codes. Die einschneidenden codestrukturellen Transformationen nennt Flusser Revolutionen[444], weshalb sich gesellschaftliche Umbrüche immer als Kommunikationsrevolutionen beschreiben lassen. Diese Revolutionen ziehen eine Veränderung der Codes und eine Veränderung der Grammatik und Wörter nach sich.[445] Es finden paradigmatische Wechsel statt, die das Erlernen einer neuen Codeform erfordern. Die neuen vorherrschenden Formen des Codes haben immer auch die Macht, die jeweilige

---

440 Vgl. Flusser, V. 2003b, S. 71
441 Vgl. Flusser, V. 1986 (gestrichen), S. 1
442 Vgl. Marburger, M. R. 2011, S. 53
443 Vgl. Flusser, V. 1978b, S. 5
444 Vgl. Michael, J. 2009b, S. 28
445 Vgl. Flusser, V. XXXXk, S. 1

Epoche zu programmieren.[446] Für die digitale Revolution ist das Erlernen der neuen Codeform zu großen Teilen ausgeblieben.[447] Die neuen Bildformen werden weiterhin wie klassische Bilder betrachtet und verstanden. Flusser hält es daher für erforderlich, eine neue Form der Imagination, die Technoimagination, auszubilden.[448] Diese neue Einbildungskraft kann es dem Subjekt ermöglichen, in der entstandenen nulldimensionalen Welt Unterscheidungen in der Kodierung zu erkennen. Es erlernt in der neuen Kodierung absichtsvoll in Welt zu sein. Dadurch wird es befähigt, eine projektive Lebensweise zu gewinnen, die sich in der telematischen Gesellschaft möglicherweise realisieren lässt.[449] Es ist ein absichtsvolles Handeln, welches Entwürfe von Welt in die Lebenswelt projiziert und dadurch reflexiv und kritisch in Welt ist. Erst auf dieser Grundlage entstehen Möglichkeitsräume eines postmodernen oder telematischen Verständnisses von Bildung. Somit sollte es das Ziel sein, die neuen Codeformen zu verstehen, das heißt, sie aufzudecken, sie sichtbar zu machen, um sich von der Programmierung emanzipieren zu können.[450] Der Mensch muss zum Manipulator, Hacker und störenden Faktor der neuen Codes werden, um in einer telematischen Lebenswelt Projekt sein zu können.

> „Immer, wenn neue Gedaechtnisformen eingefuehrt wurden, musste man ihre Manipulation erlernen."[451]

Es gilt bei den Analysen mit Flusser zu beachten, dass die Codes und Medien auf den Betrachter zurückschlagen und ihn zwingen oder programmieren, nach ihren Modellen in Welt zu sein.[452] Daher ist es die permanente Bildungsaufgabe des Menschen, sich mit den neuen Codes auseinanderzusetzen, um sich als handelndes Subjekt zu ihnen verhalten zu können. Dies ist eine lebenslange Aufgabe als Wendung gegen die programmierenden und vermassenden Strukturen der Lebenswelt.[453]

---

446   Vgl. Kantner, R./ Schaufler, G. 2002, S. 195
447   Zur gesellschaftlichen Veränderungen im Rahmen des aufkommenden Technobilds siehe Kapitel 4.
448   Vgl. Ernst, C. 2008, S. 192–193
449   Vgl. Flusser, V. 1993g, S. 314–316
450   Vgl. Flusser, V. 1997e, S. 189
451   Flusser, V. XXXXy, S. 6
452   Vgl. Flusser, V. XXXXi, S. 2
453   Vgl. Flusser, V. 1987a, S. 4

3.3 Demokratischer Dialog und programmierender Diskurs

Veränderungen resultieren aus der Sicht der flusserschen Kommunikationstheorie, der Kommunikologie, immer aus dialogischen Strukturen, als ein Austausch von *logoi*.[454] Die Chance, die Flusser im Dialog sieht, beruht daher auf einer Kommunikation unter Gleichen, die daher als demokratisch bezeichnet werden kann.[455] Der Dialog stellt die Grundlage für die Überlegungen Flussers zu einer telematischen Gesellschaft dar, in der nach einem demokratischen Verständnis informative Inhalte erstellt, das heißt synthetisiert werden. Diskurse[456] hingegen stehen den Dialogen diametral gegenüber und verhindern demokratische Strukturen der Aushandlung. Die nachmoderne Gesellschaft ist weitgehend durch Diskurse geprägt. Diskursive Kommunikationsstrukturen werden bei Flusser mit restriktiven Aspekten verbunden, wie der Vermassung und Programmierung des Einzelnen und der Gesellschaft.[457] Flusser sucht daher vor allem nach Möglichkeiten, dialogische Kommunikationsstrukturen zu etablieren, um Räume der Demokratie und der Kritik zu schaffen.[458] Erst aus dieser Unterscheidung heraus bieten sich Möglichkeiten der Veränderung der Strukturen der Gesellschaft hin zu einer telematischen, die neue Marktplätze der dialogischen Kommunikation erlaubt.

Der Dialog kann als der Tausch von Informationen gefasst werden, aus dem neue Informationen hervorgehen. Im Gegensatz dazu verteilt der Diskurs Inhalte mit dem Ziel, diese möglichst im Sinn des ursprünglichen Gehalts zu bewahren. Keine der beiden Formen, so Flusser, kann ohne die andere bestehen, da Dialoge Inhalte benötigen, die sie durch diskursive Formen der Kommunikation erhalten und im Gegenzug wieder Informationen an die Diskurse weitergeben. Aus einer historischen Perspektive heraus geht Flusser davon aus, dass es dialogisch wie auch diskursiv stärker oder schwächer geprägte Perioden im Verlauf der Geschichte der Menschheit gibt. Erste verknüpft er zum Beispiel mit dem ancien régime, zweite mit der Romantik und spezifisch mit den Volksrednern.[459] Mit Flusser kann davon ausgegangen werden, dass in der Nachmoderne eine totalitäre diskursive Form der Kommunikation etabliert ist, ohne dass dies selbst in kritischer Absicht thematisiert würde. Nachfolgend können verschiedene Formen

---

454 Vgl. Flusser, V. ⁴2007, S. 291 - Zur etymologischen Bedeutung des Begriffs *logos* siehe Bühner, J.-A. 1980; Ueding, G. 2001, S. 624–653

455 Vgl. Flusser, V. ⁶2000, S. 72

456 Für Flusser ist es - wie er in einem Interview betont - immer problematisch, wenn seine Denkweisen mit dem Begriff des Diskurses in Verbindung gebracht werden. (Vgl. Flusser, V./ Sander, K. 1996, S. 113)

457 Vgl. Flusser, V. 1995, S. 115

458 Vgl. Flusser, V. ⁴2007, S. 272

459 Vgl. Flusser, V. ⁴2007, S. 259

der Diskurse im Anschluss an Flusser unterschieden werden, die zugleich bildungstheoretisch bedeutende Implikationen haben.

Die Sender von Diskursen sind darum bemüht, Inhalte möglichst im Sinne des Ursprungsgehalts zu erhalten. Dabei gilt es, das Eindringen von Geräuschen in Inhalte zu vermeiden. Geräusche verbindet Flusser immer mit dem Moment des Informierens und der daraus resultierenden Information. Somit stellt das Geräusch für den Diskurs eine Störung dar. Dieser ist darauf bedacht, Inhalte möglichst einheitlich, unverändert und damit redundant zu verbreiten. Neben dem Erhalt der Inhalte versuchen Diskurse, die Empfänger zu zukünftigen Sendern zu programmieren. Die Teilnehmer am Diskurs sollen zu neuen Sendern werden, die die Inhalte im Sinne des Diskurses verbreiten. Flusser spricht in dem Kontext von Programmierung, solange sich der einzelne Mensch seiner Rolle in dem Konstrukt des Diskurses nicht bewusst ist, solange er sich nicht kritisch respektive zweifelnd zu den Strukturen verhält.

Der klassische Diskurs ist der des Theaters. Dieser ist neben dem Theater mit Klassenzimmern, Konzertsälen und ähnlichen Bereichen der Gesellschaft verbunden. In diesen stehen sich Sender und Empfänger direkt gegenüber. Jeder Einzelne hat dadurch, in dieser Form des Diskurses, die Möglichkeit die Rolle des Senders einzunehmen. Im Gegensatz zu den anderen Diskursmodellen ist ein direktes Antworten auf die oder den Sender möglich. Rollentausch wie auch Möglichkeiten des Feedbacks sind in diesem Diskurs noch enthalten. Eine weitere Form des Diskurses stellt die Pyramide dar. Bei dieser stehen der Erhalt der Inhalte, die Vermeidung von Geräuschen und die Vermeidung der Aufnahme neuer Inhalte im Mittelpunkt. Mit Hilfe von Rückmeldungen, dem Feedback, soll der Erhalt des Ursprungsgehalts gelingen. Diese Formen des Diskurses zeigen sich zum Beispiel in den Kommunikationsstrukturen von Armeen oder Religionsgemeinschaften. In diesen schließt sich eine Revolution, das heißt, dass jeder zum Sender werden kann, so gut wie aus, das Feedback bleibt auf den Erhalt der Ursprungstreue der Inhalte beschränkt.[460] Der pyramidale Diskurs geht aus dem katholischen Diskurs hervor, an dessen Spitze Gott als Autor steht. In diesem besitzt der Papst die Autorität des Diskurses, das heißt, sie ist an eine Person gebunden und wird durch die Bischöfe als Vertreter weitergegeben. Angestrebt wird der Erhalt der Inhalte durch Rückkopplungen. Der Autor beziehungsweise die Autorität kann die Reinheit dieser überprüfen, was sich an dem kirchlichen Diskurs gut zeigen lässt.[461] Neben den Theater- und Pyramidendiskursen arbeitet Flusser die Kommunikationsstruktur des Baumdiskurses heraus, die er der Wissen-

---

460   Vgl. Flusser, V. ⁴2007, S. 21–24
461   Vgl. Flusser, V. 1978a, S. 2

schaft und Technik zuordnet. Die ursprünglichen Sender sind meist in Vergessenheit geraten und die Inhalte werden durch Kanäle wie Bücher und Zeitschriften erhalten. In dem Baumdiskurs sind dialogische Strukturen enthalten, die neue Inhalte generieren und eine fortschreitende Verformung wie auch Weiterentwicklung der ursprünglichen Inhalte ermöglichen. Über den diskursiven Anteil werden diese weitergegeben. Dieser Diskurs hat in der Nachmoderne inhaltsseitig einen quantitativ wie auch qualitativ so großen Umfang angenommen, dass der Einzelne diesen nicht mehr in Gänze erkennen und entziffern kann. Diese Entwicklung führt zur Speicherung der Inhalte in künstlichen Gedächtnissen. Ein ganzheitlicher Zugriff auf sie ist den Subjekten in der Nachmoderne verwehrt. Ausschließlich elitäre Spezialistengruppen haben Zugriff auf einzelne Bereiche des künstlichen Gedächtnisses und auch Zugang zu den dialogischen Strukturen dieser, somit werden sie nur in kleinen, abgegrenzten Bereichen zu Sendern.[462] In Baumdiskursen verbindet die Methode, in dem Fall die der Wissenschaften, die Botschaft. Wie bereits ausgeführt, ersetzen die Methode die Religion und der Fortschritt die Tradition.[463] Religion wird in der Moderne durch methodengeleitete Erkenntnis von den Wissenschaften abgelöst und als alleinige Instanz des Wahrsprechens aufgehoben. Mit einher geht die Auflösung von Tradition in einem Verständnis, das Flusser häufig mit einem zirkulären Verständnis von Zeit verknüpft. Der Fortschritt schneidet den Kreis auf und richtet ihn linear in der Form der Zeile aus.

Der letzte von Flusser benannte Diskurs ist der des Amphitheaters. Dieser hat einen Sender, in dem alle Inhalte gespeichert sind und sie zu den Empfängern hin ausstrahlt. Die Empfänger sind als solche für den Sender programmiert. Der Einzelne kann dadurch nur noch empfangen und der non-personale Sender ist die unendliche, unsterbliche Konstante in diesem Diskurs, die in der Nachmoderne zunehmend durch die künstlichen Gedächtnisse realisiert wird. Möglichkeiten der Rückmeldung bleiben in diesem Diskurs unberücksichtigt. Die Form der Kommunikation erkennt Flusser in den Bereichen der digitalen Kommunikation wieder.[464] Hieran zeigt sich der non-personale Sender, der dem Einzelnen nicht mehr zugänglich ist, da es strukturell wie auch inhaltlich nicht mehr möglich scheint, zu dem Sender und dem Entstehen der Inhalte vorzudringen. Somit existieren die Inhalte zeitlich gesehen unendlich. Inwieweit diese Unendlichkeit[465] nur eine Fiktion ist, bewertet Flusser nicht. Er geht zumindest von der Möglichkeit der unendlichen Speicherung in digitalen Medien aus.

---

462 Vgl. Flusser, V. ⁴2007, S. 24–26
463 Vgl. Flusser, V. 1978a, S. 4
464 Vgl. Flusser, V. ⁴2007, S. 27–29
465 Vgl. hierzu Osten, M. 2004, S. 72

Neben den diskursiven Kommunikationsformen sind die dialogischen Formen zu betrachten, die Flusser in Kreis- und Netzdialoge unterteilt. An diesen beiden Dialogformen lässt sich aufzeigen, wie sich die dialogischen Möglichkeiten verändern. Sie stellen den Übergang von den elitären Dialogen des Kreises hin zu denen des Netzes, als Formen des Dialogs in einer telematischen und auch vernetzten Gesellschaft dar. Für die Überlegung zur telematischen Gesellschaft, wie auch zu den Bildungsmomenten in einer vernetzen Gesellschaft spielt der Dialog, besonders der des Netzes eine zentrale Rolle. Der Kreisdialog strebt das Ziel eines gemeinsamen Nenners an. Er resultiert aus Konflikten und ist auf eine kleine Zahl von Teilnehmern begrenzt. Er erweist sich für eine größere Anzahl von Teilnehmern als ungeeignet, da eine Gleichstellung der einzelnen Subjekte innerhalb des Dialogs in großen Gruppen kaum realisierbar ist. Diese Form des Dialogs erfordert eine Beschränkung der maximalen Teilnehmerzahl. Dadurch sind Kreisdialoge elitäre Kommunikationsstrukturen, die Flusser mit einem runden Tisch gleichsetzt. Weiterhin sieht Flusser die Tendenz hin zu Kreisdialogen, die ausschließlich dazu dienen, Inhalte für Massenmedien aufzuarbeiten. Sie leisten nur noch die Übersetzungsleistung für die neuen Laien, wie Flusser die Konsumenten in Anlehnung an den katholischen Diskurs benennt.[466] Durch die Begrenztheit handelt es sich um eine elitäre Kommunikationsform, die zum Beispiel in Komitees, Kongressen oder Parlamenten anzutreffen ist. Im Gegensatz dazu bilden Netzdialoge für Flusser die Grundlage der telematischen Gesellschaft. Sie sind „offene Schaltungen und in diesem Sinn auf authentische Weise demokratisch"[467]. Es ist eine offene Form des Dialogs, in den Geräusche eindringen können und die Synthetisierung neuer Informationen möglich wird. Sie bilden in der Utopie der telematischen Gesellschaft die Basis aller Informationsgenerierung. Flusser stellt weiterhin für die achtziger und neunziger Jahre des zwanzigsten Jahrhunderts fest, dass die Möglichkeiten des Netzdialogs trotz der neuen technischen Errungenschaften, der reversiblen Kabel, nicht genutzt werden.

Im Vergleich der diskursiven wie auch dialogischen Kommunikationsformen befinden sich der klassische Theaterdiskurs wie auch der Kreisdialog in der Krise. Sie sind in der entstandenen Massengesellschaft aufgrund der technischen Möglichkeiten und deren Folgen auf dem Weg zu verschwinden. Mit ihnen, so Flusser, geht die Würde des Menschen verloren. Daher spricht er sich für eine Reformation dieser Kommunikationsstrukturen aus. Gelingt diese nicht, verändern sich die Formen, eine kritisch zweifelnde Stellung gegenüber den Codes und der Gesellschaft einzunehmen. Eine vermasste Gesellschaft entsteht, die das Subjekt-

---

466 Vgl. Flusser, V. 1978a, S. 5–6
467 Flusser, V. ⁴2007, S. 32

sein verhindert. Den Aspekt Subjekt oder Projekt zu sein verknüpft Flusser einerseits mit dem Ek-sistieren, wodurch es mit der Würde des Menschen verbunden wird. Lösen sich diese beiden Formen auf, hat das einzelne Subjekt die Möglichkeiten des Einflusses auf gesellschaftliche Prozesse und deren Veränderung verloren und in einem flusserschen Verständnis den Status als Subjekt. Er sieht die Chance in neuen medialen Formen, die sich gegen die Tendenz wenden, den Einzelnen zum Funktionär zu machen.[468] Dafür gilt es strukturelle Veränderungen zu realisieren, also Formen, die sich gegen die Struktur der suggerierten Wahlfreiheit, zum Beispiel des Fernsehens, wenden.[469] Solche Möglichkeiten, die von der Anlage die Option in sich tragen, eine Wahlfreiheit ein stückweit zu überschreiten, sind für Flusser zentrale Momente, die den Menschen als ek-sistierendes Wesen, als Subjekt oder als telematisches Projekt ermöglichen. Ein weiteres Kriterium ist die Beachtung der veränderten Codestruktur innerhalb der Diskurse und Dialoge. An den Ausführungen Flussers zeigt sich, dass der überholte alpha-numerische Code dazu führt, dass die Bedeutung des Theaterdiskurses abnimmt.[470]

Die Krise dieser Diskurse macht Flusser an den Veränderungen im Rahmen des Senders, in dem Fall der Mutter in der Familie, fest. Ihre Stelle als Sender wird durch Fernsehapparate ersetzt, bei denen trotz der technischen Optionen die direkte Funktion des Feedbacks nicht realisiert wird. Ebenso senden sie im Gegensatz zu der Mutter ausschließlich Redundantes an die Empfänger. Die Chance, dass jeder Einzelne zum Sender werden kann, wird – wie dies noch im klassischen Theaterdiskurs vorgesehen ist – nicht realisiert. Die Chancen für einen reformierten Theaterdiskurs sieht Flusser in neuen Formen der Schule als einen Ort der Muße, der eine dialogisch-netzartige Kommunikation fördert und dadurch zu einem Ort der Information wird.[471]

Der Diskurs des Baumes geht aus den pyramidalen Diskursformen hervor. Er kann als ein säkularer pyramidaler Diskurs verstanden werden, in dem die dialogischen Strukturen die Stelle der autoritären Charaktere der Kirche und Könige einnehmen.[472] Technik und Wissenschaft werden zu den zentralen Orten der Generierung von Modellen und der damit verbundenen Wahrheiten im Zeitalter der Moderne und der Nachmoderne. Das Problem des Baumdiskurses besteht darin, dass es in der Nachmoderne zu wenige Empfänger gibt.[473] Die Re-

---

468 Vgl. ebd., S. 29–50
469 Vgl. Flusser, V. 1995, S. 116–117
470 Vgl. Flusser, V. ⁴2007, S. 51
471 Vgl. ebd., S. 34–39
472 Vgl. ebd., S. 42–47
473 Vgl. Flusser, V. 1990e, S. 92–93

formation des Baumdiskurses scheint für Flusser eine zentrale Aufgabe zu sein, die die nachmoderne Gesellschaft beziehungsweise die telematische Gesellschaft zu leisten hat. Im Baumdiskurs sieht Flusser den einzigen Diskurs, der noch Autorität besitzt, weshalb die Chancen der Veränderung in diesem am größten sind.[474] Problematisch stellt sich am nachmodernen Baumdiskurs dar, dass er eine große Menge an Informationen erstellt, die nur noch kleinen elitären Kreisen zugänglich sind. Im Zusammenhang mit der großen Menge an Informationen entsteht weiterhin eine immer größere Verzweigung und auch Spezialisierung der Wissenschaften. Ein Problem des Diskurses stellen dabei die Automatisierung der dialogischen Kreise im Baumdiskurs sowie der damit verbundene abnehmende Zugriff durch Subjekte dar.[475] Ziel muss es daher in einer telematischen Form der Gesellschaft sein, die Generierung von Redundanz zu überwinden, das heißt, mehr Informationen zu schaffen und diese auf breite Bereiche der Gesellschaft auszuweiten.[476] Vielleicht kann es mit der Forderung, mehr Eliten als zweifelnde Subjekte in einem flusserschen Verständnis zu ermöglichen, umschrieben werden. Somit befinden sich die Wissenschaften aus den genannten Problemen in der Krise. Sie sind durch die Baumstruktur behindert und sollten daher einen Versuch des Ausbruchs starten. Hierfür sieht Flusser die Chance in der Struktur des Interfaces. Diesen Begriff setzt er mit der Interdisziplinarität gleich, mit der der Versuch gestartet werden soll, das Dazwischenliegende zu erfassen. Die Struktur des Baumes ist durch die des Interfaces zu ergänzen, um den genannten Problemen der Aufgliederung der Wissenschaften entgegenzuwirken.[477] Dafür gilt es einen erfolgreichen Diskurs zu ermöglichen, der die Herstellung neuer Information provoziert und die Botschaft in einer möglichst reinen Form erhält. Es ist nötig, Autoritäten zu deren Verbreitung zu stärken, zu reaktivieren und zu schaffen. Hierfür sieht Flusser die Möglichkeit in der Schaffung neuer Kreisstrukturen als Autoritäten, die am runden Tisch Informationen erstellen und diese dann mit Hilfe des Baumdiskurses verbreiten und damit auch als Autoritäten fungieren.[478]

Aus der Diskursform des Baumes entsteht am Übergang zur Nachmoderne der des Amphitheaters. Diese Form ersetzt die Sender der Wissenschaft durch Massenmedien mit dem Ziel einen allgemeinen Konsens mit Hilfe der neuen Codeform der Technobilder zu erzeugen. Sie programmieren den Einzelnen zum

---

474 Vgl. Flusser, V. 1995, S. 116
475 Vgl. Flusser, V. 1978a, S. 4
476 Vgl. Flusser, V. 2008, S. 39 - Zur Bedeutung der Muße für eine telematische Gesellschaft siehe Kapitel 7.
477 Vgl. Flusser, V. XXXXl, S. 1–5
478 Vgl. Flusser, V. 1978a, S. 2–3

Empfänger und Funktionär dieser Diskursform. Dabei stehen häufig ökonomische Modelle der Stereotypisierung im Hintergrund. Flusser sieht den Ansatzpunkt für Veränderung in der Bewusstmachung der neuen Codeform, welche durch künstliche Intelligenzen gestützt wird. Damit sind die Möglichkeiten und Grenzen der Codes wie auch der veränderten Dialog- und Diskursformen aufzuzeigen.[479]

Um ein Verständnis der Nachmoderne in Anlehnung an Vilém Flusser zu bekommen, ist es unumgänglich, die Abhängigkeit der vielfältigen gesellschaftlichen und kulturellen Veränderungen bedingt durch Codes im Blick zu haben. Dabei tragen in besonderem Maß die informativen Inhalte den Gehalt der Veränderung in sich und können als zentrale Komponente eines nachmodernen Verständnis von Bildung gesehen werden. Sie bilden die Grundlage der Kritik gegen die Programmiertheit und Vermassung der Gesellschaft. Mit Hilfe von Codes entsteht Ordnung und selbige kann nur mit Hilfe von Codes verändert werden. Kommunikation ist das existentielle Apriori des Subjekts in der Moderne und des nachmodernen Projekts. Dafür rückt Flusser die Codes in den Mittelpunkt seiner Betrachtungen, was einer starken Fokussierung auf die Medien oder den medialen Bereich in der aktuellen Forschungswelt einen veränderten Standpunkt vorschlägt. Um Ordnungen ändern und absichtsvoll in Welt sein zu können, bedarf es einer Reflexion auf die strukturierende Funktion der aktuellen Codes, des Technocodes. In diesem gilt es für Flusser in neuer Form zu lernen, wie Menschen diese verändern können. Ein kritisches in Welt sein verbindet sich daher mit dem Auflehnen gegen die Programmiertheit der Gesellschaft. Es stellt das Moment der Störung der Ordnung, also des Geordneten, in einer vermassten Gesellschaft dar. Nur in Autorengruppen, also intersubjektiv, kann der postmoderne Mensch zum Manipulator seiner Lebenswelt werden, um seinen Status als Subjekt beziehungsweise Projekt nicht zu verlieren. Es ist ein dialogisch demokratischer Versuch einer utopischen Aushandlung des Möglichkeitsraums, der den telematischen Menschen zum Manipulator und Hacker seiner Lebenswelt erhebt. Es stellt eine Wendung gegen Konzepte, die den Menschen in Ordnung und Unmündigkeit binden, dar. Dadurch kann Flusser als ein Vordenker eines Konzepts von Bildung gelten, das sich als Störung des Geordneten im Moment der Reflexion begreift. Mit Foucault gesprochen gilt es im Anschluss daran die veränderten repressiven wie auch produktiven Momente der Macht[480] der veränderten Dialog- und Diskursformen zu erkennen, um weiterhin als Subjekt in Welt sein zu können. Dabei sind die Möglichkeiten des Zweifels und der Kritik offen zu halten, um ein Subjekt-sein oder ein Projekt-sein des Menschen

---

479   Vgl. Flusser, V. ⁴2007, S. 48–50
480   Vgl. hierzu Foucault, M. 1977

als ein Gegenüber zu vermassenden Strukturen und der Stereotypisierung der Menschen zu ermöglichen. Bildung lässt sich im Anschluss daran als ein Projekt der Störung in einer telematischen Gesellschaft verstehen.

> „Glaubt man demnach, Theater und Kreis seien unmöglich geworden, so hat man eigentlich jede Hoffnung auf einen Weiterbestand dessen verloren, was man für gewöhnlich »Menschenwürde« nennt."[481]

---

481   Flusser, V. [4]2007, S. 36

4 Flussers Bildtheorie
und deren Bedeutung für eine nachmoderne Gesellschaft

4.1 Die Auflösung der Schrift
als Voraussetzung für eine nachmoderne Welt des Technobilds

Im Anschluss an Vilém Flusser kann nicht davon ausgegangen werden, dass immer schon im Sinne des alpha-numerischen Codes gesprochen wurde. Daher ist es nicht wahrscheinlich, dass das Sprechen und die Sprache in der Form des alpha-numerischen Codes für immer erhalten bleiben.[482] Im Laufe der Geschichte entstehen an zentralen historischen Einschnitten neue Codeformen, die gesellschaftliche Krisen und dadurch Revolutionen der Gesellschaft hervorrufen. Diese neuen Codeformen entstehen auf der Grundlage menschlichen Handelns meist ohne im kompletten Umfang deren Folgen abzuschätzen. An diesen historischen Einschnitten ist es notwendig, neue Formen des Schreibens und des Lesens auszubilden, die die Denkstrukturen der jeweiligen Epoche beeinflussen, um dadurch an der Gestaltung von Welt teilzuhaben. Schrift und ihre Verbreitung mit Hilfe des Buchdrucks sind die zentralen Bedingungen für die Epoche der Moderne, die durch die alpha-numerische Codeform geprägt ist. Mit dieser ist nach Flusser vor allem die moderne Struktur der Linearität verbunden, die sich über die lineare Ausrichtung in der Zeile, auf die Zeitstruktur, auf die Strukturen des Denkens und die Strukturen der Gesellschaft auswirkt. Kurzum: In der Moderne wird der Mensch zu einem linear-prozessual programmierten Wesen. Durch das lineare Schreiben und Lesen in einem alpha-numerischen Code drückt sich für Flusser[483] zunehmend auch ein spezifisch diskursiv-historisches Denken aus, das die Moderne ebenfalls prägt und sich erst am Übergang zur Nachmoderne verändert. An diesem Übergang beginnt ein Wandel hin zur Zahl als dominierende Form des Codes. Ausgehend von den naturwissenschaftlichen Disziplinen wird sie als scheinbar besserer Weg entdeckt, die Natur zu beschreiben. Mit der Erfindung und dem sukzessiv steigenden Einfluss des Computers wird die Bedeutung der Zahlen für breite ge-

---

482 Vgl. Flusser, V. 1997e, S. 54
483 Flusser ist als Denker deutlich durch den linguistic turn der Sprachwissenschaften beeinflusst.
     (Vgl. Marburger, M. R. 2011, S. 53)

sellschaftliche Gruppen beschleunigt und prägend.[484] Der Computer bildet die Option dem überlegten, absichtsvollen Handeln des Menschen ein schnelles Ausprobieren aller Möglichkeiten mit Hilfe des Rechnens gegenüberzustellen. Es entsteht mit dem Computer nach Flusser die Möglichkeit, eine Entscheidungsfindung durch das Ausprobieren aller Optionen[485] hervorzubringen. Damit verknüpft er eine rein apparatisch gesteuerte Findung der Lösung. Der Rechner wird zunehmend zu einem Gegenüber des Menschen beziehungsweise löst ihn ab.

Der Computer hat in diesem Modell der Welt die Möglichkeit, durch ein Trial-and-error-Vorgehen und seine ständig erhöhte Geschwindigkeit auf Lösungen von Problemen in einem schnelleren Maß als der einzelne Mensch zu stoßen. Dies führt in der Nachmoderne dazu, dass das lineare Schreiben und Denken aufgelöst wird und sich netzartige Strukturen etablieren.[486] Das Individuum wird zu einem berechenbaren und im Zuge dessen zum Baustein der Computer und der Apparate.[487] Es wird zum bestimmbaren Objekt einer apparatisch bedingten Lebenswelt und verliert in großem Maß seinen Subjektstatus des Zeitalters der Moderne. Dadurch, dass der Mensch vermeintlich zu einem berechenbaren Objekt wird, besteht mit Hilfe der Computer die Möglichkeit, ihn unter der Annahme stereotyper Objektvorstellungen zu berechnen. Er wird unter anderem mit Hilfe statistischer Mittel zu einer Ansammlung von Zahlen. Der Einfluss des Computers auf den Menschen wächst im Verlauf der Nachmoderne und der Einfluss des Menschen nimmt ab.[488] Traditionalistische und romantisierende Tendenzen scheinen mit Flusser keine Lösung zu sein, die aktive Stellung des Menschen zu stärken. Vielmehr kann mit Irrgang darauf verwiesen werden, dass der Computer und die Vernetzung im Rahmen des Internets als eine Kulturtechnik anzusehen ist, die dem Buchdruck gleichgesetzt werden kann. Dadurch werden die Bedeutung und der revolutionäre Charakter dieser neuen Codeformen im Rahmen der Dominanz der Zahl unterstrichen.[489] Im Folgenden soll in einem ersten Schritt auf die Schrift als Code der Moderne eingegangen werden, um im Anschluss daran deren Auflösung am Übergang hin zur Nachmoderne darzustellen. So lässt sich zeigen,

---

484   Vgl. Flusser, V. 1997e, S. 49–50 und S. 203–204
485   Inwieweit Flusser an dieser Stelle von einer begrenzten Menge an Möglichkeiten ausgeht oder von einer unendlichen, wird abschließend nicht geklärt. Allerdings verweist er an einer Stelle darauf, dass die Schöpfung der Welt aus „sehr zahlreichen, aber nicht unendlich zahlreichen, möglichen Zufallswürfen" (Flusser, V. ⁶2000, S. 96) entstanden sei. Es lässt sich daher die These aufstellen, dass sich eine Vermischung von im weitesten Sinn konstruktivistischen Theorien und Ansätzen der Phänomenologie andeutet.
486   Vgl. Flusser, V. ⁶2000, S. 44
487   Vgl. Flusser, V. ⁵2002, S. 29
488   Vgl. hierzu Lanier, J. 2010
489   Vgl. Irrgang, B. 2009, S. 48

welche restriktiven und produktiven Momente an dem Übergang von der modernen zur nachmodernen Codeform entstehen, das heißt, welche neuen Freiräume sich neben den neuen Grenzen ergeben. Mit Flusser gilt es an den Codes der jeweiligen Epoche anzusetzen, um neue Momente der Kritik zu etablieren.

Da Sprachen vergängliche mediale Formen des Codes sind, stellt sich für die Gesellschaft die Frage ihrer Speicherung.[490] Es werden Alphabete entwickelt, mit dem Ziel eine Sichtbarmachung des Sprechens zu ermöglichen und diese in Form des Schreibens, anfänglich als Einritzen in Steintafeln, zu bewahren.[491] Mit dem Alphabet entsteht eine neue Ordnung der Welt in Form der Linearität, welche mit Hilfe des Einritzens und später des Schreibens – in besonderem Maß mit der Erfindung des Drucks auf Papier durch Guttenberg – eine dauerhafte Speicherung erfährt. Im Zuge der Speicherung schreibt sich die Linearität der Zeile in die gesellschaftlichen Prozesse wie auch in den einzelnen Menschen ein und bedingt so auch die Lebenswelt des modernen Menschen. Sein Denken und die Möglichkeitsräume des Denkbaren werden linear-historisch. Erst auf der Grundlage der dauerhaften Speicherung in linearer Form, also durch Verschriftlichung und Aufzeichnung, ist es möglich, Geschichte als Fortschritt und als lineare Zeitgestalt[492] zu denken.[493] Das magisch-mythische Denken, das durch diese Linearität marginalisiert wird, basiert dagegen auf einer zirkulären Zeitgestalt. Die kreisartigen Strukturen werden aufgebrochen und linear, in Form von Zeilen, ausgerichtet.[494] Dadurch wendet sich die Schrift zugleich gegen ein zirkuläres Zeitverständnis und richtet dieses, hin zu einem linearen, am Fortschritt orientierten Verständnis der Zeit, aus.[495] Erst mit der Einführung der alpha-numerischen Schrift kann der Mensch zu einem historisch handelnden Subjekt werden, welches durch die Codes linear programmiert ist.

> „Die lineare Schrift (vor allem das Alphabet) wurde erfunden, um das magische Bewußtsein und Verhalten durch aufgeklärtes Bewußtsein und historisches Handeln zu ersetzen."[496]

Am Übergang vom Bild zur Schrift als dominierende Codeform der Gesellschaft findet ein Aufrollen der traditionellen Bilder statt. Flusser verdeutlicht dies an klassischen Höhlenbildern, aus denen beispielhaft die einzelnen Bildelemente herausgerissen und in Zeilen neu geordnet werden. Mit dieser Veränderung der

---

490 Vgl. Flusser, V. ⁴2007, S. 81
491 Vgl. Flusser, V. 1997d, S. 32–34
492 Zur Bedeutung der Geschichte als linearer Fortschritt siehe Kant, I. 2005b; Dörpinghaus, A. 2005
493 Vgl. Flusser, V. 1997e, S. 41; Flusser, V. 1995, S. 41
494 Vgl. Flusser, V. 2008, S. 105; Flusser, V. ⁵2002, S. 10
495 Vgl. Flusser, V. 1986, S. 1
496 Flusser, V. 1998i, S. 181

vormodernen Codeform hin zur Schrift werden die kreishafte Struktur des Bildes
und auch die zirkulären Zeit- und Raumstrukturen der Gesellschaft aufgelöst und
in Linearität überführt. Dieses Moment benennt Flusser als Aufrollen der Bilder.
Marburger sieht bei Flusser zwei Tendenzen, die mit der Einführung der Schrift
einhergehen. Einerseits löst die Schrift den vorausgegangenen Code, der durch
klassische Bilder repräsentiert wird ab, da Schrift einen schnelleren und effizien-
teren Austausch ermöglicht (Kommunikation). Andererseits geht mit dieser Veränderung das magisch-mythische Bewusstsein in ein lineares über, was für Marburger eine anthropologische Veränderung darstellt.[497] Mit dem Schreiben beginnt
der Mensch linear zu denken und versetzt die bildlichen Szenen in Prozesse, die
Geschichte erst ermöglichen. Im Zuge des Schreibens werden Bilder in einzelne
Bereiche aufgeteilt, die mit Begriffen versehen und in Zeilen geordnet werden.
Begriffe stehen nun nicht mehr innerhalb des Bildes zueinander, sondern in einer
linearen Form, der Zeile. Es entsteht die Struktur der Sukzession als ein Vorher
und Nachher, die eine zentrale Kategorie der Ordnung in der Moderne darstellt.
Es ist festzuhalten, dass sich mit der Einführung der Schrift die mythische
Ordnung der Gesellschaft in eine lineare verändert, die mit Flusser durch eine
Veränderung des Codes ausgelöst wird.

Es entsteht eine lineare Ordnung, die mit dem Kalkulieren und Zählen verbunden ist. Der dominierende Code der Moderne wird der alpha-numerische Code.
Daraus resultiert eine Ordnung der Gesellschaft und Welt, die durch Zeichen in
Verbindung mit Zahlen dominiert ist.[498] Mit dem Herausreißen der Elemente aus
einer mythischen Ordnung und dem Zählen der herausgerissenen Elemente beginnt
der Mensch in okzidentalen Kulturen zu er-zählen. Flusser beschreibt diese Veränderung mit der Geste des Fädelns. Die aus den Bildern herausgerissenen Elemente
werden mit Hilfe der Schrift neu in linearer Form ausgerichtet, für Flusser in Form
der Zeile aufgefädelt.[499] Somit ist das Schreiben eng verbunden mit dem Erklären
von Bildern.[500] Einzelne Elemente werden aus den Bildern genommen sowie mit
Hilfe der Schrift erklärt und in kritischer Form diskutiert. Im Zuge dessen werden
Texte zum Metacode der traditionellen Bilder. Sie bedeuten nicht die Welt, sondern beziehen sich auf die durch die Geste des Fädelns zerrissenen Bilder.[501] Es
ist für Flusser ein Schritt der Abstraktion, mit dem er verdeutlicht, dass wir in
Texten nicht die Welt erklären oder beschreiben, sondern die Welt der traditionellen Bilder in neuer Form deuten beziehungsweise die Welt neu erklären.

---

497   Vgl. Marburger, M. R. 2011, S. 49
498   Vgl. Flusser, V. 1997e, S. 25–26; Flusser, V. [11]2011, S. 10
499   Vgl. Flusser, V. 1993g, S. 26–28
500   Vgl. Flusser, V. [5]2002, S. 34
501   Vgl. Flusser, V. [11]2011, S. 11

Seit der Moderne gehen Texte aus Bildern hervor beziehungsweise lösen sie als prägende gesellschaftliche Codeform ab. Texte sind keine Deutungen der Welt, wie sie der vormoderne Maler tätigt, sondern Deutungen aufgefädelter traditioneller Bilder. Die Bilder ordnen sich nach der Einführung der Schrift dieser unter und neue oder andere Diskurse entstehen. Mit der Einführung der Schrift und der damit verbundenen Linearität verschwinden außersprachliche Möglichkeiten des Umgangs mit der Welt, wie er noch in einem magisch-mythischen Verständnis von Welt möglich ist, zu großen Teilen.[502] Das magisch-mythische Bewusstsein wird durch die Revolution der Codeform hin zum Lesen und Schreiben verdrängt und durch ein lineares Bewusstsein abgelöst.[503]

> „Daher ist fuer den buchstaeblich Schreibenden die Sprache nicht etwa das Medium, durch welches hindurch er sich ausdrueckt, sondern die Sprache ist fuer ihn das Material, das er zu bearbeiten hat, und sein Medium ist das Alphabet, durch welches hindurch er sich auf die Sprache ausdrueckt."[504]

Die gesellschaftliche Bedeutung der alpha-numerischen Schrift verändert sich aus Flussers Perspektive erneut durch die Erfindung des Buchdrucks. Bücher werden zunehmend zu einer Massenware, mit denen nur noch ein geringer materieller Wert verknüpft ist. Nicht mehr das Buch insgesamt besitzt den Wert, wie es noch bei Büchern war, die handschriftlich vervielfältigt wurden, sondern die Inhalte, die in den Büchern enthalten sind, gewinnen an Wert.[505] Der Buchdruck forciert die Ablösung der Bilder als dominierendem Code. Ihre gesellschaftliche Bedeutung schwindet in der Moderne und erhält sich nur noch im Bereich der Kunst. Erst auf der Grundlage der Texte kann die industrielle Revolution entstehen und der Bereich der Bilder droht bis etwa 1850[506] zu „verdorren".[507] Durch die Erfindung des Buchdrucks im 15. Jahrhundert wird nach Flusser die Stellung der *litterati* gebrochen, da die Menschen mit Hilfe der entstehenden Schulen im zwanzigsten Jahrhundert alle zu Lesenden und Schreibenden werden. Diese Tendenz dreht sich am Übergang zur Nachmoderne um und die Technobilder als Bilder, die nach Flusser aus dem alpha-numerischen Code hervorgehen und diesen ablösen, gewinnen an Bedeutung.[508]

---

502 Vgl. Flusser, V. 1986, S. 2
503 Vgl. Flusser, V. 1997e, S. 26 und S. 47-48; Flusser, V. XXXXy, S. 4
504 Flusser, V. 1986, S. 3
505 Vgl. Flusser, V. 2008, S. 109
506 Diese zeitliche Einordnung fällt mit der Entstehung der Fotografie zusammen siehe hierzu Jäger, J. 2009, S. 41–63
507 Vgl. Flusser, V. 1998i, S. 182
508 Vgl. Flusser, V. 1998i, S. 186; Flusser, V./ Sander, K. 1996, S. 70

Durch die Erfindung des Buchdrucks wird es möglich, lineare Vorstellungen der Interpretation von Welt universell auf breite Bevölkerungsgruppen zu übertragen. Flusser nennt das den „verderblichen Wahnsinn"[509], der sich bis in die Nachmoderne durch den imperativen Charakter der Medien zeigt. Diese Entwicklung wird neben dem Buchdruck erst durch die allgemeine Unterrichtsbeziehungsweise in der Folge Schulpflicht möglich. Mit der Verpflichtung aller Menschen, in die Schule zu gehen, wird auf große Teile der Gesellschaft das linear-prozessuale Bewusstsein übertragen, sie werden im Sinne der Codeform der Schrift programmiert. Die Menschen erlernen durch die Schriftsprache die Strukturen, um für diesen Code empfänglich und Empfänger für die linear ausstrahlenden Sender zu sein. Die lineare Ordnung der Welt wird ihnen eingeschrieben oder, mit Bourdieu, habitualisiert. Der Mensch wird zum geschichtsbewussten Empfänger oder zum Funktionär, das heißt, er lebt in Formen und Modellen des linearen Codes der Schrift.[510] Die Schule und die allgemein verpflichtende Teilhabe an dieser Institution beschleunigt am Übergang vom 19. zum 20. Jahrhundert diesen Prozess. In der Schule erlernen die Menschen das richtige Schreiben und das richtige Lesen, im Sinne der aktuellen Form des Codes, das heißt, in der Moderne der linearen Schrift, das „Richtige" zu denken.[511] Eine demokratische oder im flusserschen Verständnis dialogische Aushandlung bleibt der Übertragung des Codes meist verwehrt. Schüler werden zum vermeintlich richtigen Denken der Ordnung, bedingt durch den Code, erzogen. Prozesse der Aushandlung und der Kritik, wie sie mit dem Begriff der Bildung verknüpft sind, bleiben außen vor. Auch Autoren von Texten sieht Flusser daher in vielen Fällen als Personen, denen eine freie Wahl nicht möglich ist. Sie sind in ihrer Programmierung verfangen, die im Zeitalter der Moderne eine lineare ist. Die Freiheit des Autors ist daher vielmehr eine Wahlfreiheit im Rahmen der programmierten Codierung, zu der er sich verhält.[512] Es entstehen Texte von einem programmierten Autor, die für einen programmierten Leser, als einen programmierten Empfänger geschrieben sind.[513]

Die Entwicklung der Schrift zieht also eine linear-historische Welt nach sich. Diese Welt fordert den Menschen auf, sie zu entziffern und der Mensch kann sich dieser geforderten Entzifferung nicht erwehren. Im Jargon Flussers sind es Zeiger, die sich von der Welt auf den Menschen richten, die der Einzelne

---

509   Flusser, V. ⁵2002, S. 54
510   Vgl. Flusser, V. ¹¹2011, S. 17; Flusser, V. ⁴2007, S. 55
511   Vgl. Flusser, V. 1986, S. 3
512   Vgl. Flusser, V. 1997d, S. 36–37
513   Vgl. Flusser, V. ⁵2002, S. 46

auffängt und decodiert. Diese Bewegung vollzieht sich von außen nach innen[514] und kehrt sich erst mit dem Technocode sowie der Möglichkeit der Projektion um. Mit dem Schreiben findet der Übergang von einer Zweidimensionalität der Bilder in eine Eindimensionalität des alpha-numerischen Codes statt, was Flusser durch den Prozess des Zerreißens der Bilder und ihrer mythischen Ordnung darstellt.[515] Schreiben ist durch die ordnende Funktion eine Geste, welche Modelle weitergibt und zur Normalisierung im Sinne der Linearität beiträgt. Als Code bedingt sie das Denken des Einzelnen und richtet dieses aus.[516] Dieses Wissen über die Programmierung des Einzelnen nach einem linearen Verständnis wird wiederum in anderen Diskursen wie zum Beispiel dem ökonomischen genutzt, in Form des imperativen Codes der Werbung. Der Mensch ist im Supermarkt kein Subjekt, sondern ein Stereotyp, welches durch sein Kaufverhalten bestimmt ist. Dies zeigt sich an Überlegungen zu personalisierten Angeboten und Werbung beispielsweise in Bekleidungsgeschäften, die mit Hilfe von RFID-Chips möglich werden. Dem Einzelnen kann das Angebot präsentiert werden, was zu ihm als Stereotyp passend ist. Dabei gehen Konzepte einer modernen Subjektvorstellung verloren.[517] Der alpha-numerische Code verliert in der Nachmoderne immer mehr an Bedeutung, indem er von den Zahlen abgelöst wird. Dadurch entwickelt sich zuerst in der Wissenschaft und im Anschluss daran auch in der Gesellschaft die Bedeutung des analytischen, strukturellen, nulldimensionalen Denkens.[518] Es wandelt sich in einem ersten Schritt die Schrift zu einem hybriden Code, der Buchstaben und Zahlen enthält, das heißt, nicht lineare Bereiche in einem linearen Code.[519] Die enthaltenen Zahlen werden durch die Mächtigkeit der Buchstaben in Zeilen gezwungen, die im Grunde genommen nicht für Zahlen geeignet sind. Das Lesen der Buchstaben unterscheidet sich von dem der Zahlen dadurch, dass Buchstaben eindimensional gelesen werden und sich um Diskurse drehen. Zahlen hingegen werden nach Flusser stets zweidimensional gelesen und gehen auf Sachverhalte zurück. Aus dieser Kombination heraus bewegt sich der Mensch in seiner Wahrnehmung immer in der Dialektik zwischen auditiven Buchstaben und visuellen Zahlen.[520] In einem zweiten Schritt sieht Flusser seit dem neunzehnten Jahrhundert eine Auswanderung der Zahlen aus dem alpha-numerischen Code gegeben, die in der Nachmoderne mit einer Reduktion auf den binären Technocode endet.

---

514 Vgl. Flusser, V. [6]2000, S. 52–54
515 Vgl. Flusser, V. [5]2002, S. 18
516 Vgl. ebd., S. 10
517 Vgl. hierzu Friedewald, M. 2010, S. 148–158
518 Vgl. Flusser, V. 2003b, S. 77; Flusser, V. [5]2002, S. 22
519 Vgl. Flusser, V. 1990d, S. 1
520 Vgl. Flusser, V. 1986 (gestrichen), S. 1–3

Diese Zahlenreihen des Technocodes sind nach Flusser eindeutig, da sie sich klar durch Intervalle voneinander abtrennen.[521] Bei Zahlen sieht Flusser im Gegensatz zu dem Code der alpha-numerischen Schrift eine distinkte Trennung gegeben. Die Entwicklung und das Entstehen des Computers beschleunigen die quantitative, wie auch die qualitative Bedeutung der Zahl. Der Computer beschleunigt und übernimmt viele vormals menschliche Arbeiten.[522]

Mit der Entstehung der Schrift ist eine neue Form der Dekodierung verbunden. Lesen von Texten macht als Geste des Entzifferns ein Sammeln und Ordnen notwendig, die in einer von Bildern geprägten Gesellschaft nicht nötig sind.[523] Als kritischer Zugang zu dem Geschriebenen sieht Flusser das Lesen. Mit dem Lesen wird die Richtung des Schreibens gedreht. Dadurch prozessiert der Leser in Gegenrichtung, was Flusser als kritischen Akt versteht. Es ist ein Akt der Prüfung, des Hinterfragens des Geschriebenen, der im klassischen Verständnis mit Gadamer als hermeneutischer beschrieben werden kann. Der Leser versucht, im Text den Schreibenden und dessen Intentionen zu erkennen und kritisch zu hinterfragen.[524] Im Anschluss daran lassen sich Flussers Ausführungen immer als eine Suche nach einer digitalen Form der Hermeneutik in der Nachmoderne beschreiben. Sie beschäftigt sich mit der Fragestellung, wie ein Verstehen und Auslegen des binären Codes als nachmoderne Codeform möglich ist und welche Formen des kritischen Zugangs unabdingbar sind. Diese Suche verbindet Flusser mit der Frage, wie in einer Kultur, in der sich Schrift als Codeform auflöst, eine kritische Perspektive eingenommen werden kann. Der kritische Zugang beziehungsweise das kritische Denken der Menschen in der Nachmoderne hat sich mit dem linearen Schreiben entwickelt. Eine Übertragung auf den Technocode führt zu den Problemen der Vermassung und Entsubjektivierung in der Nachmoderne.[525] Es ist die Möglichkeit der Kritik an Bildern mit Hilfe der Schrift, die von der Wissenschaft unterstützt wird und den Anspruch verfolgt, die ontologische Stellung des Bildes zu klären.[526] Eine neue Form des kritischen Umgangs mit dem Technocode muss diesen als eine neue Form des Codes beziehungsweise die Technobilder als neue Bilder erkennen und diese nicht in Form der klassischen Bilder analysieren. Die Prognosen hinsichtlich der Möglichkeit der Etablierung neuer Formen der Kritik, die Flusser wagt, schwanken permanent zwischen euphorischem Optimismus, der sich an der Vorstellung des Menschen als Projekt

521   Vgl. Flusser, V. 1996, S. 10-11
522   Vgl. Flusser, V. 1993g, S. 114–115
523   Vgl. Flusser, V. ⁴2007, S. 130
524   Vgl. Flusser, V. 1995, S. 55; Flusser, V. ⁵2002, S. 41
525   Vgl. Flusser, V. 1998i, S. 100–101
526   Vgl. Flusser, V. 2003b, S. 73

ausdrückt, bis hin zu einem radikalen Pessimismus hinsichtlich der Möglichkeiten der Kritik bei einer prognostizierten Auflösung der Schrift in der nachmodernen Gesellschaft.

Die Schriftzeichen haben einen Aufforderungscharakter, der den Leser zu einem Denken und Handeln in ihrem Sinn anhält. Das Denken und der Denkende wird durch die Schrift gezwungen, prozessual sowie linear vorzugehen, wenn er die Schriftzeichen dekodieren will[527] und an der linear-prozessualen Welt teilhaben möchte. Durch ein Schreiben in Zeilen entsteht eine lineare Ausrichtung des Denkens der Menschen wie auch der Gesellschaft. Für Flusser impliziert Schreiben letztlich eine Umorganisation des Gehirns. Je mehr der Einzelne schreibt, desto mehr denkt er in Textform.[528] Daraus folgt, dass der Schriftsteller sich automatisch zu einem historisch-linear denkenden Subjekt entwickelt.[529]

Die Möglichkeiten, die er mit der Schrift verbindet, sind neben der Kritik an den klassischen Bildern die des Informierens. Der Schreibende besitzt die Möglichkeit, die Schrift dazu zu zwingen, etwas Unwahrscheinliches hervorzubringen, das heißt, informativ Inhalt zu generieren oder, mit Flusser, zu komputieren. Das In-Formieren als kreativer Akt der Erweiterung, der Bereicherung oder Störung von Ordnung ist im Zeitalter der Moderne eng an die Schrift als dominierende Codeform geknüpft. Der Akt des Informierens beschreibt, wie der Schreibende in einem dialogischen Austausch zu den Schreibenden vor ihm wie auch zu den Schreibenden nach ihm steht. In der Hervorbringung eines Schriftstücks, im Informieren der Welt durch dieses, sieht Flusser nie einen autonomen Akt, sondern vielmehr einen, der in einem dialogischen Verhältnis zu der ihn umgebenden Gesellschaft, das heißt, im weitesten Sinn den anderen Autoren steht.[530]

Am Übergang zur Nachmoderne löst sich die Schrift als dominierende Codeform auf und wird durch den Technocode in seinem binären Format ersetzt. Durch die Annahme, dass Schrift lineare Prozesse der Sicht auf Welt wie auch lineare Modelle der Ordnung von Welt bedingt, verschwinden mit der Dominanz der linearen Form des Schreibens die linearen Formen der Einordnung der Welt. Diese Veränderung zieht unter anderem die Auflösung der Geschichte und der damit verbundenen Effekte nach sich. Schrift hat nach Flusser keine Zukunft mehr, sie wird durch neue Codes ersetzt, die Inhalte der Nachmoderne besser vermitteln können. Nur Spezialisten, so Flusser, werden in der Zukunft noch mit Hilfe eines alpha-numerischen Codes schreiben.[531] Für dieses veränderte Mensch-

---

527 Vgl. Flusser, V. ⁵2002, S. 26; Flusser, V. 1997e, S. 44
528 Vgl. Flusser, V. 2003b, S. 75
529 Vgl. Flusser, V. XXXXe, S. 7
530 Vgl. Flusser, V. 1986, S. 4
531 Vgl. Flusser, V. ⁵2002, S. 7

sein erscheint die Schrift nicht mehr der geeignete Code zu sein. Technobilder und deren binäres System eignen sich dafür besser.[532] Allerdings bleibt die Linearität der Schrift in rudimentärer Form in den computerbasierten Texten und in den Programmiersprachen vorerst erhalten, so die These Flussers.[533]

Die Zahlen ersetzen in der Nachmoderne den alpha-numerischen Code. Dies lässt sich an den Codeformen der wissenschaftlichen Eliten erkennen. Sie konzentrieren sich auf die Forschung mit und durch Zahlen und werden durch automatische Kalkulationen der Computer unterstützt und ersetzt.[534] An den Wissenschaften zeigt Flusser die zunehmende Bedeutung der Zahl als Codeform auf, die sich hin zu einer binären Form des Zahlencodes bewegt. Mit dem Verlust der Schrift und deren kalligraphischer Qualität geht allerdings ein Bereich verloren, der die moderne Welt stark prägt.[535] Die Veränderung der Codes wie auch des wissenschaftlichen Systems und der Elite führen zu einer Veränderung der Kultur und des nachgeschichtlichen Menschen.[536] Nach der sich auflösenden Codeform der linearen Sprache und Schrift verändert sich das bisherige Bild vom Menschen. Ein neuer Humanismus entsteht, der sich durch das Gewundene und Vernetzte auszeichnet.[537] Am Übergang vom Zeitalter der Moderne hin zur Nachmoderne findet ein Wandel von dem linearen Fortschritt der Zeile, die alles durchsichtig werden lässt, hin zum Gewebe und der netzartigen Struktur der telematischen Gesellschaft statt. An diesem Übergang entsteht die Frage, wie der Mensch in einer veränderten Codeform und einem veränderten In-Welt-sein bedingt durch eine veränderte Codierung oder Ordnung der Welt weiterhin Kritik üben kann. Es ist die Frage, wie der Mensch nicht dermaßen zum Stereotyp der künstlichen Intelligenzen wird und dadurch Formen des Subjekt-seins erhalten werden.[538]

Die moderne Kombination zwischen Texten, die Bilder beschreiben, verkehrt sich. Bilder und Fotografien werden in einer nachmodernen Welt gelesen und Texte durch diese verstanden.[539] Die Technobilder der Nachmoderne sind mit Flusser keine Bilder der Welt, sondern sie sind Bilder, die auf die Epoche der Texte, also der Moderne folgen. Sie gehen nicht aus der Welt hervor oder sind ein Abbild dieser, sondern sie sind Bilder von Texten und durch Apparate textbasierter Wissenschaften entstanden. Diese Entwicklung zeigt sich unter anderem

---

532   Vgl. ebd., S. 24
533   Vgl. Flusser, V. 1998i, S. 85
534   Vgl. Flusser, V. 1997e, S. 49–50
535   Vgl. Flusser, V. XXXXy, S. 5
536   Vgl. Flusser, V. 2003b, S. 71
537   Vgl. Flusser, V. 1990e, S. 46
538   Vgl. Flusser, V. 1997d, S. 39
539   Vgl. Flusser, V. [11]2011, S. 55

für Flusser an Zeitschriften und Magazinen, in denen die Bilder die zentrale Rolle einnehmen und der Text in den Hintergrund rückt. Durch diese Wendung erläutern die Bilder nicht mehr den Text, sondern der Text wird nur noch als Erläuterung der Bilder genutzt und dadurch in den Hintergrund gerückt. Flusser zeigt auf, dass durch die Dominanz der Bilder eine Auflösung der Linearität und eine Rückkehr des zirkulären Verständnisses der Welt stattfindet. In den vermassenden (Techno-)Bildern erfolgt eine Wiederholung des immer Gleichen.[540] Sie werden zu „Staudämme[n] der Geschichte"[541]. Alle Inhalte werden durch das Technobild aufgesogen, das heißt, eine dauerhafte (und im Verständnis Flussers eine für immer andauernde) Speicherung der Inhalte findet statt. Diese Speicherung sieht Flusser in Form von künstlichen Gedächtnissen gegeben, die ein Abhängigkeitsverhältnis der Menschen bedingen und die Massengesellschaft als Effekt nach sich ziehen. Das Schreiben versiegt neben den dargestellten Entwicklungen, weil die Bedeutung der Begriffe schwindet. Ein Zurückgreifen auf die Begriffsbildung und das damit verbundene Moment der Wahrheit wird in einer quantischen Gesellschaft, in der sich die Qualitäten wahr und falsch auflösen, zunehmend nicht mehr möglich sein.[542] Das Herausreißen der Objekte aus den Bildern, was in der Moderne durch die Begriffsbildung vollzogen wird, hat sich zur Projektion der Objekte in die Welt verkehrt. Der Mensch wie auch die angesprochenen künstlichen Gedächtnisse bekommen die Möglichkeit, Ordnung zu schaffen, das heißt, Objekte zu projizieren. Daran zeigt sich, dass in der Moderne Bilder aufgerollt werden, um sie in Zeilen zu ordnen. Einzelne Bildobjekte werden dadurch mit Begriffen versehen und in und mit Hilfe einer neuen Codeform geordnet. In der Nachmoderne entwerfen Apparate und Menschen Ordnungen auf der Grundlage einer Bodenlosigkeit, die sich wiederum in einer neuen Form der Bilder ausdrückt. Es erfolgt eine Überführung von linearen Strukturen der Schrift in zyklische Formen des technischen Bildes und des dahinterstehenden Technocodes.[543] In diesem Kontext entsteht ein unhistorischer Begriff des Zeitlichen, der sich durch Relationsfelder auszeichnet. Es entsteht eine Vorstellung der Welt, die als netzartig beschrieben werden kann. Der Mensch ist ein Knotenpunkt netzartiger Relationen zu anderen Menschen und Welt.[544] Es resultiert eine Gesellschaft, die nicht mehr in der Ordnung einer historischen Zeitform existiert, sondern in einer netzartigen Flächenstruktur.[545] In dieser Struktur bestimmt die Wahrscheinlichkeits-

---

540 Vgl. Flusser, V. ⁶2000, S. 64
541 Flusser, V. ⁶2000, S. 62
542 Vgl. Flusser, V. 1998i, S. 90–91
543 Vgl. Flusser, V. 1990e, S. 118
544 Vgl. Flusser, V. 1995, S. 50–51
545 Vgl. Flusser, V. ⁶2000, S. 8

rechnung die Grundstruktur des Ek-sistierens und die Wirklichkeit zeichnet sich ausschließlich in der Gegenwart ab. In der Nähe zum Menschen erhöht sich die Wahrscheinlichkeit des Eintreffens einer Möglichkeit. Da es sich beim Menschen um ein absichtsvoll agierendes Wesen handelt, sind die Raffungen von Partikeln, also die Hervorbringung von Information, in seiner Nähe im Netz wahrscheinlicher und damit auch die Verknüpfung mit anderen Menschen. Der Mensch ist da, wo es ein Dort als ein Gegenüber, als eine Relation des Gegenübers gibt.[546]

Im Kontext der verschwindenden Linearität und Schrift muss im Anschluss die Frage nach dem neuen Menschenbild, nach einer digitalen-pädagogischen Anthropologie gestellt werden, einem, das durch die neue Codeform des Technobildes und durch einen vermeintlich neuen zweidimensionalen Code geprägt ist.[547] Im Anschluss an Flusser kann die Exploration einer neuen digitalen Hermeneutik der Nachmoderne gefordert werden, um ein Projekt-sein in der telematischen Gesellschaft zu ermöglichen. Löst sich eine Codeform auf, dann muss zugleich die Frage nach den Möglichkeiten der Kritik in der veränderten Form des Codes gestellt werden, um eine kritische Stellung des Menschen in Welt als Subjekt nicht aufzugeben. Auf dieser Grundlage kann im weiteren Verlauf gezeigt werden, welche Bedeutung eine Theorie des Technobilds für die reflexiven Momente in einer nachmodernen Gesellschaft hat.

4.2 Das klassische Bild als Ausgangspunkt einer Theorie des Technobilds

Flussers Theorie der Bilder wird in den achtziger Jahren des zwanzigsten Jahrhunderts grundgelegt.[548] Sie beinhaltet die zentralen Auseinandersetzungen mit den Übergängen von der klassischen Höhlenmalerei hin zu dem nachmodernen Technobild. Flussers Anliegen im Rahmen der Theorie des Bildes ist es aufzuzeigen, dass diese Bilder auf je vollkommen unterschiedlichen Grundannahmen entstehen und daher vom Grundsatz her different verstanden, different imaginiert werden müssen. Weiterhin liegt der flusserschen Bildtheorie die Annahme zu Grunde, auf die Wiesing verweist: Bilder zeigen neben dem Etwas, nach dem der Betrachter mit dem Was fragt, auch die Art und Weise, die auf das Wie der Darstellung antwortet.[549] Beide Bereiche des Bildes stehen im Interesse der flusserschen Analyse. Allerdings betont er die Bedeutung der Art und Weise bei seinen

---

546   Vgl. Flusser, V. 2001/02, S. 127.
547   Vgl. Flusser, V. 1997e, S. 22
548   Vgl. Kritlova, K. 2010, S. 1
549   Vgl. Wiesing, L. 2001, S. 189

Bildanalysen, die die Subjektivierungsformen der Menschen prägen. Für seine Theorie des Technobilds gilt es, das zentrale Moment, die gesellschaftliche und anthropologische Funktion des klassischen Bildes zu verstehen, um die Unterschiede im Vergleich zum Technobild zu erkennen. Erst mit dieser Unterscheidung ist es möglich, sich kritisch zu einer durch Technobilder geprägten Lebenswelt zu verhalten und sich der Programmierung durch totalitäre Strukturen zu entziehen.

Bilder stellen sich zwischen den Menschen und die Welt der Objekte und verstellen dadurch den direkten Zugang für den Menschen. Dieses „Stellen" beschreibt die Bilder als Medium des Zugangs zur Welt. Nur über diese oder auch andere Ausdrucksformen eines Codes kann der Mensch sich auf die Welt beziehen. In der flusserschen Auslegung ist ein Zugang zur Welt für den Menschen nur mit Hilfe der Codes, der Bilder oder anderer Produkte, die aus den dominierenden Codes der Epoche hervorgehen, möglich. In seinen Ausführungen geht er dabei in besonderem Maße auf das Bild der Vormoderne, die Schrift der Moderne, den Technocode und das Technobild der Nachmoderne ein. Dabei ist festzuhalten, dass Flusser nicht versucht, eine Schematisierung der Kulturgeschichte voranzutreiben, sondern eine Betrachtung vorlegt, die den Fokus auf den Wandel der Kommunikation als anthropologische Grundlage setzt.

> „Die Absicht des hier vorgeschlagenen Modells ist selbstverständlich nicht, die Kulturgeschichte schematisieren zu wollen. Das wäre ein lächerlich naives Unterfangen."[550]

Dieser Zugang zur Welt über verschiedene Formen der Codes ist verbunden mit einer Abstraktionsleistung und mit der Leistung des Subjekts, den Code zu verstehen, das heißt, entschlüsseln zu können.[551] Daran zeigt sich, dass erst durch die Leistung, den Code lesen zu können, zum Beispiel den der klassischen Bilder, ein Zugang zu der Welt möglich ist. Somit stellen Bilder dem Menschen auf der einen Seite die Wirklichkeit vor, haben auf der anderen Seite aber auch die Tendenz dazu, diese zu verdecken, sie zu verstellen.[552] Durch ihre Position als Mittler transportieren Bilder[553] verschlüsselt durch Codes ein Sein-sollen in Form von gesellschaftlichen Modellen. Damit werden Bilder zu Mittlern zwischen Mensch und Welt. Neben Bildern des Bereichs der Kunst zählen Landkarten sowie zweidimensionale Modelle zu dem Begriff des Bildes und zu den Untersuchungen Flussers.[554]

---

550 Flusser, V. ⁶2000, S. 11
551 Vgl. Flusser, V. 2003b, S. 73
552 Vgl. Flusser, V. 1977, S. 1
553 Vergleiche zum Moment des Politischen der Bilder Rancière, J. 2005
554 Vgl. Flusser, V. ⁴2007, S. 111–112

Die Genealogie des Bildes zeigt unter dem Blickwinkel der Produktions-
bedingungen, dass vormoderne Bilder von Handwerkern erstellt sind und nachmoderne Bilder, also das Technobild, Produkte der Technik darstellen.[555] Sie
unterscheiden sich in einem zentralen Kriterium. Die vormodernen Bilder versuchen eine magisch-mythische Welt zu erklären. Sie sind durch ein zirkuläres
Verständnis gekennzeichnet, das heißt, in der Betrachtung und der Analyse des
Bildes geht der Mensch zyklisch, kreisförmig vor. Der Betrachter versteht Bilder
in einer zyklischen Form und dieses zyklische Verständnis bedingt wiederum die
vormodernen Gesellschaften. Erst mit der Entstehung der Schrift werden diese
historisch-linear eingeordnet und durch Texte erklärt. Texte werden zum Ausdruck
der dominierenden Codeform des alpha-numerischen Codes. Durch die Erfindung
der Schrift entsteht eine neue Form der Bilder, die von einem linearen Weltbild
abhängig sind. Die Bilder des Zeitalters der Moderne stehen in einer untergeord-
neten Abhängigkeit zu der Schrift und werden durch diese erklärt. Technobilder
dagegen erklären Texte. Das heißt, wie die Schrift die vormodernen Bilder erklärt, erklären in der Nachmoderne Technobilder die Texte und lösen sie als do-
minante Codeform ab. In dieser Entwicklung zeigt der Bedeutungsvektor von
den Bildern auf die Texte und nicht, wie vormodern und modern, auf die Welt.[556]
Technobilder erklären schlichtweg nicht die Welt beziehungsweise sind Ausdruck
dieser, sondern sie erklären Texte. Diese Veränderung ist die zentrale Grundlage,
welche den Wandel und im Anschluss daran Perspektiven aufzeigt, um in einer
nachmodernen Welt Subjekt oder vielmehr Projekt zu sein. In einem ersten Schritt
lässt sich der Mensch in der Vormoderne als ein in der Bilderwelt Lebender bezeichnen. Diese Bilder bedeuten die Welt, in der sich der Mensch als ek-sistierendes Wesen konstituiert. In der Nachmoderne entstehen mit Hilfe von Bildern
Welt beziehungsweise Welten, die nicht mehr aus den Objekten der Welt, sondern aus Texten und Theorien hervorgehen.[557] Technobilder projizieren Welten,
sie sind keine Abstraktion der Welt, sondern sie bringen sie hervor. In diesen ist
nach Flusser eine projektive Lebenseinstellung angelegt, wodurch der Mensch
seinen Status als Subjekt überschreitet und zum Projekt wird.

Bei den traditionellen Bildern wird der Symbolcharakter leicht erkennbar.
Um sie zu verstehen gilt es, den Code des Malers oder des Handwerkers zu
entschlüsseln.[558] Diese Bilder stellen immer den Versuch dar, einen Umstand in
der Welt zu bedeuten.[559] Für dieses Bedeuten reißen sie Elemente aus der Welt

---

555   Vgl. Flusser, V. 1997e, S. 22; Flusser, V. 1995, S. 31
556   Vgl. Flusser, V. ⁴2007, S. 107
557   Vgl. Flusser, V. 1997e, S. 23
558   Vgl. Flusser, V. ¹¹2011, S. 14
559   Vgl. Flusser, V. 1993g, S. 48

und ordnen diese zirkulär. Bilder verfolgen mit der Geste des Reißens die Idee zu erzählen und zu erklären. Bei der Erstellung der Bilder tritt der Maler an einen „Un-ort", er stellt eine Verbindung mit dem eigenen Inneren her und ek-sistiert.[560] Diese Bewegung versucht Abstand zur Welt zu gewinnen, um ihre kritische Betrachtung zu ermöglichen. Flusser fragt nach dem Standpunkt, von dem aus die Bilder erzeugt werden können, einem Standpunkt, den er außerhalb der (empirischen) Lebenswelt als ein Gegenüber ansiedelt. Diesen benötigt das Subjekt, um imaginieren zu können. Dafür wird es nötig, die Welt ein Stück weit zu verlassen, in dem Wissen, die Eingebundenheit in die Welt nicht auflösen zu können.[561] Es ist der Versuch einer Gewinnung von Distanz zu der vorherrschenden Ordnung von Welt. Bilder zeigen auf dieser Grundlage immer Sachverhalte und nicht die Sachen selbst. Sie repräsentieren subjektive Standpunkte, die ein In-Welt-sein des Malers darstellen. Damit tragen sie das Potential in sich, Vor-bilder zu sein, indem sie anderen Subjekten zugänglich gemacht werden. Sie sind ein Bild der Ordnung und in dem Verständnis ein Bild, das den Einzelnen in dieser Ordnung sozialisiert und ihn auch programmiert. Der Betrachter benötigt zum Verstehen dieser immer die Fähigkeit der Imagination, also der Entschlüsselung der Codierung des Erstellers. Das klassische Bild zeichnet sich weiterhin dadurch aus, dass jedes ein Original ist. Trotz des Versuchs der Ersteller der Bilder, gleiche Bilder zu schaffen, unterscheiden sie sich geringfügig.[562] Solange Menschen und nicht Apparate diese Bilder erstellen, schwingt in ihnen immer der Standpunkt als Ideologie und die Subjektivität des Produzenten mit.

Mit dem klassischen Bild reduziert sich der vierdimensionale Raum auf zwei Dimensionen. Diese Reduktion und die Abstraktion der Welt erfordern von dem Betrachter die Fähigkeit, entziffern zu können.[563] Für jede Veränderung im Bereich des Codes muss der Mensch eine neue Form der Dekodierung erlernen. Viele Probleme der nachmodernen Gesellschaft resultieren nach Flusser daraus, dass das postmoderne Subjekt nicht gelernt hat, die neue Bildform des Technobilds zu entschlüsseln. Die Neuartigkeit der Bilder wird nicht erkannt und dadurch obsolete Methoden der Entschlüsselung genutzt. Diese neuen Bilder sind daher trügerische Formen, da sie durch ihre Form vorgeben, klassische Bilder, also Abbilder der Welt zu sein. Sie hintergehen den Betrachter, indem sie sich als klassische Bilder ausgeben. Sie übernehmen Form und Aussehen klassischer Bilder und deuten nicht auf die Erzeugung durch Apparate und die Umkehr der

560 Vgl. Flusser, V. 2003b, S. 72
561 Vgl. Flusser, V. 1977, S. 2
562 Vgl. Flusser, V. ⁶2000, S. 16–17
563 Vgl. Flusser, V. ⁴2007, S. 114; Flusser, V. ¹¹2011, S. 8

Bedeutungsvektoren – von der Welt auf Text – hin.[564] Das Technobild steht nicht mehr in der Funktion der Welt. Es dreht die Abhängigkeit um und stellt die Welt in die Funktion des Bildes. Bilder lassen die Welt erst entstehen.[565] Der Mensch gewinnt in der Nachmoderne die Möglichkeit, Welt zu entwerfen, mit Flusser, Welt zu projizieren. Er hat die Möglichkeit, in der Bodenlosigkeit der Nachmoderne neue Symbolnetze hervorzubringen. Erkennt der Mensch diese Funktion, dann erkennt er die Relativität der Welt und die Möglichkeiten der Weltgestaltung beziehungsweise der Erstellung und Projektion neuer Welten.

Die Imagination ist zum Abstrahieren wie auch zum Dekodieren von Bildern nötig.[566] Sie ermöglicht es dem Menschen, aus seiner Natürlichkeit herauszutreten. Durch die den Menschen umgebenden Bilder wird er zur Imagination nahezu aufgefordert. Diese verdecken dem Menschen einerseits die Wirklichkeit und stellen sie ihm andererseits vor, das heißt, unter anderem durch Bilder und die mit ihnen transportierten Modelle erfährt der Mensch die Welt. Imagination meint in diesem Kontext eine Fähigkeit, sich der Wirklichkeit anzunähern und ihrer habhaft zu werden. Es ist die Fähigkeit der Einbildungskraft des Menschen, Bilder für sich und andere zu erstellen, die andere Menschen zum Imaginieren anregen. Der Mensch gestaltet und entwirft mit Hilfe der Einbildungskraft seine Lebenswelt und die Lebenswelt anderer.[567]

Die Bewusstmachung dieser Möglichkeiten ist ein Ziel der flusserschen Theoriebildung und kann als ein wichtiger Aspekt betrachtet werden, wenn die Bildungsmomente in einer postmedialen Welt in den Fokus der Betrachtung rücken. Bilder werden erst durch ein Zurücktreten aus der Lebenswelt möglich. Dieses Zurücktreten wendet sich hin zu einem Un-Ort, von dem aus imaginiert werden kann. Bei klassischen Bildern zieht sich der Maler aus der Lebenswelt zurück und betritt einen Un-Ort, den Flusser als Grundlage der Subjektivität oder wie schon dargestellt als Grundlage der Ek-sistenz bezeichnet. Erst in dem Moment des Versuchs des Zurücktretens wird der Mensch zu einem ek-sistierenden Wesen, in der Moderne zu einem Subjekt. Dieser Un-Ort oder U-Topos hat für Flusser eine grundlegende Bedeutung für ein kritisches Verhältnis zu der Gesellschaft und der Welt. Das kritische Verhältnis lässt sich mit einem Streben oder einer Suche nach einem nicht topologischen Ort beschreiben. Durch das Substantiv des Strebens drückt sich die fortwährende und nie abschließbare, stetige Anforderung an Subjekte aus. Erst durch ein kontinuierliches Streben lässt sich

564   Vgl. Guldin, R. 2009, S. 154–155
565   Vgl. Flusser, V. 2003b, S. 73
566   Vgl. Flusser, V. [11]2011, S. 8
567   Vgl. Flusser, V. 1995, S. 141

von Subjekt und Ek-sistenz sprechen. Ein Aufgeben des kritischen Verhältnisses und des Strebens nach einem Un-Ort als unräumlichem Reflexionsraum lässt das Subjekt in den Status eines Objekts, einer Funktionsstelle in der Gesellschaft zurückfallen. Die Leistung der Abstraktion ist der Vorgang des Herausziehens und Heraustretens aus der Lebenswelt.[568] Dadurch beginnt für Flusser die Möglichkeit zu reflektieren, das heißt, ein kritisches Verhältnis zu der eigenen Lebenswelt aufzubauen und zwar durch den Versuch der Ungebundenheit an einen Ort.

Imagination ist demzufolge damit verbunden, sich etwas vorzustellen, sich ein Bild von etwas zu machen. Durch den Vorgang des Bildermalens ergibt sich eine Reduktion der Lebenswelt in zwei Dimensionen. Diese vollzieht der vormoderne Jäger, indem er in die Höhle kriecht und dort seine Bilder an die Wände malt. Der moderne Bürger verlässt sein Haus, um an der Geschichte teilzunehmen und seinen Beitrag zu dieser zu leisten. In der nachmodernen Zeit wird diese Leistung erschwert. Der Mensch wird zum Funktionär der Bilder und überall von ihnen berieselt, da die Kabel das Technobild in alle Räume senden.[569] Die Trennung zwischen privatem und öffentlichem Raum löst sich auf und das Zurücktreten ist zumindest räumlich nicht mehr möglich.[570] Es kann damit schon angedeutet werden, dass es für Flusser die zentrale Aufgabe ist, eine neue Form des Zurücktretens und der Bildkritik zu etablieren. Diese muss, in der flusserschen Vorstellung, mit dem „Durchsichtig machen" der neuen Bildercodes beginnen. Es ist eng damit verknüpft, dass es der Gesellschaft gelingt, die Dialektik zwischen öffentlichen und privaten Räumen zu erneuern.[571]

Es wird aus drei Gründen immer schwieriger, die geforderte Imagination aufzubringen: Erstens weil sie aus dem wissenschaftlichen Diskurs und dessen Begriffen entspringt, zweitens weil die Menschen in der Nachmoderne nur noch die imaginäre Welt erleben, drittens da die vermassten Subjekte programmiert sind. Sie sind so programmiert, dass eine revolutionäre Imagination verhindert wird.[572] In der Imagination liegt für Flusser die Erkenntnis, dass die den Menschen umgebende Welt die Bodenlosigkeit überspannt. Er erkennt die Relativität seiner Lebenswelt und die Möglichkeit des Eingriffs in Ordnung beziehungsweise des Informierens in Form einer Veränderung und Störung. Der Mensch erkennt das Netz, welches durch den Technocode über die Bodenlosigkeit gespannt wird.

---

568   Vgl. Flusser, V. 1995, S. 142
569   Vgl. Flusser, V. 1997e, S. 85–86
570   Zur Veränderung hin zu einem totalitären Privatraum siehe Kapitel 5.2.
571   Vgl. Flusser, V. 1995, S. 143
572   Vgl. Flusser, V. 1977, S. 1–6

„[G]egenwaertig ist Imagination eine revolutionaere Einstellung, denn sie muss versuchen, die uns umgebende imaginaere Welt zu durchbrechen, und die uns programmierende Welt der Texte aus ihrer Unidimensionalitaet zu heben."[573]

Die Absicht, mit der Modelle und dadurch auch die Welt imaginiert werden, spielt für ein kritisches Hinterfragen der Lebenswelt der Nachmoderne eine zentrale Rolle. Dass die Welt als imaginäre gesehen wird, ist in diesem Zusammenhang nicht neu, vielmehr betont Flusser den Aspekt, wer mit welcher Absicht etwas einbildet und wer es wie imaginiert. Dadurch wird Imagination nicht mit dem Verlust von Wirklichkeit verbunden, sondern bietet den Ansatzpunkt oder die Fähigkeit, sich der vermeintlichen Wirklichkeit zu nähern.[574] Im Zuge dessen wird Zukunft ein Konstrukt, das als nach vorne projizierte eigene Erfahrung oder von anderen projizierte Information beschrieben werden kann.[575]

„Und zwar erkennen wir, dass die uns umgebende Welt imaginaer ist, nicht weil wir sie mit einer wirklichen vergleichen, sondern weil wir wissen wie und wozu sie gemacht ist. Wir ‚entmythisieren' die imaginaere Welt nicht dank dem Rekurs zu einer etwa darunter liegenden Wirklichkeit, sondern dank einem Rekurs zu einer darueberliegenden Absicht."[576]

Wiesing sieht bei Flusser die spezifische menschliche Tätigkeit in der Bildproduktion und nicht im Sprechen. Er verweist auf einen Un-Ort, an den das Subjekt zurücktreten muss, der für Flusser zentral für die Bilderstellung ist und die Einbildungskraft ermöglicht. Damit sieht er eine Ähnlichkeit zu den Bildtheorien von Sartre[577]. Bei beiden ergeben sich durch die Produktion der Bilder Möglichkeiten des Bewusstseins wie auch des menschlichen Daseins.[578] Allgemein lässt sich zu den Bildwissenschaften festhalten, dass sie Bilder als einzelne Bilder, als Gruppen oder in ihrer Gesamtheit als Bilder untersuchen.[579] Bei Flusser findet sich eine Bildtheorie respektive ein Bildbegriff, der die Gesamtheit der Bilder in den Blick nimmt, weshalb es bei ihm in Anlehnung an Wiesing keine empirische bildwissenschaftliche Ausrichtung ist, sondern eine, die auf den Begriff selbst reflektiert.[580] Sie untersucht weiterhin die anthropologischen Auswirkungen der Bilder.

573   Ebd., S. 5
574   Vgl. Flusser, V. 1977, S. 1
575   Vgl. Flusser, V. XXXXy, S. 3
576   Flusser, V. 1977, S. 3
577   Vgl. hierzu Sartre, J.-P. 1980
578   Vgl. Wiesing, L. 2005b, S. 20–22
579   Vgl. Wiesing, L. 2005a, S. 9
580   Vgl. ebd., S. 13–15

Zusammenfassend lässt sich die flussersche Theorie der Bilder als eine anthropologische Bildtheorie beschreiben. Sie stellt die Frage nach der Konstitution des Menschen als Subjekt oder Projekt in der Welt des Technobilds. Sie erkennt die Bilder als den Zugang zur Welt wie auch das Moment, das den direkten Zugang verstellt. Für Flusser steht im Mittelpunkt, den Code hinter den Bildern zu erkennen, um dabei die übertragenen Modelle und die Projiziertheit der Welt aufzudecken. Um Subjekt sein und ek-sistieren zu können, gilt es neue Formen der Dekodierung zu entwickeln. Damit verbunden ist das kritische Moment der Reflexion auf Ordnung und Welt, den es für Flusser am Übergang zweier Codeformen zu erhalten gilt.

4.3 Flussers Technobildtheorie und deren Bedeutung für ein postmodernes Ek-sistieren

Um mit der entstandenen Codeform und den Technobildern umgehen zu können, ist es nach Flusser erforderlich, das digitale Schreiben zu erlernen, um im Kontext einer veränderten Welt wieder Kritik üben zu können. Dies beginnt damit, zu erkennen, dass die Bilder komputierte Punkte, das heißt, dass Bilder aus einer Zusammensetzung von Teilchen und Nicht-Teilchen übertragen auf die digitalen Bilder aus Pixel und Nicht-Pixel bestehen.[581] Dabei ist es die Aufgabe des nachmodernen Menschen zum Produzent oder zu einer Gemeinschaft der Produzenten der Modelle der Welt zu werden, die ein Bewusstsein für die neue Technoimagination und die Möglichkeiten der Projektion bekommen hat. Dieses nachgeschichtliche Bewusstsein[582] zeichnet sich durch einen „Tanz von Standpunkt zu Standpunkt"[583] als Umkreisen des Problems aus. Dabei gilt es, die Technobilder als kalkulierte Konstruktionen zu interpretieren, die als Resultat von Schrift nicht Abstraktionen der Welt sind, sondern diese projizieren.[584] Subjekte mit diesem nachgeschichtlichen Bewusstsein bezeichnet Flusser als „Einbildner". Es sind Menschen, die erlernt haben, Partikel zu raffen und diese gerafften Konstrukte in die Bodenlosigkeit, das heißt, über die gleichmäßige Verteilung der Teilchen der Welt zu projizieren. Sie bilden Welt ein, das heißt, sie entwerfen Modelle der Welt(en). Sie haben sich die Möglichkeiten der Entscheidung über die Apparate bewahrt, wie sie bei den elitären Technobildern des Baumdiskurses der Wissen-

581 Vgl. Flusser, V. ⁵2002, S. 145
582 Vgl. Flusser 1990a, S. 123
583 Flusser, V. ⁴2007, S. 212
584 Vgl. Bröckling, G. 2012, S. 153

schaften realisiert sind.[585] Angestrebt wird dabei, unwahrscheinliche und damit umso informativere Technobilder zu erstellen, die sich aus den kausalen Abhängigkeiten der Moderne befreit haben. Sie bieten die Möglichkeit, alternative Realitäten zu erstellen, also projizierend tätig zu werden.[586] Dafür gilt es, eine neue Form der Imagination auf der Grundlage des Technischen zu entwickeln. Diese Technoimagination kann mit der quantischen Struktur der Welt umgehen und befähigt zur Dekodierung des Technocodes.[587] Die neuen Bilder sind Werkzeuge, die Imaginäres bauen können und neue Freiräume der Imagination bieten.[588] Im Produzieren bieten sie die Möglichkeit des Bewusstwerdens des eigenen Mensch-seins.[589] Dabei steht für Flusser im Mittelpunkt, den Zusammenhang zwischen Apparat und Mensch aufzudecken, um dabei die Frage zu stellen, woher und von wem die Bilder erstellt werden.[590] Es steht nicht die Betrachtung der Oberfläche im Mittelpunkt, sondern der dahinter stehende Technocode der die Ordnung der Welt bedingt.

„Nicht das im Bild gezeigte, sondern das technische Bild selbst ist die Botschaft."[591]

Mit der Auflösung der Schrift befindet sich die Gesellschaft am Übergang hin zu einer neuen Codeform, dem Technocode.[592] Dieser Übergang hat einen revolutionären Charakter, welcher die Krise der Texte und die der Schrift hervorruft. Ihn gilt es zu beachten, um die durch den neuen Code bedingten Möglichkeiten und Grenzen der Lebenswelt zu erkennen. Damit wird in den flusserschen Ausführungen immer das Ziel verfolgt, nicht zum Funktionär der Apparate, sondern zum Sender zu werden. In der Nachmoderne kann dies nur realisiert werden, wenn eine kritische Stellung zu den Technobildern und dem Technocode möglich ist. Diese Forderung lehnt sich eng an eine Theorie des Digitalen an, das heißt, eine Theorie der digitalen Bilder und der digitalen Codes. In der Nachmoderne überträgt sich das Denken vom Ohr (dem linearen alpha-numerischen Code) auf das Auge (den Technocode der Bilder).[593] Damit entwickelt Flusser eine Form der bildwissenschaftlichen Theoriebildung, die sich mit der Gesamtheit der an-

585   Vgl. Flusser, V. ⁴2007, S. 156
586   Vgl. Ernst, C. 2005, S. 328
587   Vgl. Flusser, V. 1997e, S. 89
588   Vgl. Wiesing, L. 2001, S. 200
589   Vgl. Wiesing, L. 2005b, S. 22
590   Vgl. Flusser, V. ¹¹2011, S. 43
591   Flusser, V. ⁶2000, S. 55
592   Vgl. Flusser, V. ⁶2000, S. 7
593   Vgl. Flusser, V. 1986 (gestrichen), S. 4

thropologischen Bedeutung des Bildes auseinandersetzt.[594] Sie verbindet Fragen der Reflexion der Lebenswelt mit den Bildern. Dabei stehen im Zentrum der flusserschen Analysen das Technobild und der Technocode.[595] Es muss eine kommunikologische Theoriebildung sein, die in seinem Werk mit einer Philosophie der Fotografie beginnt. Diese analysiert die den Menschen umgebenden Bilder und die damit verbundene Art der Imagination, die Technoimagination.[596] Aus einer methodischen Perspektive ist dabei jegliche Vorstellung des Fotografischen aus dem Gedächtnis zu verwerfen, um eine Beschreibung zu ermöglichen.[597] Diese Herangehensweise kommt dem Versuch nach, die durch den Technocode und die Technobilder geprägten oder programmierten Sehmuster abzulegen, um auf deren Auswirkungen für die Alltagswahrnehmung, die durch den Technocode bedingte Ordnung der Lebenswelt reflektieren zu können. Aus einer methodischen Sichtweise enthält dieses Vorgehen eine veränderte nachmoderne Variante der husserlschen eidetischen Reduktion. Sie stellt den Versuch der Auflösung jeglicher Voreingenommenheit beziehungsweise jeglicher ideologischen Prägung dar.

Es wäre mit Flusser ein naiver Irrtum, die Technobilder mit Hilfe der klassischen Werkzeuge entschlüsseln zu wollen. Technobilder werden durch Apparate erstellt und gehen aus technischen Überlegungen hervor. Flusser stellt in seiner Theorie heraus, dass die Technobilder nur an der Oberfläche[598] verstanden werden können, solange eine neue Form der Entschlüsselung nicht erlernt wird. Eine Form der Decodierung der Technobilder mit Hilfe der Entschlüsselungsmechanismen der klassischen Bilder führt zu einer Vermassung und macht den Menschen zum Funktionär der Apparate. Die Kausalkette, die bei klassischen Bildern zwischen Wirklichkeit und Bild besteht, löst sich auf. Technobilder sind keine aus der Natur gerissenen Objektdarstellungen mehr, sondern sie bedeuten Texte und entstehen aus Texten. Sie gehen aus theoretisch-wissenschaftlichen Überlegungen hervor und werden in die Welt projiziert. Sie bedeuten keine Objekte der Welt, sondern Begriffe, das heißt, der Bedeutungsvektor hat sich gedreht und zeigt von den Bildern auf die Welt.[599] Gingen die traditionellen Bilder den Texten voraus und erläuterten diese, folgen die Technobilder auf und aus Texten theoretisch-wissenschaftlicher Überlegungen.[600]

---

594 Die Möglichkeit, dass der Computer neben den Bildern auch Töne hervorbringen kann und die Auswirkung dieser, bekommt Flusser nicht in den Blick. Er fokussiert sein Werk auf die Technobilder, was unter anderem der Zeit der Entstehung und den damaligen technischen Möglichkeiten geschuldet ist.
595 Vgl. Wiesing, L. 2005a, S. 13–15
596 Vgl. Flusser, V. 1977, S. 6
597 Vgl. Flusser, V. 1997d, S. 102
598 Vgl hierzu Baudrillard, J. 1989, S. 116
599 Vgl. Flusser, V. ⁴2007, S. 137–150
600 Vgl. Flusser, V. ¹¹2011, S. 13

Diese technischen Bilder werden aus Gleichungen und Kalkulationen projiziert und tragen durch den gedrehten Vektor die Möglichkeit der projizierenden Einbildungskraft in sich.[601] Die Menschen werden zu Einbildnern, die Partikel und Informationsbits raffen und in die Bodenlosigkeit der Nachmoderne Technobilder projizieren. Aus der bis auf die Partikel zerteilten bodenlosen Welt greifen die Einbildner einzelne Partikel und versehen sie durch Technobilder mit Bedeutung, sie bringen sie in Ordnung. Die beschriebene absichtsvolle Handlung wendet sich dabei gegen die Bodenlosigkeit. Einbildner fangen bedeutungslose Elemente aus dem Chaos, der Bodenlosigkeit auf und bedeuten diese. Für eine Analyse dieser Bilder gilt es daher am Beginn der Vektoren, also bei den Modellen und den Einbildnern und an der Grundlage der Texte anzusetzen.[602] Nach Guldin entstehen dadurch Anti-Bilder, einerseits da sich die Bedeutungsvektoren gedreht haben und dabei von der Abstraktion ins Konkrete geworfene Bilder sind. Andererseits ist zu beachten, dass diese Bilder dem Programm treu[603] sind und nicht der Wirklichkeit, das heißt, nicht aus einer Wirklichkeit herausgegriffen werden, wie es bei den klassischen Bildern der Fall ist.[604] Sie entstehen auf der Grundlage der digitalen Medien und können nach Wiesing eine reine Sichtbarkeit ermöglichen, indem sie durch Bilder, zum Beispiel am Computer, eine künstliche Präsenz erstellen.[605] Somit sind die Bilder keine Produkte des künstlerischen Handwerks mehr, sondern werden als reine Produkte der Technik und der Herstellungsbedingungen wie auch der wissenschaftlichen Erkenntnisse verstanden.[606] Dabei ist festzuhalten, dass nicht alle Technobilder als Bilder von Apparaten erstellt wurden. Im Zentrum steht das Kriterium, dass sie Begriffe bedeuten. Von Apparaten erzeugte Technobilder sind Videos, Röntgenbilder, Fotografien,… und die nicht apparatischen, aber trotz allem Begriffe bedeutenden, sind Skizzen, Designs, Kurven,….[607] Diese Analyse zeigt auf, dass kein Bild, sei es durch Apparate oder ohne Apparate erstellt, mehr als klassisches Bild gesehen werden kann. Vielmehr gehen alle in der Nachmoderne erstellten Bilder aus Texten hervor und sind durch den Technocode geprägt. Der Mensch, der die Bilder der Nachmoderne hervorbringt, lebt in einer Welt des Technocodes. Er kann kein Bild erstellen, welches nicht durch den Technocode geprägt und nicht durch die Ordnung der Lebenswelt bedingt ist.

---

601 Vgl. Flusser, V. 2004, S. 25
602 Vgl. Flusser, V. ⁶2000, S. 51–54
603 Vgl. hierzu Baudrillard, J. 2008, S. 25–26
604 Vgl. Guldin, R. 2009, S. 157
605 Vgl. Wiesing, L. 2001, S. 197
606 Vgl. Flusser, V. 1997e, S. 22; Flusser, V. 1995, S. 31
607 Vgl. Guldin, R. 2009, S. 145 – Die Aufzählung der Formen der apparatischen wie auch nicht-apparatischen Technobilder verweist auf den Entstehungszeitraum der flusserschen Theorie.

„Die neuen Bilder hingegen sind nicht Abstraktionen, sondern Konkretionen von Nulldimensionalem auf zwei Dimensionen."[608]

Diese Veränderung hin zu einer durch den Technocode bedingten Welt bezeichnet Flusser als eine einschneidende Veränderung unseres In-Welt-seins. Es ist geprägt durch den ökonomischen Diskurs, der in der Nachmoderne als Instanz des Wahrsprechens anzusehen ist.[609] Die neue globale Schriftsprache, die sich im Zuge dessen entwickelt, ist der binäre Technocode, welcher die Nationalsprachen obsolet werden lässt. Der Mensch trifft in Filmen, im Fernsehen, in Supermärkten oder auf Werbeplakaten auf Codes. Die Bilder enthalten eine neue globalisierte Form der Kommunikation, welche sich von der Bodenlosigkeit hin zu einer Zweidimensionalität der Bilder entwickelt. Diese ökonomische Bedingtheit wie auch die Gleichschaltung gilt es im Anschluss an Flusser zu demaskieren. Dabei ist es bedeutsam, zwei Formen des Technobilds zu unterscheiden, die elitären Technobilder und die Massentechnobilder. Bei ersteren erkennt der Betrachter sofort, dass der Mensch erlernen muss, sie zu entziffern. Sie gehen aus technischen Apparaten und aus Texten hervor, wie zum Beispiel ein Röntgenbild. Bei Massentechnobildern werden diese Momente trotz gleicher Herstellung meist nicht erkannt oder nicht beachtet. Sie werden entziffert, empfangen und lügen, so Flusser, da sie den Menschen, in dem Fall den Funktionären, also den Menschen, die im Sinne des Technocodes funktionieren und sich dadurch nicht kritisch-reflektiert zu ihm verhalten, vorspielen, ein klassisches Bild zu sein. Der Mensch empfängt sie wie ein Analphabet und ist sich dessen nicht bewusst.[610] Es handelt sich um Bilder, die von Apparaten und nicht von der Welt ausgehen. Sie berieseln den einzelnen Funktionär permanent und er kann sich diesen in der Nachmoderne nicht entziehen, spätestens nachdem der Privatraum immer mehr mit technischen Bildern durchdrungen wird. Vielmehr müssen bei einer Analyse der Nachmoderne, bei Massentechnobildern die apparatischen Funktionen und die Tendenzen zur Vermassung beachtet werden. Die Nachmoderne wird im Anschluss daran als eine Welt gesehen, in der der Mensch in einer Bilderwelt der Theorie lebt und sich dessen nicht bewusst ist. Es ist keine Welt der Bilder mehr, in der die Bilder die Welt bedeuten, sondern eine Welt der Bilder, in der diese die Welt durch Projektion hervorbringen.[611] Die Bilder machen den Menschen gezwungenermaßen zum Empfänger eines amphitheatralischen Diskurses. Das nachgeschichtliche Subjekt kann nicht anders als Stellung zu den Bildern zu

---

608 Flusser, V. 1987b, S. 3
609 Vgl. Flusser, V. [6]2000, S. 9
610 Vgl. Flusser, V. [4]2007, S. 140–150
611 Vgl. Flusser, V. 1997e, S. 23

beziehen, da seine Stellung als Mensch an sie geknüpft ist und es kann dies in den meisten Fällen nur als nachmoderner Analphabet.

> „Die heutigen Menschen, zumal die *digital natives*, also die Generationen, die mit einer selbstverständlichen und nicht wegzudenkenden Internet- und Computernutzung aufwachsen, sind nur bloße Anwender, aber keine *Umwender*. Sie sind oft digitale *Analphabeten,* da sie die digitalen Module nicht aufschlüsseln respektive dekodieren können."[612]

Bei der Schrift als Code kann sich der Mensch nach Flusser noch der Programmierung durch diese verweigern, indem er nicht liest oder sich auch einem Hören der gesprochenen Sprache verweigert. In der Nachmoderne ist das Technobild allerdings allgegenwärtig. Es bietet den Menschen keinen Privatraum mehr an. Vielmehr verliert der Mensch mit einer Verweigerung des „Lesens" der Technobilder seinen Status als Subjekt der Welt.[613] Er gibt seine Rolle in einer netzartigen Struktur der Welt auf und löst sich als Knotenpunkt in dieser auf. Mit Flusser ist daher der Versuch, sich gänzlich dem Technocode und der Technobilder zu verweigern, mit einer Auflösung des Menschen als gesellschaftliches Wesen verknüpft. Es kommt einem Auflösen der mit dem Menschen verknüpften Inhalte gleich. Mit diesem ist ein Vergessen verknüpft und kann mit dem Tod in einer nachmodernen vernetzten Gesellschaft gleichgesetzt werden.

Technobilder entwickeln sich zu einer zentralen Kommunikationsform in einer nulldimensionalen, bodenlosen Welt. Sie führen in großen Teilen zu einer Vermassung und zu unbewussten Abhängigkeiten von den Apparaten.[614] Apparate verbreiten permanent Abzüge der Bilder in stereotyper Form. Sie pressen, im Gegensatz zum modernen Maler oder Produzenten, immer die exakt gleichen Inhalte in die Oberflächen der Objekte.[615] Durch die massenhafte Verbreitung der Bilder tragen diese das Potential in sich, zu Vorbildern zu werden. Sie transportieren Sichtweisen und Einstellungen wie auch Handlungen, die den Empfänger programmieren.[616] Den Bildern kommt daher in der Gesellschaft eine Orientierungsfunktion für die vermassten Subjekte zu. Durch Bilder entwickeln sich Modelle von Subjektivität zu einer konkreten Realität, zu einer undurchsichtigen Wirklichkeit.[617] Viele Bereiche eröffnen sich nur noch einigen wenigen Eliten[618], deren Mitglieder außer in ihrem Spezialgebiet der Tendenz der Vermassung

---

612   Bidlo, O. 2013, S. 198
613   Vgl. Flusser, V. [4]2007, S. 67–68
614   Vgl. Flusser, V. [6]2000, S. 20–21
615   Vgl. Flusser, V. [11]2011, S. 46–47
616   Vgl. Wiesing, L. 2001, S. 192
617   Vgl. Flusser, V. 1990b, S. 105
618   Zur Bedeutung der Elite in der Postmoderne siehe Lyotard, J.-F. [7]2012, S. 53–54

unterliegen.[619] Es ist ein Zurück in ein voralphabetisches Stadium, in dem die Subjekte in einer Praxis[620] der theoretischen Überlegungen leben.[621]

Technische Bilder sind Raffungen von Punkten eines quantischen Universums. Sie werden von Apparaten mit Hilfe des Technocodes erstellt.[622] Es zeigt sich das Vorhaben, „diese Oberfläche wie eine Haut künstlich über den Abgrund zu spannen"[623] und eine neue Möglichkeit des In-Welt-seins zu schaffen. Modelle werden gespannt, um das Universum der Punkte vorstellbar zu machen und die Gültigkeit der projizierten Welt zu bestätigen. Die Verbreitung dieser Formen der Bilder erfolgt durch einen imperativen Charakter, durch eine imperative Kommunikationsstruktur, die meist ökonomisch geprägt ist.[624] Flusser verfolgt das Ziel, die Texte hinter den Bildern und die theoretischen Vorüberlegungen zu suchen und nicht eine Welt, die er als projizierte entlarvt. Sie sollten daher als Text entschlüsselt werden, um auf die Begriffe hinter den Bildern und den apparatischen Momenten der Herstellung zu treffen[625], um die Komputation als Methode der Herstellung sichtbar zu machen. Technische Bilder saugen die traditionellen Bilder in sich ein und machen diese reproduzier- und speicherbar.[626] Inwieweit dies eine Veränderung der klassischen Bilder hervorruft, ist bei Flusser nicht direkt ersichtlich. Allerdings kann davon ausgegangen werden, dass durch den Übergang zum Technobild und zu dem binären Code eine Veränderung stattfindet. Ähnliches kann für die Speicherung von in weitestem Sinn geschichtlichen Fakten gelten. Durch die Überführung, als Speicherung in den binären Technocode, verändern sie nicht nur die Codeform, sondern auch die durch den Code bedingten Inhalte.

Im Rahmen der Fotografie ist auf die Differenzierung zwischen materiellen und elektromagnetischen Bildern zu verweisen.[627] Diese Unterscheidung unterliegt in großen Teilen der historischen Entstehung der Theorie. In den ersten Aufsätzen und Überlegungen Flussers zu dem Thema kennt er ausschließlich die materielle Form als analoge Fotografie. Erst mit dem Aufkommen der elektromagnetischen Apparate, in dem Fall der digitalen Fotografie, kommt die zweite Komponente dazu, die, wie sich im weiteren Verlauf zeigen wird, mehr Möglichkeiten dialogischer Kommunikation offen lässt. Eine weitere Unterscheidung

---

619 Vgl. Flusser, V. [11]2011, S. 16–17
620 Vgl. Flusser, V. [6]2000, S. 40
621 Die Nachmoderne ist eine Welt der theoretischen Überlegung, da sie aus wissenschaftlich-technischen Produkten, den Apparaten, hervorgeht und somit auf wissenschaftlichen Theorien beruht.
622 Vgl. Flusser, V. 1997e, S. 76
623 Flusser, V. 1993g, S. 46
624 Vgl. Flusser, V. 1993g, S. 52–53; Flusser, V. [6]2000, S. 55
625 Vgl. Fahle, O. 2009, S. 165–167
626 Vgl. Flusser, V. [11]2011, S. 17–19; Flusser, V. [6]2000, S. 62
627 Vgl. Ernst, C. 2005, S. 339

der Technobilder ist durch die Produktionsweise bedingt, die es ermöglicht mit Video und Fernsehen audiovisuelle Technobilder zu erstellen, welche die visuellen ergänzen.[628] Wiesing zeigt auf, dass mit den neuen Bildern neue Möglichkeiten der Bewegung auftreten. Diese sind durch Computer herstellbar und bieten dabei die Option der Manipulation, sowie auch der Animation.[629] Durch die technischen Neuerungen, die bei Flusser mit der Fotografie beginnen und durch seinen frühen Tod beschränkt auf erste Erfahrungen mit dem Zeitalter des Computers bleiben, bilden sich neue Möglichkeiten der Imagination, die im weiteren Verlauf unter der Perspektive der technischen Veränderung dargestellt werden sollen.

Mit der Verbindung zwischen dem Apparat (Fotoapparat) und dem Anwender (Fotograf) wird der Mensch in einem Apparat-Operator-Komplex zum Funktionär. Als programmierter Produzent der Technobilder überträgt er diese in die Welt. Durch die erstellten Bilder entstehen Abhängigkeiten zwischen den Menschen und den Apparaten, die sich durch ein machtstrukturiertes Verhältnis im Sinne Foucaults auszeichnen. Diese tragen die Tendenz in sich, eine vermasste Gesellschaft hervorzubringen, in der ein unsichtbar repressives Machtverhältnis auf den Menschen wirkt und dessen Bedürfnisse und Wünsche, seinen Willen, programmiert. In dieser Gesellschaft kann der Mensch nicht anders als die Technobilder zu empfangen, weil sich die Räume des Privaten auflösen und alle Räume öffentliche sind. Eine Reflexion wird in einer vermassenden Gesellschaft weitgehend unmöglich, da der Mensch die Abhängigkeiten nicht erkennt, solange er den Code nicht imaginieren, das heißt, entschlüsseln kann. Er ist und erkennt sich ausschließlich durch das Technobild. Amphitheatralische Kommunikationsmuster binden den nachmodernen Menschen an sich und strahlen Stereotype an ihn aus. Der vermasste Mensch ist nur Empfänger und kann die Bühnen des Sendens, die sich als künstliche Gedächtnisse präsentieren, nicht betreten. Die Bedeutung aller anderen Diskurse und auch Dialogformen nimmt in der Nachmoderne signifikant ab.[630] In der radikalsten Form übernehmen die Apparate selbst die Produktion der Bilder und bestimmen dadurch die Lebenswelt der Betrachter, sie vermassen ihn als Stereotyp.[631] Der Mensch ist umgeben von einer Bilderflut, die an unzugänglichen Orten produziert wird und die Empfänger gleichschaltet, was zur Verdummung sowie zur Vermassung führt und die der Einzelne nicht mehr durchblicken kann. Sie wirken realer als andere Inhalte und machen den Einzelnen von sich abhängig.[632] Die Bilder schlagen auf den Betrachter zurück,

---

628   Vgl. Flusser, V. 1998i, S. 85
629   Vgl. Wiesing, L. 2005c, S. 116
630   Vgl. Flusser, V. ⁴2007, S. 67–68
631   Vgl. Wiesing, L. 2001, S. 201
632   Vgl. Flusser, V. 1997e, S. 73

und dieser kann sich nicht mehr der transportierten Modelle entziehen.[633] Die Programmierung durch Bilder entsteht in der von Flusser diagnostizierten Form in der zweiten Hälfte des zwanzigsten Jahrhunderts, da hier eine zunehmend beschleunigte Veränderung der Kommunikationsmöglichkeiten und der Möglichkeiten der Verbreitung von Inhalten entsteht. Das Dritte Reich stellt für ihn nur einen Vorboten dessen dar, was mit Hilfe der Digitalisierung der Gesellschaft möglich wird. Dem nachmodernen Menschen ist es nicht bewusst, wie er durch Bilder programmiert und gelenkt wird. Es entstehen Bilder, die nur aus dem Wunsch hervorgehen, als Mensch in das Bild zu kommen und als vermasstes Objekt im Bild zu existieren.[634] Es entsteht die Figur des *homo digitalis* „der sich ausstellt und um Aufmerksamkeit buhlt"[635]. Ein Beispiel für die Programmierung durch den Technocode respektive die Technobilder und die damit verbundene Tendenz, im Bild sein zu wollen, ist die rumänische Revolution. Diese wird von Flusser ähnlich wie von Baudrillard[636] als eine Revolution dargestellt, die nur mit und durch Bilder möglich ist. Bilder können den Menschen nicht mehr nur täuschen, sie können den Menschen entwerfen und ihn programmieren, selbst zu Revolutionen. An diesen zeigt Flusser auf, in welcher Abhängigkeit lebensweltliche Ereignisse zu dem Technocode stehen. Sie können durch die Programmierung der Masse Ereignisse beeinflussen und programmieren. Fotografien und Filme haben die Möglichkeit, die Masse zu remagisieren, sie also im Sinne der Machthaber zu manipulieren. Das zeigt sich für Flusser nicht nur an der Revolution in Rumänien[637], sondern auch an dem Akt der Hochzeit. Am Beispiel der Fotografie des Hochzeitspaars zeigt Flusser, wie Bilder die Menschen unbewusst programmieren.[638] Die Fotografie manipuliert die Situation nicht nur durch die Wiedereingliederung, sondern auch durch den Effekt, dass die Personen bei der Aufnahme „cheese" sagen, in einer gewissen Position zueinander stehen und bestimmte Kleidungsstücke tragen. In einem empirischen Vergleich dieser Bilder könnte mit hoher Wahrscheinlichkeit eine globale Ähnlichkeit beziehungsweise eine globale Angleichung dieser gezeigt werden.[639] An diesen Beispielen zeigt sich, dass die Menschen in der Nachmoderne immer unter dem Druck stehen, Bilder

---

633 Vgl. Flusser, V. XXXXi, S. 2

634 Ähnliche Überlegungen finden sich bei Bourdieu, der darauf verweist, dass viele nur im Fernsehen sind, um gesehen zu werden. (Vgl. Bourdieu, P. 1998, S. 16)

635 Han, B.-C. 2013, S. 21

636 Vgl. Baudrillard, J. 1992, S. 144

637 Weitere Ausführungen zur Bedeutung der rumänischen Revolution für den medialen Diskurs finden sich bei Baudrillard. (Vgl. Baudrillard, J. 1992)

638 Zu der Übertragung von Gesten und Haltungen, also modellhaften Vorstellungen durch die Fotografie, vergleiche McLuhan, M. ²1995, S. 289–309

639 Vgl. Flusser, V. 1990a, S. 117–121

produzieren zu müssen. Dieser Druck könnte in der These formuliert werden, dass der Mensch nur ist, wenn er in Bildern oder auf Bildern ist.[640] Ein Außerhalb des technischen Codes und der technischen Bilder gibt es für Flusser nicht beziehungsweise gibt es in diesem fiktiven Außerhalb den Menschen nicht. Dieser Mechanismus ist verknüpft mit dem Wunsch nach Unsterblichkeit, den Flusser häufiger als zentralen anthropologischen Aspekt anführt. Somit kann die Bilderflut der Nachmoderne als eine Art der Selbstvergewisserung interpretiert werden. Sie stellt mit Flusser die Vergewisserung dar, die prüft, ob das Subjekt noch lebt. Diese Fluten an Bildern lassen sich in verschiedensten Ausprägungen in den heutigen social networks finden. Durch die Technobilder weitet sich der Aspekt dahingehend aus, dass der nachmoderne Mensch nur noch in und mit Bildern da sein kann. Wirklich wird nur das, was im Bild zu sehen ist. Die Leichen der Revolution gelten nur als wirklich, wenn sie im Bild sind, und der Mensch lebt nur, wenn er im Bild ist.[641]

Zusammenfassend lässt sich festhalten, dass das nachmoderne Subjekt nicht weiß, wie es das Technobild lesen muss und auch keine Möglichkeit des kritischen Hinterfragens hat. Es hat die neue Codeform nicht erlernt, da es sie als klassische Bilder wahrnimmt und sich daher in eine unbewusste Abhängigkeit begibt. Weil es sich um technisch erzeugte Bilder handelt, verstellt sich der Betrachter, mit der Annahme, sie wären klassisch erstellte Bilder, den Zugang zu diesen.[642]

„Wie können wir es beurteilen? Wir haben keine Kriterien dafür; wir haben keine Philosophie der Post-historie. Wir haben keine Philosophie für einen Zustand, in dem Bilder an der Macht sind."[643]

Flusser sieht die Chance, der vermassenden Wirkung entgegenzuwirken, in dem Durchsichtig-Machen der technischen Produktionsweise und der damit verknüpften Verbindung zu Texten und eben nicht zur Welt wie das klassische Bild. Die Chance liegt in einem professionellen Umgang mit den Apparaten, das heißt, die programmierten Absichten zu überwinden, um Momente der Freiheit zu ermöglichen, die von der Wahlfreiheit, welche die Apparate vorsehen, abweichen.[644]

Flusser sucht in seiner Theorie nach Formen, die Kritiklosigkeit gegenüber dem Technobild aufzulösen, indem er neue Sichtbarkeiten schafft. Als problematisch stellt sich für ihn allerdings die schon beschriebene Verknüpfung von

640   Vgl. Goetz, R. 2001, S. 64
641   Vgl. Flusser, V. 1990a, S. 123
642   Vgl. Flusser, V. ⁵2002, S. 31
643   Flusser, V. 1990b, S. 113–114
644   Vgl. Flusser, V. 2001a, S. 22

Schrift und Kritik dar. Da sich Schrift auflöst, geht die Möglichkeit der Kritik im modernen Verständnis verloren. Der kritische Umgang einer Lebenswelt des Technocodes muss erst neu geschaffen werden. Um weiterhin Subjekt sein zu können, gilt es nach neuen Formen der Kritik zu suchen, um die technischen Bilder nicht als Abbildung der Welt zu verstehen. Durch die Technobilder und die neuen Wege der Verbreitung löst sich der Privatraum auf. Das Öffentliche tritt mit Hilfe des Fernsehens und später des Internets in das Wohnzimmer und in den privaten Raum des Hauses ein. Dadurch wird er zum totalitären Privatraum, womit ein Verlust eines Raums des Rückzugs einhergeht. Die Menschen verlieren in der Nachmoderne ihren Reflexionsraum und ihr Status als Subjekt schwindet.

> „Diese »bildermachende Geste« verschiebt und erweitert ihre Begrenzung ständig und ändert sich permanent selbst: Wir treten ein in einen höchst experimentellen Prozess mit ständig neuen ästhetischen Erfahrungsmöglichkeiten, mit Impulsen für intensivere Erfahrungen für Versuche, diese Erfahrungen über (gezielte) Zufälle auszuweiten."[645]

4.4 Fotografieren als kritische Geste der Nachmoderne

Die Unterscheidung nach den Produktionsweisen der Bilder ist für die Überlegungen hinsichtlich des Lebens in einer nachmodernen Welt von Bedeutung. Da sich das Technobild der Nachmoderne, aus Theorien hervorgehend, von den klassischen Bildern, die aus der Welt hervorgehen, unterscheidet, ist es für die Überlegungen zu einer kritischen Einstellung in der Nachmoderne bedeutsam, sie näher zu beleuchten. Flusser setzt sich in seinen Arbeiten mit Fotografien, die als älteste Technobilder gelten können, auseinander. Der Fotograf steht in einer Verbindung zu dem Apparat, die durch eine gegenseitige Abhängigkeit gekennzeichnet ist. Als Funktionär des Apparats agiert er im Sinne der Programme des Fotoapparats.[646] Er erkennt und wertet die Welt unbewusst durch diese Programmierung. Dadurch entsteht eine Apparat-Operator-Abhängigkeit, die mit Hilfe des Zweifelns zu hinterfragen ist. Durch eine manipulative Haltung gegenüber dem Apparat, als kritisches reflektiertes Gegenüber zu den Apparaten, wird ein Ek-sistieren als Subjekt oder telematisches Projekt möglich. Erst mit dieser Haltung gegenüber den Apparaten und der apparatisch strukturierten Lebenswelt kann sich das telematische Projekt aktiv zu seiner Lebenswelt verhalten und

---

645 Goetz, R. 2001, S. 67
646 Überschneidungen zu der Theorie der Fotografie finden sich unter anderem bei Baudrillard. (Vgl. hierzu Baudrillard, J. 1989)

gegen das Moment der Vermassung angehen. Der Zweifel stellt die Grundlage dar, um aktiv in Welt sein zu können, das heißt, diese zu informieren.[647]

Mit der Fotografie beginnen sich, die Möglichkeiten des modernen Lebens zu verändern. Flusser deutet sie als Vorbote eines Zeitalters der immateriellen technischen Bilder und als ein Wegbegleiter für ein Zeitalter des Technocodes.[648] Fotografien können als erste komputierte Formen gesehen werden, die Projektionen entwerfen und Vorbilder in die Welt ausstrahlen. Sie sind nachgeschichtliche Bilder, die Theorien und Texte in Bilder setzen.[649] Sie gelten nicht als klassisches Bild, sondern als eine wissenschaftliche Erklärung, die technisch mit Hilfe der Apparate realisiert werden.[650] Technobilder gehen aus Apparaten hervor, die aus linearen Codes entstanden sind. Somit wird deutlich, dass aus ihnen keine Bilder der Welt entstehen, sondern Bilder eines Technocodes, der hinter den Apparaten steht. Diese Revolution, die Flusser mit den Fotografien aufkommen sieht und die in den technischen Bildern endet, stellt eine Kulturrevolution dar. Der Mensch lernt durch sie in Körnern zu sehen und daraus folgend die Komputationen des technischen Codes zu erkennen. Erst am Übergang zur Nachmoderne wird den Menschen die Relativität der vorausgegangen Ordnungen und Modelle klar. Die Gesellschaft erkennt mit Flusser die Bodenlosigkeit, über die mit Hilfe der Codes ein Symbolnetz im Rahmen der Kommunikation gespannt wird. Flusser analysiert die Fotografie unter dem Blickwinkel einer dialektischen Methodik, indem er die positiven wie auch negativen Implikationen dieser gegenüberstellt. Er analysiert einerseits die Tendenz projizieren zu können, das heißt, Welt zu entwerfen und andererseits die vermassende Wirkung, die unter anderem durch die Abhängigkeit von den Apparaten und die Funktionalisierung durch die Apparate ihren Ausdruck findet.[651] Auch hier zeigt sich, wie im übrigen bei all seinen Analysen, ein Pendeln zwischen radikalem Optimismus und radikalem Pessimismus, das implizit auf ein negativ dialektisches Verhältnis[652] verweist.

In einer Podiumsdiskussion fasst Flusser die Bedeutung der Fotografien zusammen und stellt dar, mit welchen Kategorien er sie verknüpft. Fotografien sind technische Bilder, die mit Hilfe von Apparaten erzeugt und ebenfalls mit Hilfe von Apparaten verteilt werden. Mit dieser apparatischen Funktion der Erzeugung verbindet er die Begrifflichkeiten der Automation, wie auch der Funktion. Er stellt heraus, dass diese automatische Erzeugung immer auch eine Funktionali-

---

647   Vgl. Flusser, V. ⁴2007, S. 181–208
648   Vgl. Rump, M. C. 2001, S. 49
649   Vgl. Flusser, V. 1998i, S. 181–184
650   Vgl. Flusser, V. XXXXi, S. 3
651   Vgl. Rump, M. C. 2001, S. 56
652   Vgl. hierzu Adorno, T. W. 2003

sierung beziehungsweise Verobjektivierung des Menschen und der Gesellschaft mit sich bringt. Neben den negativen Einflüssen der apparatischen Bedingtheit der Gesellschaft hat Flusser immer auch die veränderten Möglichkeiten einer apparatisch bedingten Lebenswelt im Blick. Er sieht Möglichkeiten des kritischen Umgangs mit Apparaten und einem emanzipierten Verhältnis zu ihnen. Die Automation im flusserschen Verständnis ruft eine Lebenswelt in der Nachmoderne hervor, die durch das Kalkulieren, das Zerteilen und das Komputieren geprägt ist. Es ist eine Gesellschaft, die die Bodenlosigkeit erkennt und um die projizierte symbolische Ordnung weiß. Diese zeichnet sich durch eine zusammengesetzte Lebenswelt aus, die Flusser als mosaikhaft beschreibt. Durch die mit Apparaten erzeugten Produkte und Inhalte, wie zum Beispiel die Fotografien, wird Information erzeugt und in die Ordnung der Lebenswelt projiziert. Dabei lassen sich redundante von unwahrscheinlichen, das heißt, von informierten Fotografien, unterscheiden.[653] Flussers Bestreben wendet sich gegen redundante Fotografien, die eine permanente Wiederkehr des Gleichen mit sich bringen. Er zielt vielmehr auf informative Fotografien ab, die eine Störung der Modelle der Lebenswelt nach sich ziehen. Fotografien setzen zusammen beziehungsweise raffen die Partikel einer bodenlosen Welt und sind eben nicht Flächen, sondern Mosaike, wodurch sie sich von den klassischen Bildern abgrenzen.[654]

Fotografen versuchen immer ein Modell zu verwirklichen – ähnlich wie der antike Handwerker versucht, Formen zu verwirklichen –, was in Gänze nicht gelingen kann.[655] Diese absichtsvolle Handlung kann sich, würde der Apparat unendlich viele Fotografien in einem automatischen Modus erzeugen, auch ohne menschliche Beteiligung realisieren. Somit wendet der Fotograf, im Gegensatz zu automatisch erzeugten Bildern, den Zufall in Absicht. Für Flusser stellt die Wendung des Zufalls in Absicht das zentrale Moment dar, das den Menschen von den Apparaten unterscheidet. Erst durch eine absichtsvolle Handlung und in dem Akt nicht Vorhergesehenes in einem Spiel mit den Apparaten hervorzubringen, wird der Mensch zum Subjekt oder Projekt einer telematischen Gesellschaft.

Bei Fotografien gilt es zu beachten, dass sie immer Projektionen sind. Problematisch erscheint Flusser, dass sie allerdings häufig als Abbilder der Welt empfangen werden und eben nicht als Projektionen, die aus dem Apparat-Mensch-Komplex hervorgehen.[656] Die Geste des Fotografierens vollzieht sich im Anschluss an Flusser in drei Schritten. Der erste Schritt ist die Suche nach dem

---

653 Vgl. Flusser, V. 1998f, S. 59–62
654 Vgl. Flusser, V. 1998i, S. 184; Flusser, V. 1998b, S. 136
655 Vgl. Flusser, V. 1985, S. 58
656 Vgl. Flusser, V. 1998i, S. 184–185

Standort. Diese wird von einer inneren und äußeren Spannung des Zweifels vor-angetrieben. Es ist ein Zweifel, der durch das Wissen, dass andere Standpunkte möglich sind, vorangetrieben wird. Somit entsteht ein permanentes Zweifeln, welcher Standpunkt die „richtige" Fotografie hervorbringt.[657] Es ist eine sprung-hafte Geste des Zweifelns, die für die Nachmoderne bezeichnend ist. Der Foto-graf springt in diesem Sinne von Standort zu Standort und zweifelt an deren „Richtigkeit". Ähnlich wie bei der Methodik des Pilpuls wird in einer kreishaften Bewegung nach den möglichen Standpunkten einer Fotografie[658] gesucht. Die Suche stellt eine ideologische Geste dar, die im Sinne der Kategorien des Ap-parats vollzogen wird.[659] Bedingt durch eine Ideologiefeindlichkeit, also eine Feindlichkeit gegen festgelegte Standpunkte, wird die Suche immer in dem Wissen realisiert, dass es keinen optimalen, keinen wahren Standpunkt und keine letztgültige Ideologie gibt, sondern nur eine unendlich große Anzahl von Stand-punkten, Perspektiven und Möglichkeiten des Blicks.[660] Somit kann die Suche nach Standpunkten als die Geste des Fotografierens deklariert werden.[661] Diese Geste erscheint für die Vorstellungen zu einer telematischen Form der Gesell-schaft von zentraler Bedeutung, da sich an dieser für Flusser eine Haltung zur Lebenswelt zeigt, die er von der Fotografie auf die telematischen Projekte über-trägt. Das sprunghafte Zweifeln kann daher als Haltung gelten, die sich gegen eine apparatische Funktionalisierung und Verobjektivierung wendet. Wiesing weist darauf hin, dass es nicht nur viele Standorte gibt, sondern innerhalb dieser auch wiederum eine große Anzahl von Sichtweisen. Sichtweisen entstehen dabei aus einer subjektiven Einstellung des Apparats und der Festlegung des Seins zum Objekt wie auch dem Apparat selbst.[662] Es wird deutlich, dass das subjektive Sein zum Apparat die Sicht auf Welt bedingt und verändert. Mit dem Apparat-sein, wie es Benjamin schon darstellt, sind Perspektiven verbunden, die durch das Unterbrechen, Dehnen und Raffen geprägt sind und die wiederum das subjektive Sein in Welt bedingen.[663] Dieses Wechseln von Standpunkten sieht Flusser als eine Bewegung an, die sich von der Fotografie ausweitet und als Bewegung in der nachmodernen Gesellschaft beobachtet werden kann, das heißt, ein kritisches in Welt sein ist verbunden mit einem Wechseln und Hinterfragen von Stand-

---

657 Vgl. Flusser, V. 1997d, S. 110
658 Vgl. Benjamin, W. [12]1981, S. 12–13
659 Vgl. Flusser, V. 1998i, S. 11–12
660 Vgl. Rump, M. C. 2001, S. 50; Flusser, V. 1998c, S. 162
661 Vgl. Flusser, V. 1998b, S. 134–135
662 Vgl. Wiesing, L. 2001, S. 189–190
663 Zur Bedeutung der verschiedenen Blickwinkel auf die Lebenswelt siehe Benjamin, W. [12]1981,
     S. 36

punkten.[664] Diese Bewegung des Zweifelns und kritischen Hinterfragens schreibt er seit Beginn seines Arbeitens der Philosophie zu und verknüpft sie ebenfalls mit der Kunst. So lassen sich die Anknüpfungspunkte dieses sprunghaften telematischen In-Welt-seins für die Kunst wie auch für die Philosophie aufzeigen. Es stellt ein Hinterfragen des Geordneten und der Ordnung dar, die mit dem Begriff der Störung verknüpft werden kann. Der sprunghafte Wechsel von Standpunkten erscheint in diesem Zusammenhang als erster Schritt bei der Erstellung einer informierten Fotografie und kann als erster Schritt eines kritischen Seins in Welt gesehen werden.

> „Denn die Wahl des Standpunkts und der Weltanschauung ist eine Frage der Ästhetik. Und das ist einer der Gründe, warum die Philosophie eine Kunst ist."[665]

Als zweiter Schritt wird die Manipulation der Situation gesehen. Der Fotograf kann nach Flusser nicht anders, als die Situation zu verändern und zu manipulieren, da schon die Wahl des Standorts eine Manipulation nach sich zieht. Dadurch drückt sich die subjektive Prägung jeglicher Fotografie aus, da sie durch die Suche des Fotografen und dessen subjektives Sein in Welt bedingt ist. Diese Suche nach dem Standort ist mit einer Suche nach sich selbst verbunden. Er zeigt dies an den subjektiven Momenten die in jeder Fotografie zu finden sind.[666] Das Subjekt hinterlässt seinen Fingerabdruck in der Fotografie.[667] Somit kann gezeigt werden, dass neben der apparatischen Bedingtheit der Fotografie auch ein subjektives Moment enthalten ist, welches in den Analysen häufig vernachlässigt wird. Eine Fotografie ist daher nicht objektiv, sondern immer intersubjektiv.

In einem dritten Schritt nimmt der Fotograf eine kritische Distanz zu seinem Produkt, der Fotografie, ein.[668] Das die Fotografie erstellende Subjekt beurteilt, kritisiert und bewertet die Fotografie.[669] Diese Kritik beginnt an den Absichten des Apparats und nimmt diese nicht als unhinterfragt an. Sie dringt bis zu dem Subjekt, dem Fotografen, vor und kann im Anschluss daran als eine erkenntnistheoretische Kritik gesehen werden.[670] Bilder werden zu Zeichen für Gegenstände einer Ordnung, wie auch zu Zeichen der Sichtweisen und dadurch zu einem Instrument der Erforschung der Wahrnehmung.[671]

---

664 Vgl. Flusser, V. 1998b, S. 135
665 Flusser, V. 1957, S. 146
666 Vgl. Flusser, V. 1997d, S. 115–118
667 Vgl. ebd., S. 100
668 Vgl. ebd., S. 107
669 Vgl. Flusser, V. 1985, S. 59
670 Vgl. Flusser, V. 1998b, S. 138
671 Vgl. Wiesing, L. 2001, S. 191–192

Diese drei Schritte sind die Bewegungen des Fotografen, der sich dadurch von dem Knipser unterscheidet. Er sucht im Gegensatz zum Fotografen nach Redundanz und hat Freude an den technischen Details des Apparats. Der Knipser ist gefangen in der Programmierung des Apparats und süchtig nach dieser. [672] Er unterlässt, im Gegensatz zu dem Fotografen, die Suche nach den unentdeckten Möglichkeiten. [673] Diese Suche des Fotografen nach den nicht vorgesehenen Möglichkeiten bietet ihm Perspektiven, aus der Programmiertheit auszubrechen. Flusser bezeichnet es als ein nach-ideologisches Arbeiten, das sich gegen ideologisches Handeln als ein Beharren auf Standpunkten wendet. [674] Fotografieren wird in diesem Sinn als eine einbildende, imaginative und projektive Tätigkeit verstanden, die Vorbilder und Modelle projiziert. Mit der Fotografie zeigt sich ein neues Bewusstsein, welches Flusser der Nachmoderne zuordnet. Damit stellt es ein Bewusstsein dar, welches es dem Menschen ermöglicht, frei zu sein, das heißt, sich ein Stück weit aus seiner Programmiertheit zu lösen, an einen Un-Ort zu treten und zu ek-sistieren. [675] Dieses sprunghafte Bewusstsein, als Wechsel und Ausprobieren von Standpunkten, drückt sich auch an Flussers Nähe zu einem essayistischen Arbeiten aus. Es ist im weiten Sinn ein projekthaftes In-Welt-sein im zweifelnden Ausprobieren der Überschreitung und Störung der Ordnung, des Geordneten.

> „»Nicht der Schrift-, sondern der Photographieunkundige wird, so hat man gesagt, der Analphabet der Zukunft sein«. Aber muß nicht weniger als ein Analphabet ein Photograph gelten, der seine eigenen Bilder nicht lesen kann?"[676]

Film, Fernsehen und Videos werden als phänomenologische Weiterentwicklungen der Fotografie gesehen. Dadurch lässt sich nach Marburger auch erklären, dass Flusser sich ausführlicher der Fotografie als den anderen drei Formen widmet. [677]

Im Gegensatz zur Fotografie beteiligen sich beim Film mehrere Personen an der Erstellung. Neben den Filmern selbst nehmen Schauspieler, Autoren, Regisseure und andere Personen am Produktionsprozess teil. Besonders die Rolle des Cutters hebt Flusser an einigen Stellen hervor, da dieser die Möglichkeit hat, Geschichte zu verändern. Er arbeitet mit Schere und Klebstoff, organisiert

---

672   Der Mensch wird ähnlich wie bei Flusser auch bei Baudrillard zum objektiven Helfer seines Fotoapparats. Der Apparat macht nur das, was der Mensch will und dieser ist wiederum abhängig von den Programmen. Der Apparat löscht jede Intentionalität aus und bringt den Menschen dazu, Fotografien knipsen zu wollen. Der Blick des Menschen wird durch das Objektiv ersetzt. Es ist ein „entpersönliches Sehen des Apparats". (Baudrillard, J. 1989, S. 123–124)
673   Vgl. Flusser, V. 1995, S. 96–98
674   Vgl. Flusser, V. 1997e, S. 90–91
675   Vgl. Flusser, V. 1987b, S. 3
676   Benjamin, W. 1974, S. 385
677   Vgl. Marburger, M. R. 2011, S. 95

Reihenfolgen und in dem Sinn Geschichte als „Komponist der geschichtlichen Zeit"[678] um. Geschichte kann mit Hilfe des Films gemacht und verändert werden, was für Flusser einem nachgeschichtlichen Bewusstsein gleichkommt. Mit Hilfe der technischen Optionen zeigt sich die Geschichte als eine Reihenfolge von Bildern in Begriffen im Film und die Möglichkeiten der Manipulation durch eine neue Zusammensetzung also des Cuttens.[679] Die Möglichkeiten des Films sieht Flusser allerdings meist nur in der Verbreitung von Redundanz und Imperativen umgesetzt. In einigen Texten neigt Flusser zu einer Begeisterung für das Video. Dadurch realisieren sich Spielräume des Dialogs mit sich selbst, da Manipulationen nicht vorgesehen sind.[680] Das Video trägt als ein unmittelbares Produkt die Offenheit für den Dialog in sich und setzt sich von den Massenmedien ab.[681]

Zusammenfassend konnte die Bedeutung des Bildes für die Theorie Flussers gezeigt werden. Dabei steht immer eine kommunikationstheoretische Betrachtung im Mittelpunkt, die sich von einem historischen Abriss genuin unterscheidet. Nach einer linear geprägten Phase, in der der dominierende Code die Schrift ist und in der zentrale Konzepte eines philosophischen Bildungsbegriffs entstanden sind, ist mit Flusser die Frage zu stellen, wie vor dem Hintergrund schwindender Momente des Zweifels und der Kritik, Bildung in einer Nachmodernen Gesellschaft möglich sein kann. Dafür ist die Bedeutung des Technocodes, der sich in Form von Technobildern äußert, zu betrachten. In seiner vermassenden Wirkung, die stark damit verknüpft ist, dass der nachmoderne Mensch keine Möglichkeiten des Zweifels und der Kritik in der neuen Codeform hat, vermasst er den Menschen. Dadurch schwinden die Möglichkeiten des Subjekt-seins und die der Bildung als ein kritisch-zweifelndes In-Welt-sein. Es ist die anthropologische Bedeutung der Bilder, die einen Zugang zu einem neuen Verständnis von Bildung in einer nachmodernen Gesellschaft liefern kann. Diese beginnt mit dem Erkennen, das die Technobilder ein Symbolnetz spannen, welches eine Welt projiziert. Damit verknüpft sich die Erkenntnis, dass technische Bilder der Nachmoderne Vor-Bilder in eine Welt senden und die Ordnung, wie auch die Welt(en) hervorbringen. Mit Flusser steht die Forderung im Mittelpunkt, die Oberflächlichkeit der Bilder zu durchdringen, um einer Verobjektivierung und Funktionalisierung des Menschen als Objekt entgegen zu wirken. Es ist eine zweifelnde Haltung gegenüber der Welt, aus der eine Veränderung des Geordneten, der Ordnung und ein absichtsvolles In-Welt-sein hervorgehen kann. Diese

678 Flusser, V. ⁴2007, S. 193
679 Vgl. Flusser, V. ⁴2007, S. 189–194; Flusser, V. 1997e, S. 90–91
680 Vgl. Flusser, V. ⁴2007, S. 195–208
681 Vgl. Flusser, V. 1993g, S. 233–234

Möglichkeiten zeigt Flusser am Beispiel des Fotografen, der sich durch seine sprunghafte Geste des Zweifelns – im Gegensatz zum Knipser – Standpunkten und Ideologien entzieht. Der Fotograf verkörpert die Haltung einer essayistischen projektiven Lebensweise. Er versucht die Möglichkeiten des Codes und der Ordnung zu hinterfragen und projizierend zu verändern. Damit kann der Fotograf neben dem *homo ludens* als spielerischem In-Welt-sein bei Flusser als nicht-methodischer Vorschlag eines zweifelnden In-Welt-seins gelten. An dieser Haltung zeigen sich Ansatzpunkte für einen nachmodernen Bildungsbegriff. Dieser kann verknüpft werden mit einem Streben nach dem Ungeordneten und Veränderbaren, nach einem zweifelnden, mit Flusser sprunghaften In-Welt-sein und einem Streben nach De-Ideologisierung, als Auflösung von Standpunkten. Mit Gadamer gilt es eine nachmoderne, telematische oder auch digitale Hermeneutik auszuarbeiten. Dabei müssen sich die Menschen der Nachmoderne ihrer Prägung durch eine apparatisch strukturierte Welt bewusst werden, das heißt, die apparatisch bedingte Vor-Urteilsstruktur erkennen. Erst in diesem Prozess wird es möglich ein Verstehen und die digitale Erfahrung als Grundlage für Bildungsprozesse grundzulegen. Bildungsprozesse ohne ein Verstehen dieser digitalen Struktur erscheinen als absurd und eine digitale Hermeneutik wie auch eine digitale Anthropologie sind für diese unumgänglich.

5 Die vermasste nachmoderne Gesellschaft

Vilém Flusser geht von der Entwicklung einer nachmodernen Gesellschaft aus, die durch die Veränderung von Codestrukturen geprägt ist. Durch den Wandel des Menschen vom natürlichen Wesen zu einem vergesellschafteten Wesen schieben sich Mittler zwischen Mensch und Welt. Daher ist die Welt für den Menschen eine ausschließlich medial beziehungsweise durch technische Momente zugängliche.[682] Ein direkter Zugang zur Welt ist für Flusser nicht denkbar, da der Mensch mit Hilfe von Codes und in einem weiten Verständnis mit Medien in Welt ist. Einen Übergang im Sinne einer Veränderung der Codestruktur macht Flusser an der Entwicklung hin zur Nachmoderne und der Veränderung hin zum Technobild und seinem binären Code aus. Wie schon dargestellt, sind es die gesellschaftlichen Strukturen, die durch Codes wie auch Modelle transportiert werden und das Leben in der Welt, die Gesellschaft und den Menschen beeinflussen. Sie werden daher nachfolgend unter der Perspektive der durch sie bedingten gesellschaftlichen Veränderungen und der sich verändernden Denkweisen in den Blick genommen.[683] Dafür ist es von Bedeutung gerade die Übergänge in der Entwicklung hin zur nachmodernen Gesellschaft darzulegen, um aufzuzeigen, wie durch den binären Code und die Säkularisierung der Gesellschaft sowie auch der Wissenschaften eine mit technischen Bildern durchdrungene Lebenswelt entsteht.

Flusser beschreibt die revolutionären, durch Codes bedingten Übergänge in einem fünfstufigen Modell, welches vier einschneidende Veränderungen der Lebenswelt aufweist und deren Endpunkt in den Analysen Flussers die vermasste Gesellschaft ist. Er zeigt daran kommunikationstheoretische Übergänge, die den Fokus nur bedingt auf kulturgeschichtliche Einschnitte legen. Dabei ist zu beachten, dass keine Stufe die vorausgegangene vollkommen auflöst. Alle Formen bleiben mit einer veränderten Bedeutung für die Gesellschaft weiterhin erhalten.[684] In der ersten Stufe lebt der Mensch nach Flusser in einem vierdimensionalen Raum und ist dem Tier annähernd gleichzusetzen. Die Stufe der Vierdimensionalität setzt Flusser stets mit dem Menschen als natürlichem Wesen gleich. Er ist

---

682 Vgl. hierzu Krämer, S. 2010; Krämer, S. 2004; Krämer, S. 2012
683 Vgl. Flusser, V. 1957, S. 148
684 Vgl. Flusser, V. 1987b, S. 6

unmittelbar zur Welt und auf einer Stufe der Entwicklung, in der er die Welt konkret erlebt. Er ist mit und in der Natur und daher noch in keinem kritischen Verhältnis in Welt, somit weder Subjekt noch Objekt. Der Übergang hin zur vormodernen Gesellschaft findet durch das Herausgreifen einzelner Gegenstände aus der Welt statt. Nach Flusser erkennt der Mensch, dass er Hände hat, was ihn zum Subjekt werden lässt. Hieran zeigt sich, dass Flussers Subjektbegriff mit dem Herausziehen aus der Welt verknüpft ist. Erst durch das Herausgreifen einzelner Dinge aus der Welt schafft der Mensch eine Relation zwischen den Gegenständen der Welt als Objekten und sich als Subjekt. Er greift die Gegenstände aus der Welt und macht sie dadurch zum Ob-jekt, zu dem er als Sub-jekt in Beziehung steht beziehungsweise in einem flusserschen Verständnis sich diesem unterordnet. Es ist als ein Zustand des Behandelns unter Zuhilfenahme der Hände zu verstehen. Durch den Akt des Herausgreifens wird ein Gegenstand für den Menschen wichtig. Er selektiert ihn durch das Begreifen und stellt ihn in eine Beziehung zu sich als Subjekt. Der Mensch erkennt sich als Wesen, das Hände hat, mit denen er die Welt be-greift. Er holt die ihn umgebenden Dinge zu sich heran.[685] Durch den Vorgang des Herausgreifens informiert er die Gegenstände unter anderem durch deren Benennung. Es ist nach Flusser eine genuin menschliche Geste, Eingriffe in die ihn umgebende Welt zu tätigen[686] und sie mit Hilfe der unterschiedlichen Codes zu ordnen. In dem Versehen mit Begriffen, also dem Befragen des Fraglosen greift der Mensch Dinge auf und ordnet sie mit den Codes. Er bringt sie in Begriffe und dadurch in Ordnung, wodurch die Phänomene und Dinge eine Wichtigkeit für die jeweilige Gesellschaft erfahren. Bedeutet werden die Phänomene und Sachverhalte durch den dominierenden Code, wie das zum Beispiel mit Hilfe der Schrift in der dargestellten linearen Form geschieht. Durch die Geste des Herausziehens ergibt sich eine objektivierte Welt, der sich das Subjekt unterordnet und die dieses unterwirft.[687] Der Mensch kann durch die Geste des Fassens, die in dieser Phase entstehende dreidimensionale Welt umformen. Er kann sie also informieren.

Sobald die Hände unter Kontrolle der Augen zu handeln beginnen, so Flusser, vollzieht sich der nächste Schritt zum *Homo sapiens sapiens*. Es entsteht eine zweidimensionale Welt, die sich mit Hilfe der Codeform der traditionellen Bilder erkennen lässt. Die Welt ist ab diesem Übergang nicht nur eine dreidimensionale der Gegenstände, sondern sie lässt sich in Bilder übertragen, wodurch sie zweidimensional, bedingt durch die klassischen Bilder, deren Anfang Flusser bei den

---

685   Vgl. Flusser, V. 1998i, S. 37
686   Vgl. Flusser, V. 2008, S. 90–91
687   Vgl. Flusser, V. 2004, S. 219

Höhlenmalereien setzt, bedeutet. Für Flusser entsteht eine in zwei Dimensionen abbildbare Welt. Als Konsequenz entwickeln sich dadurch zweidimensionale Vor-Bilder der Gesellschaft, was eine zweidimensionale Lebenswelt nach sich zieht. Der Mensch schaut in der Epoche der Bilder, bevor er zu handeln beginnt und zieht sich für die ersten Höhlenmalereien aus der Welt in die Höhle, einen vor-modernen Un-Ort, einen Raum der kritischen Stellung zur Welt, zurück. Der Raum des Rückzugs ist für Flusser immer ein Raum, der es dem Menschen ermöglicht zweifelnd und kritisch auf die ihn umgebende Welt zu blicken und diese in Form der jeweiligen gesellschaftlichen Codes zu hinterfragen. Der vormoderne Mensch nutzt den Raum der Höhle zum kritischen Beschauen der Welt. Der Raum des Beschauens als Un-Ort ist daher immer auch der Raum aus dem Theorien der Ge-sellschaft in einem weiten Verständnis entstehen. Sie sind wiederum Vor-Bilder der Gesellschaft, die das praktische Handeln prägen. Der Mensch erkennt mit Hilfe der Reflexion, der Kritik und des Raums des Rückzugs die Möglichkeiten und Zusammenhänge seines Handelns.

Der dritte Übergang in die vierte Stufe zeichnet sich durch das Begreifen und das Erzählen aus. Das zirkulär-magische Verständnis der vorausgegangenen Stufe der Bilder wird durch ein Herausreißen der Objekte aus der Welt und ein darauf-folgendes Ordnen in eine lineare Struktur gebracht. Werden Bilder nach Flusser in einer zirkulären Form „gelesen" und sind daher mit einem zirkulären Verständ-nis der Lebenswelt verbunden, verändert Schrift diese hin zu einer linearen Struk-tur. Objekte werden durch das Schreiben aus der Welt gerissen und in einer Reihe von Zeilen angeordnet. Der lineare Text und die Codierung in einer alpha-nume-rischen Schrift gehen mit der vierten Stufe einher. Es entsteht mit dem Schreiben eine Zeitstruktur des Fortschritts. Damit geht eine lineare Zeitstruktur wie auch die fortschrittsorientierte Denkweise der Moderne einher, die sich mit ihren Auswir-kungen bis in die Nachmoderne zieht. Diese Entwicklung impliziert eine Reduk-tion, eine Reduzierung der Dimensionen hin zu einer eindimensionalen Welt.[688]

In der modernen Zeit löst sich der mythische Schein, das mythisch-magische Verständnis der Lebenswelt auf. Die Menschen verändern im Zuge dessen ihre Suche nach der Wahrheit und erkennen ihre Pluralisierung in der Nachmoderne. Dabei sind sie verhaftet in einem kausal-mathematischen Weltbild beziehungs-weise dem Glauben daran. Dieser Glaube an eine kausale Welt schwindet am Übergang zur Nachmoderne[689] und wird durch die letzte Stufe, die des tech-nischen Bildes, abgelöst. Der Mensch hat die Möglichkeit hinter den Texten die Relativität der symbolischen Netze, die über ein Nichts, eine gleichmäßige Vertei-

---

688 Vgl. Flusser, V. 1993g, S. 13–20
689 Vgl. Flusser, V. 1997e, S. 194–197

lung der Teilchen, gespannt werden und die Relativität der Strukturen zu erkennen. Mit den Wissenschaften des Zeitalters der Moderne wird die Welt in immer
kleinere Strukturelemente zerteilt und die Menschen stoßen auf Punktelemente,
Bits, Partikel und Quanten, mit Flusser also auf ein Nichts beziehungsweise auf
die Erkenntnis, dass durch Kommunikation und Codes, über eine gleichmäßige
Verteilung der Teilchen ein Symbolnetz gespannt wird. Daraus resultiert die Erkenntnis über eine dimensionslose, eine nulldimensionale Welt, die nicht mehr
vorstellbar, fassbar und be-greifbar ist. Die einzige Möglichkeit sich aktiv zu
dieser Welt zu verhalten, ist die des Kalkulierens und des Komputierens.[690] Im
letzten Abstraktionsschritt lösen sich die kausalen Verkettungen auf und die Teilchen beginnen, nach Flusser, zu schwirren. Die Erkenntnis der gleichmäßigen
Verteilung und die Möglichkeit der Raffung mit Hilfe der Codes bilden in der
Nachmoderne den Raum der Möglichkeiten des Mensch-seins und der projizierenden Gestaltung der Lebenswelt. Durch ein komputierendes, kombinatorisches
Denken und ein daraus resultierendes Handeln werden die Partikel grafft, das
heißt, die Teilchen werden in-formiert. Es ist für Flusser eine Handlung, in Form
einer Zusammensetzung der Teilchen, die einer Suche nach Wahrscheinlichem
und Möglichem gleichkommt, einer Veränderung der Ordnung in Form von
Symbolen.[691] Das Subjekt blickt hinter die Dinge und erkennt die schwarmhafte
Gestalt der Welt und der Komputationen als Zusammensetzung. Mit dieser Erkenntnis bietet sich die Option, alternative Welten und alternative Objekte zu
erstellen.[692] Raffungen, also Komputationen, gehen zurück auf die Bodenlosigkeit der Postmoderne und versuchen diese zu überbrücken. Es entsteht ein In-
Welt-sein, das die Relativität der Ordnung erkennt und aus dieser Erkenntnis die
Möglichkeit der Erstellung der Welt in Form der Projektion erkennt.

An den Ausführungen lässt sich zeigen, dass in Flussers kulturtheoretischen
beziehungsweise kommunikationstheoretischen Überlegungen zwei große Revolutionen durch die Veränderung von Codes vollzogen werden. Die Erfindung der
linearen Schrift kennzeichnet die erste und die Erfindung des technischen Bildes
und des damit verbundenen binären Codes die zweite bedeutsame Veränderung.
Durch die Entstehung der linearen Schrift findet ein Übergang hin zu einer linearen Vorstellung von Welt statt.[693] Mit der Entwicklung der veränderten Codestrukturen vom klassischen Bild, über die Schrift, hin zum Technobild findet
eine Reduktion der Dimensionen von Zeit, Punkt, Linie und Fläche statt, die eine

---

690   Vgl. Flusser, V. ⁶2000, S. 9
691   Vgl. Flusser, V. 1993g, S. 13–20
692   Vgl. Flusser, V. 1997e, S. 197–200
693   Vgl. Flusser, V. 1993g, S. 111–113

immer höhere Stufe der Abstraktion von Welt hervorruft.[694] Eine Rückkehr aus dieser Abstraktion hin zu einer vorausgegangenen Ordnung und der Lebenswelt erscheint im flusserschen Theoriekonzept nicht möglich. Es ist eine absteigende Entwicklung der Universen, die den Rückschritt nicht vorsieht.[695] Die Revolutionen durch und mit Codes stellen im flusserschen Verständnis allgemein einschneidende Ereignisse für die Vorstellungen der Gesellschaft und von Gesellschaft dar. Durch sie wird eine veränderte Sichtweise auf und von Welt etabliert und es finden gravierende kulturelle Veränderungen statt.[696] Die Revolutionen lösen das vorausgegangene Zeitalter und die damit verbundene Weltsicht nicht vollkommen auf, sondern es findet eine Veränderung der Deutungsmacht statt, das heißt, der dominierende Code wird durch einen neuen abgelöst.

Mit dem Übergang zur Moderne verändern sich grundlegende Werte im Vergleich zu dem Zeitalter der Vormoderne, die Flusser nicht weiter ausführt. Durch Arbeit wird eine Veränderung der Welt möglich, die das Schauen der reinen Formen der Antike überschreitet.[697] Die Möglichkeit der Veränderung durch Arbeit trennt sich in die theoretische Phase des Ausarbeitens und die praktische Phase des Aufdrückens von Information. Es gibt für Flusser daher eine Softwarephase und eine Hardwarephase.[698] Diese werden erst möglich, da in der Renaissance[699] die Theorie von der Sakralität abgelöst und mit der Produktion verbunden wird.[700] Sie geht mit einer Veränderung des Menschen in der Welt einher. Er wird zum säkularisierten Schöpfer der Welt und nimmt, wie schon ausgeführt, auf der Grundlage der Wissenschaft zunehmend die Stellung Gottes hinsichtlich des Wahrsprechens ein. In diesem Zug wird der Mensch zu einem historischen Wesen, das ein lineares Verständnis von Zeit annimmt. Er prägt Geschichte, wird zur Geschichte und gibt diese mit Hilfe der Kultur, das heißt, kulturellen Gütern wie Bildern oder Schrift, weiter, die in der Nachmoderne immer stärker durch die elektromagnetischen Möglichkeiten ersetzt werden.[701]

Aus einem kulturtheoretischen Blickwinkel betrachtet, lösen sich die Mythen beim Übergang zur modernen Welt auf und das rationale Erklären übernimmt zu großen Teilen die Stellung des Mythos. Dabei tritt eine rationale Lehre der Natur (-wissenschaft) an die Stelle des vorher Mythischen. Es entsteht ein Bild des

---

694 Vgl. ebd., S. 9–10
695 Vgl. Guldin, R. 2008, S. 8–9
696 Vgl. Flusser, V. 1997k, S. 205
697 Vgl. Flusser, V. XXXXv, S. 98
698 Vgl. Flusser, V. 1993c, S. 74
699 Vgl. hierzu Pico della Mirandola, G. 1990; Ruhloff, J. 1993
700 Vgl. Flusser, V. XXXXe, S. 5
701 Vgl. Flusser, V. XXXXi, S. 1; Flusser, V. 1988b, S. 1

Menschen als Wesen, das sich durch den eigenen (freien) Willen auszeichnet. Dieses Bild des Menschen zeigt sich im technischen Handeln und im Gebrauch der Werkzeuge. Der Mensch drückt der Welt seine Information und auch seinen Willen auf und nimmt im Gegensatz zu dem mythologischen Zeitalter eine aktive Stellung ein.[702] Die Entwicklung der Industriegesellschaft, welche durch die Baumdiskurse geprägt ist, wird erst auf dieser Grundlage möglich.[703] Es ist eine Gesellschaft, die mit Technik und Wissenschaft verwoben ist. Sie funktioniert im Sinne der Maschine respektive der Technik und nutzt die technischen Entwicklungen zur Durchsetzung des eigenen Willens nicht. Der einzelne Mensch wird in der Industriegesellschaft zum Funktionär der Maschinen und der technischen Produkte auch in Form von Apparaten.[704] Bereits im Zeitalter der Moderne behauptet das Subjekt seine aktive, kritische Stellung anfangs gegenüber den Maschinen und später gegenüber den Apparaten.

Abstraktion und Entfremdung von dem ursprünglich menschlichen Tierzustand ist für Flusser ein zentrales Moment seiner teilweise stark verkürzten kulturgeschichtlichen Überlegungen, die tendenziell aus einer kommunikationswissenschaftlichen Perspektive zu lesen sind. Die kulturgeschichtlichen Überlegungen sind Ausdruck der Abstraktion als Entfremdungsprozess von der Natürlichkeit. Es ist ein kritisches Aufreißen, ein kritisches Auseinanderreißen der Modelle von Welt bis die Menschen nach Flusser die Relativität der symbolischen Strukturiertheit über der Bodenlosigkeit erkennen.[705] Der Mensch ist ein abstrahierendes Wesen, das in den Versuchen zur Welt zu kommen, sich immer weiter von dieser entfernt. Anhand der Reduktion der Dimensionen hin zu einer nulldimensionalen strukturierten Lebenswelt kann dies aufgezeigt werden.[706] Der Mensch nimmt aus der Welt oder den Bildern einzelne Objekte und ordnet diese mit Hilfe von Codes neu, wie dies durch die alpha-numerische Schrift geschieht. Wie willkürlich oder kulturell beziehungsweise historisch diese Ordnungen geprägt sind, lässt sich unter anderem an den Ausführungen Michel Foucaults und seinem Werk „Die Ordnung der Dinge" zeigen. Die vielzitierte Stelle nach Borges, in der Foucault auf eine der westlichen Welt nur schwer zugängliche Ordnung aus einer chinesischen Enzyklopädie der Tiere verweist[707], zeigt ähnlich wie die flussersche Lektüre das Relationale der Welt und des Seins in Welt auf. Diese Relationalität als Möglichkeitsraum ist die Grundlage für seine Überlegungen zur nachmodernen Gesellschaft.

---

702   Vgl. Cassirer, E. 2004, S. 34
703   Vgl. Flusser, V. [4]2007, S. 58
704   Vgl. Flusser, V. 2008, S. 111
705   Vgl. Flusser, V. 1993g, S. 35–36
706   Vgl. Guldin, R. 2008, S. 8–9
707   Vgl. Foucault, M. [30]2003, S. 17

5.1 Die nachmoderne Gesellschaft als totalitärer (Möglichkeits-)Raum

Am Übergang zur Moderne nimmt die Bedeutung der Inhalte zu und der Wert der Dinge ab. Die harten Dinge (Hardware) beginnen zu schwinden und die Menschen sammeln Inhalte als un-begreifliche Dinge.[708] Große Teile der Gesellschaft beschäftigen sich mit der Erstellung und Verbreitung von Inhalten und nicht mehr mit der Herstellung von Dingen im klassischen Sinn[709], sondern sie komputieren In-Formation und legen diese in künstlichen Gedächtnissen ab[710], das heißt, sie übertragen informative Inhalte in Speicher. In der Nachmoderne entsteht eine Informationsgesellschaft, die sich durch die Durchsichtigkeit, die nichts verbergende Vordergründigkeit auszeichnet, die die Relativität von Wahrheit und Wirklichkeit erkannt hat.[711] Es entwickelt sich eine Gesellschaft, in welcher durch Speicherung annähernd aller Inhalte eine Transparenz entsteht und die für Flusser als totalitär und als verobjektivierend gelten kann.

> „Die total transparente Gesellschaft ist folglich vor allem eines: totalitär, leer und starr zugleich."[712]

Es findet eine Trennung statt, die nach-industrielle Objekte entstehen lässt. Diese sind geprägt durch die Inhalte und weniger durch den Akt des Aufdrückens als Phase der Produktion, als Formen von Dingen nach Modellen.[713] Die Herstellung von Gütern, die durch die industrielle Revolution das Zeitalter der Moderne prägen, verliert an Bedeutung. Besitzverhältnisse in der Nachmoderne verändern sich, da materieller Besitz zum Beispiel im Sinne von Geld und Häusern an Bedeutung verliert und der Zugang wie auch die Erstellung von neuen informativen Inhalten beeinflussen die machtvolle Stellung des einzelnen Menschen.[714] Der neue Mensch emanzipiert sich von der klassischen Arbeit.[715] Er produziert keine Dinge mehr, sondern beschäftigt sich mit dem Sammeln und Herstellen von Inhalten, die seine gesellschaftliche Stellung bedingen.

Die Probleme, die im Anschluss an die neuen Möglichkeiten in einer quantischen Welt entstehen, sollen im folgenden Kapitel ausgearbeitet werden. Dabei spielt das veränderte Mensch-sein eine zentrale Rolle. Im Hintergrund stehen die Über-

---

708 Vgl. Flusser, V. 1995, S. 162
709 Vgl. Flusser, V. 1993d, S. 82; Flusser, V. 1995, S. 185
710 Vgl. Flusser, V. 1993d, S. 81
711 Vgl. Flusser, V. 1997e, S. 236
712 Meckel, M. 2013, S. 18
713 Vgl. Flusser, V. 2001a, S. 18
714 Vgl. Fahle, O./ Hanke, M./ Ziemann, A. 2009, S. 10
715 Vgl. Flusser, V. 1993d, S. 86–87

legungen, wie der Mensch nicht dermaßen durch Apparate regiert wird, das heißt, inwieweit er Subjekt in der Nachmoderne beziehungsweise Projekt in der telematischen Gesellschaft sein kann. Dabei gilt es in einem ersten Schritt auf eine durcherklärte nachmoderne Welt zu blicken, um darauf aufbauend die projektive Lebenseinstellung in einer Welt des digitalen Scheins zu beleuchten. Dies geschieht immer mit dem Fokus auf die Frage, wie eine kritische Stellung in Welt in der Nachmoderne und daran anschließend in der telematischen Gesellschaft möglich ist.

Übergänge im Sinne sich verändernder Codestrukturen prägen Flussers Denken. Im Übergang zur Nachmoderne entsteht der Technocode als neue, die Schrift ersetzende Codeform, die die Entwicklungen diverser Apparate nach sich zieht, wie zum Beispiel die des Personal Computers und in weiterer Fortentwicklung das den Alltag dominierende Smartphone. Der Bruch oder die Krise entsteht, sobald die modernen Vorstellungen von Welt erklärt, das heißt wegerklärt sind und zwar im Verständnis einer vollkommen Durchsichtigkeit. Darunter versteht Flusser den Vorgang, dass in der Nachmoderne alles erklärt und durch Wissenschaften erforscht wird, bis sie auf eine gleichmäßige Verteilung von Teilchen, die er an mancher Stelle auch Partikel nennt, stoßen. Es entsteht eine Durchsichtigkeit der Modelle beziehungsweise der Ordnung der Moderne und die Menschen erkennen die Bodenlosigkeit und die Relativität ihrer Lebenswelt. Daraus resultiert ein Verlust des Glaubens an die Code- und Kommunikationsstruktur und die damit verbundene Ordnung der Lebenswelt. Sobald dieser Glaube an Standpunkte, die Flusser ideologisch nennt, schwindet, verändert sich das Sein in Welt. Die Relativität der Struktur der Codes, wie auch der Symbole, die die Bodenlosigkeit der Welt in einer netzartigen Struktur überspannen, lässt sich daran erkennen. Flusser spricht im Kontext dieser Entwicklung von einer Krise des Glaubens an das symbolische Netz der Moderne[716], die durch ein Durchsichtig-machen der modernen Modelle der Welt entsteht.[717] Die Rationalität der Moderne schlägt in das Irrationale um, indem sich die Irrationalität der Ordnung der modernen Lebenswelt zeigt, die Menschen also die Bodenlosigkeit ihrer Modelle und Ordnungen erkennen.[718] Den modernen Menschen verbindet Flusser mit der Metapher des Licht-machenden. Hinter dieser Vorstellung steht das Zeitalter der Aufklärung. Dieser Anspruch der Aufklärung führt nach Flusser in der Nachmoderne zu einer vollkommen aufgeklärten Gesellschaft, einer durchsichtigen, durcherklärten Gesellschaft[719], in der quasi überall Licht ist, das heißt, die

---

716 Zur Bedeutung des säkularisierten Glaubens für die Konstitution von postmodernen Gesellschaften sind die Ausführungen von Régis Debray hervorzuheben. (Vgl. Debray, R. 2001)
717 Vgl. Flusser, V. 1978b, S. 7–9
718 Vgl. Flusser, V. 1990e, S. 45
719 Vgl. Flusser, V. 2001b, S. 9–11

auf der Vorstellung eines vernunftbegabten Menschen und einer rationalen Wissenschaft die Relativität ihrer Wahrheitsstrukturen erkennt. Sie schafft sich im ständigen Hinterfragen ihrer Modelle selbst ab und bietet Raum für ein verändertes In-Welt-sein.

> „Demnach erweist sich die Fackel der Vernunft mit dem ihr eingebauten Spiegel als eine Lampe, die sich dank feedback [sic] selbsttaetig abstellt."[720]

Daran ansetzend entfaltet Flusser ein Denken, das er selbst als radikales Möglichkeitsdenken beschreibt.[721] Es ist der Versuch, die Chancen des neuen Codes in der Nachmoderne zu denken, um daran die sich teilweise radikal entfalteten Möglichkeitsräume, wie in der Utopie der telematischen Gesellschaft geschehen, aufzuzeigen. Der Übergang, den die Gesellschaft zur nachmodernen Gesellschaft vollzieht, ist gekennzeichnet von einem historisch-linearen Bewusstsein hin zu einem nach Flusser kybernetisch-spielerischen.[722]

Das historische Bewusstsein schwindet nach Flusser schon vor der Erfindung der Fotografie, in dem Moment, in dem ersichtlich wird, dass die Umwelt unbeschreiblich ist[723] oder in Anlehnung an das Vorausgegangene durch die historisch-linearen Modelle durchsichtig wird. Das Interesse an Geschichte bezeichnet Flusser als „Sehnsuchtsschwelgerei", als ein Festhalten an überholten traditionellen Modellen. Damit drückt er schon in einem Text aus dem Jahr 1966 aus, dass die Menschen sich noch nicht von traditionellen Werten, Kategorien und Begriffen lösen können, obwohl diese schon in Auflösung begriffen sind.[724] In seinen Prognosen für das nachmoderne Zeitalter verweist er darauf, dass sich die modernen Strukturen der Zeit in seinen post-historischen Visionen und seinen Analysen zur Postmoderne auflösen.[725] Von einer vollkommenen Auflösung der vorangegangenen Codestruktur, den vorangegangenen Modellen und Weltsichten, ist allerdings weder an diesen noch an anderen krisenhaften Übergängen auszugehen. Vielmehr existieren differierende Modelle nebeneinander weiter, wobei immer eine Struktur beziehungsweise ein Modell dominiert und die Deutungsmacht für die Epoche besitzt.[726] Für die Nachmoderne ist das dominierende Modell das der Technobilder, welches als Ausdrucksform des Technocodes gelten kann. Somit befindet sich die Welt in einer Krise des alpha-numerischen Codes,

---

720 Flusser, V. XXXXh, S. 2
721 Vgl. Flusser, V. 1997e, S. 9
722 Vgl. Flusser, V. ⁵2002, S. 83
723 Vgl. Flusser, V. 1998i, S. 183
724 Vgl. Flusser, V. 1997b, S. 134–136
725 Vgl. Flusser, V. XXXXy, S. 2
726 Vgl. ebd., S. 5

der einen Paradigmenwechsel auslöst, dessen Auswirkungen für Flusser noch nicht abschätzbar sind.[727]

In dieser veränderten Gesellschaft macht Flusser zwei Tendenzen aus, die für die positiven wie auch negativen Möglichkeiten der nachmodernen Codeform Pate stehen können. Die erste Tendenz, die durch den Technocode entsteht, ist die einer totalität, zentral programmierten Gesellschaft. Diese zeichnet sich durch Bildempfänger und Bildfunktionäre aus, die in der Funktion der Apparate existieren. Die zweite Tendenz zeigt sich in den Möglichkeiten für eine dialogisch telematische Gesellschaft, in welcher der Mensch die Bilderzeugung wie auch das Sammeln von Bildern innehat.[728] Das Subjekt nimmt bei dieser Form eine kritische Haltung zu einer quantischen, zerkörnerten, durcherklärten Welt ein.[729] In dieser Welt vollzieht sich der Übergang in die Nulldimensionalität, die Bedeutung des Technocodes in Form von Technobildern nimmt zu und die Modelle der modernen Lebenswelt schwinden. Der Übergang beziehungsweise die Revolution ausgelöst durch Codes verändern die Stellung des Menschen unter anderem durch die Auflösung des Subjekt-seins. Informationsbits und Quanten bilden den Möglichkeitsraum der Projektion in der nachmodernen Welt. Um darin leben zu können, raffen Apparate und Menschen diese Punkte, das heißt, sie setzen auf der Grundlage der Bodenlosigkeit neue Inhalte und Ordnungen unter anderem in Form von Technobildern[730] als geraffte Punktschwärme[731] zusammen. Sie sind im Gegensatz zu den traditionellen Flächen, die aus der Abstraktion von Körpern entstehen, Flächen, die aus der Zusammensetzung von Punkten hervorgehen. Sie beruhen auf der Erkenntnis der Bodenlosigkeit der Welt und der Relativität der Modelle. Als absichtsvoll geraffte, also zusammengesetzte Bilder, sind sie Ausdruck der Möglichkeit des entwerfenden Charakter und einer neuen Einbildungskraft, der Technoimagination.[732]

Dieser entwerfende Charakter oder, wie Flusser es nennt, die Möglichkeit der Projektion[733], die erst am Ausgang der Moderne erkannt werden kann, sind Momente, die die Postmoderne radikal verändern. Neue produktive wie auch restriktive Formen des Lebens entstehen. Die Menschen und Apparate der Nachmoderne setzen neue Modelle und Ordnungen in netzartigen Strukturen zu-

---

727 Vgl. Flusser, V. 1992d, S. 40
728 Vgl. Flusser, V. ⁶2000, S. 8
729 Vgl. Flusser, V. ¹¹2011, S. 37
730 Vgl. Flusser, V. ⁶2000, S. 20–21
731 Vgl. Flusser, V. 1993g, S. 115
732 Vgl. ebd., S. 48
733 Mit Hilfe der Neurophysiologie versucht Flusser zu erklären, wie durch Reize eine vermeintlich objektive Welt komputiert wird. Allerdings muss hier Flusser überprüft werden, inwieweit er die Methode und die Programmierung durch die Neurophysiologie im Blick hat. (Vgl. Flusser, V. 1989b, S. 2)

sammen, welche die Bodenlosigkeit überspannen. Die Teilchen und Körner der bodenlosen Welt, der nulldimensionalen Welt der Nichtse – wie Flusser sie an anderer Stelle bezeichnet[734] – werden durch neue Formen der symbolischen Ordnung verdeckt.[735] Eine Form, die Streuung der Partikel oder Punktschwärme zu überbrücken, ist für Flusser die Mathematik und die mit ihr verbundenen Wahrscheinlichkeitsrechnung.[736] Er verweist darauf, dass es im vergangenen Jahrhundert so aussah, als ob alle Erscheinungen der Natur in Differentialgleichungen zu fassen sind und dass auch die kulturellen Probleme, die die Geisteswissenschaften mit der Methode der Naturwissenschaften zu lösen versucht, mit dem Zahlencode quantifiziert werden können.[737] Allerdings betont er mit Hilfe einer Konjunktivkonstruktion implizit die Probleme, die durch die Anwendung der naturwissenschaftlichen Methodik in den Geisteswissenschaften entstanden sind. Vielmehr findet sich an anderer Stelle der Hinweis, dass sich der Mythos, alles erklären zu können, mit der Erkenntnis projizieren zu können, aufhebt.[738] Es entstehen Welten, die durch die Tendenz zum Schrumpfen, das heißt, durch die Tendenz, die alles immer durch kleinere Teilchen erklären will, gekennzeichnet sind. In diesen nimmt die Bedeutung von Objekten ab und der Wert der Information nimmt zu. Weiterhin zeigt sich in einem übertragenen Sinn die Tendenz zu immer kleineren technischen Möglichkeiten, die die Lebenswelt der Subjekte strukturiert. Im klassischen Sinn entsteht eine körperlose Welt, in der sich die Körper nicht auflösen, sondern nur als zusammengesetzte Partikel sichtbar werden.[739] Diese Welt zeichnet sich nicht mehr durch Zählen, sondern durch das Zerteilen bis zur Unsichtbarkeit aus, auf der Flusser seine Theorie der Projektion aufbaut. Der alpha-numerische Code löst sich in der von Flusser dargestellten Welt immer mehr auf und ändert sich in einen numerischen, der innerhalb der Apparate zu einem binären Code wird.[740] Die Objekte der entstandenen Welt werden durcherklärt und durchschaubar, was zu der genannten Krise am Umbruch zur Nachmoderne führt.[741]

Die Welt ist eine völlig durchkalkulierte, die Vorbilder für die Gesellschaft mit Hilfe von Technobildern in die Welt projiziert und nicht mehr die Gegenstände der Welt als Vorbilder in abstrahierter Form nutzt und nutzen kann.[742] Durch die Möglichkeiten des Zusammensetzens versuchen die Subjekte ein leeres

---

734   Vgl. Flusser, V. XXXXr, S. 4
735   Vgl. Flusser, V. 1998i, S. 83; Flusser, V. 1990e, S. 43
736   Vgl. Flusser, V. XXXXr, S. 10
737   Vgl. Flusser, V. 1996, S. 11
738   Vgl. Flusser, V. XXXXx, S. 5
739   Vgl. Flusser, V. ⁶2000, S. 145
740   Vgl. Flusser, V. 2003b, S. 78
741   Vgl. Flusser, V. 2004, S. 15
742   Vgl. Flusser, V. 2003b, S. 79

Universum der Bodenlosigkeit beziehungsweise ein Universum der gleichmäßigen Verteilung von Teilchen zu verdecken, um dem Nichts Sinn entgegen zu werfen. Sie erkennen dabei die schon angesprochene Künstlichkeit der Welt(en) und ihrer Modelle und die Möglichkeiten, neue Welten in Form von Raffungen entstehen zu lassen. Dem Mensch wird die Modelliertheit der Welt bewusst und in dieser das dahinter liegende Nichts, die Bodenlosigkeit.[743] In diesen Welten lösen sich klassische Unterscheidungen zwischen Realem und Virtuellem auf. Flusser benennt diese Welt als eine Welt der Darstellung. Er verdeutlicht dies am Beispiel des Hologramms. Hologramme sind für ihn erste Ausdrucksformen des Möglichkeitsraums der Projektion und Ausdruck der Pluralisierung von Wirklichkeit sowie auch Wahrheit. Für Flusser deuten sie einen ersten Schritt dahin an, dass der Mensch die Punkte zukünftig so raffen kann, dass es keinen Unterschied zwischen dem Tisch und dem Tisch als Hologramm gibt.[744] Daran zeigt sich, dass in einer möglichen Zukunft die Unterscheidung zwischen einem sogenannten realen Tisch und dem der durch Apparate in Form von Hologrammen zusammengesetzten keine Rolle mehr spielt beziehungsweise für große Teile der Menschen nicht mehr möglich ist. Erste Ausdrucksformen hierfür können 3D-Drucker sein, in denen zukünftig möglicherweise menschliche Organe gedruckt, also reproduziert werden, die von den natürlichen Organen nicht mehr zu unterscheiden sind.

> „Das Hologramm ist weniger wirklich als der Tisch, es ist nur eine Simulation des Tisches. Sollte sich die Technik verbessern, und sollten im Hologramm die Partikel ebenso dicht gerafft werden, wie dies das Nervensystem beim Tisch tut, dann bestünde kein ontologischer Unterschied mehr zwischen beiden, sie wäre gleich wirklich, und wir könnten beruhigt die Schreibmaschine auf das Hologramm stellen."[745]

In der nachmodernen Welt kann nur noch zwischen wahrscheinlich und unwahrscheinlich unterschieden werden.[746] Der Glaube an reale Gegenstände nimmt mit den Vorstellungen zur Virtualität ab. Es schwirren ausschließlich nulldimensionale Partikel, die es zu raffen gilt und die zum Beispiel zu Hologrammen gerafft werden. Auf dieser Grundlage entsteht die Utopie der Zukunft als ein Leben in unterschiedlich projizierten Welten,[747] welche durch Computerbilder und im Anschluss daran durch Formen von Hologrammen und weiteren Formen der Projektion, vielleicht wie die eines 3D-Druckers, erst realisierbar werden.[748]

---

743   Vgl. Flusser, V. 1993g, S. 37–38
744   Vgl. ebd., S. 314–315
745   Flusser, V. 1993g, S. 256–257
746   Vgl. Flusser, V. 1992d, S. 39
747   Vgl. Flusser, V. 1993g, S. 253–257; Flusser, V. 1995, S. 169
748   Vgl. Flusser, V. 2003b, S. 79

In der Nachmoderne wird daran anschließend alles zu einem digitalen Schein. Mehr oder weniger dicht gestreute und geraffte Teilchen, die die Subjekte umgeben, werden als Welt wahrgenommen.[749] Der Mensch erkennt, dass die Welt eine unbeschreibliche, aber zählbare ist.[750] Mit den Apparaten und besonders mit dem Computer setzt sich das binäre Zahlensystem als dominierender Code für die postmodernen Lebensformen durch. Dies bedingt das Denken, das sich weg vom alpha-numerischen hin zum numerischen bewegt.[751] Die Zahlen werden von den Buchstaben befreit und auf das binäre System von 0 und 1 reduziert.[752] Kalkulationen werden in diesem System überflüssig, da der Computer nur noch zählt, das heißt, automatisch Möglichkeiten in hoher Geschwindigkeit durchspielt und diese in die Welt wirft.[753] Durch diesen Effekt wird der Computer zum zentralen Gegenüber des Subjekts, da er sich durch seine Geschwindigkeit gegen absichtsvolle Handlungen des Menschen stellt, das heißt, je schneller ein Computer rechnen kann, desto schneller kommt er zu zufälligen Lösungen, die der Mensch im Gegensatz zum Apparat aus absichtsvollen Prozessen hervorbringt. Daher plädiert Flusser dafür, alle Arbeiten den Maschinen und Apparaten zu überlassen, die sie schneller erledigen als der Mensch, um dadurch Zeit für ein müßiges In-Welt-sein der Projektion zu gewinnen. Die Linearität der Moderne löst sich im binären Code auf und setzt die schwirrenden Teilchen eines Universums der Punkte an deren Stelle.[754] Das Rechnen und Kalkulieren wird durch ein Zählen abgelöst, ein Zählen mit zwei Fingern, welches der Computer in digitaler Form perfektioniert.[755] Für dieses Universum der technischen Bilder bedarf es einer Theorie des Digitalen, für die Flusser zentrale Grundlagen ausarbeitet.[756] Der Mensch empfängt Reize, die Flusser mit einer digitalen Codierung, also einem binären System gleichsetzt, welche wiederum zu Wahrnehmungen komputiert werden.[757]

In der Welt der Raffung der Teilchen nimmt die Bedeutung der Dinge und Objekte ab, und die Wirklichkeit respektive Wahrheit dahinter löst sich auf. In diesem Zeitalter müssen die Menschen die Unterscheidung zwischen wahr und

---

749 Vgl. Flusser, V. 1997e, S. 212
750 Vgl. Flusser, V. 1990d, S. 2
751 Vgl. Flusser, V. ^{5}2002, S. 30
752 Vgl. ebd., S. 29 und S. 139
753 Vgl. Flusser, V. 1995, S. 49–50
754 Vgl. Flusser, V. 2003b, S. 77 - Zum Begriff des Schwirrens und der Auflösung der Gravitation sei verwiesen auf Han, B.-C. 2009
755 Vgl. Flusser, V. 1990f, S. 27
756 Vgl. Fahle, O. 2009, S. 161
757 Vgl. Flusser, V. 1998h, S. 211

falsch ablegen[758] und die Wirklichkeit als einen Grenzwert annehmen.[759] Dinge verändern ihre Bedeutung. Hinter ihnen steht kein kausaler, vermeintlich natürlicher Bauplan mehr, sondern es zeigt sich deren Herstellbarkeit.[760] Flusser betont, dass mit dieser Erkenntnis „immer objektivere Objekte und immer subjektivere Subjekte"[761] möglich sind. Wirken diese unwirklich, dann hat nach Flusser nur eine schlampige Komputation stattgefunden.[762] Dahinter steht die Überlegung, dass die Modellvorstellungen hinsichtlich Subjektivität und Objektivität immer stärker realisiert werden können. Bei Flusser ist zu beachten, dass es ihm nicht um eine Auflösung von Objekten im Sinne einer Virtualisierung geht. Es verändern sich nur die Bedingungen ihrer Herstellbarkeit. Auch der Mensch hat die Möglichkeit, Objekte respektive Dinge zu erstellen, die in der Moderne noch als natürlich gelten, damit wird die Unterscheidung natürlich-künstlich obsolet. Die Ordnung der dinglichen Welt löst sich auf[763], was die Forderung einer digitalen Theorie, wie sie Fahle nennt, nach sich zieht und aktiv Ordnungen in einer digitalen Welt schafft.

Spätestens in der nachmodernen Lebenswelt ergeben sich Momente, die den Menschen die Relativität seiner Modelle erkennen lassen und ebenso die Möglichkeit ihrer produktiven Gestaltung. Somit bilden die Objekte die Möglichkeit Veränderungen anzustoßen, immer in dem Wissen, repressive Momente nicht verhindern zu können. Mit Flusser zeigt sich, dass die gesellschaftliche Struktur sich hin zu einer vermassten Form bewegt, die den Möglichkeitsraum der Projektion nur bedingt wahrnimmt. Es ist ein gesellschaftlicher Raum, der sich als ein totalitärer erweist, in dem sich nach Flusser allerdings Möglichkeiten des absichtsvollen In-Welt-seins bieten, die der Auflösung des Subjekt-seins entgegensteht. Daher kann die gesellschaftliche Entwicklung als ein totalitärer Raum der Möglichkeiten beschrieben werden, in dem die Frage nach dem Ek-sistieren des Menschen neu auszuarbeiten und die Frage nach einer Form der nachmodernen oder telematischen Bildung in einem totalitären (Möglichkeits-)raum verändert zu stellen sind.

---

758   Vgl. Flusser, V. XXXXu, S. 1
759   Vgl. Flusser, V. 1998h, S. 214
760   Vgl. Flusser, V. 1997e, S. 194–200
761   Ebd., S. 199
762   Vgl. Flusser, V. XXXXf, S. 2
763   Vgl. Flusser, V. 1993d, S. 80; Flusser, V. 2004, S. 11

5.2 Der totalitäre Privatraum

Mit dem Fernsehen verlagert sich der Marktplatz in das Haus und der Raum der Politik löst sich auf. Im Zuge dessen schwindet der Raum des Öffentlichen und der private Raum wird totalitär, das heißt, der potentielle Raum des Rückzugs löst sich auf.[764] Der Mensch wird im Rahmen der Analysen Flussers zum einsamen Empfänger von Imperativen. Die Begriffspaare politisch-privat wie auch außen-innen verschwimmen ineinander und führen zu einer Einsamkeit und einem Verlorensein in einer nachmodernen Lebenswelt.[765] Der Fernseher schirmt, so die Ausführungen Flussers, die Menschen voneinander ab und informiert sie durch bündelhafte Strukturen, die imperativ in Form des Amphitheaters gestaltet sind.[766] Flusser verweist darauf, dass die Informationsrevolution besser als Informationsinvolution bezeichnet werden sollte, da es sich um ein Umstülpen des Informationsflusses innerhalb des öffentlichen Raums handelt. Die Inhalte werden direkt und häufig in redundanter Form in den privaten Raum geliefert, ohne die Möglichkeit des Einflusses und Feedbacks auf diese. Daraus resultiert ein funktionsloser öffentlicher Raum, der in Auflösung begriffen ist.[767] Im Zuge dieser Tendenz werden die Abhängigkeiten von den Apparaten und deren Funktionen der Verbreitung von, unter anderem ökonomischen Modellen verstärkt. Der Raum des Politischen schwindet und Formen einer Freiheit außerhalb der der Wahl schwinden.[768] Die Auflösung der Dialektik öffentlich-privat und die damit einhergehende Entpolitisierung werden durch die Massenmedien verstärkt. Diese Veränderung nutzt unter anderem das ökonomische System.[769] Diese Entwicklung schafft einen totalitären privaten Raum, der sich jeglicher Kritik verschließt. Daher ist es für die flussersche Theoriebildung von großer Bedeutung, die Dialektik zwischen öffentlich und privat aus einem antiken-griechischen Verständnis abzuleiten, um darauf aufbauend die Frage nach den neuen Möglichkeiten eines öffentlichen Raums in einer telematischen Gesellschaft zu stellen. Dafür wird in einem ersten Schritt auf die antike Herkunft eingegangen, um dann die Bedeutung des Verlustes im Übergang zur nachmodernen Gesellschaft darzustellen und die resultierende Auflösung der Privatheit im Sinne Flussers zu erläutern.

---

764 Vgl. Flusser, V. 1998i, S. 92–93
765 Vgl. Flusser, V. 1993d, S. 28
766 Vgl. Flusser, V. 1993g, S. 219–220
767 Vgl. Flusser, V. 1992f, S. 117
768 Vgl. Flusser, V. 1997j, S. 190
769 Vgl. Bröckling, G. 2012, S. 158

„Privatheit stirbt einen Tod in vielen kleinen Schritten".[770]

Aus einer historischen Perspektive, die Flusser in Anlehnung an die griechische
Antike ausarbeitet, besteht die Stadt aus drei Räumen. Sie ist aufgeteilt in den
Privatraum – das private Haus –, den Raum des Politischen – den Marktplatz – und
den heiligen Raum – den Tempel.[771] Traditionell werden seit der griechischen
Antike Inhalte im öffentlichen Raum erworben, im privaten Raum gelagert und
nach einer Phase der Reflexion überarbeitet. Der private Raum bietet die Möglichkeit, Inhalte zu verändern, das heißt, aus ihnen neue beziehungsweise veränderte informative Inhalte hervorzubringen, um diese dann im öffentlichen Raum
neu zu publizieren.[772] Strukturell sind um den Marktplatz als öffentlichen Raum
die Häuser angeordnet, die den privaten Raum konstituieren.[773] In dieser Ordnung
der Räume, die die Grundlage für die Trennung zwischen öffentlich und privat
darstellen, gibt es drei Formen des Lebens in der Welt. Die erste ist eine von den
Ideen abgeschnittene Lebensform, die Flusser als natürlich benennt. Dies ist ein
vorgesellschaftlicher Zustand, in dem der Mensch eins mit der Natur ist. Die
zweite Möglichkeit ist eine, die Ideen anwendet und die er als künstliches Leben
auf dem Marktplatz bezeichnet. Darunter lässt sich verstehen, dass die Ideen auf
Objekte übertragen werden, zum Beispiel der Schuster, der die Idee eine Schuhs
(handwerklich) in einen Schuh als Produkt überträgt. Als dritte nennt er die Philosophie als eine Form des Lebens, die die Ideen (be-)schaut. In dieser antiken
Weltordnung gibt es den Sklaven, den Handwerker und den Philosophen, die in
einer Abhängigkeit zueinander stehen. Die Handwerker in der Polis erzeugen
Waren und tauschen sie auf dem Markt. Sie sind dadurch marktorientiert und
handeln politisch. Die auf dem Marktplatz stehenden und sich unterhaltenden
Personen sind hingegen philosophisch, sie dialogisieren und synthetisieren Informationen. Die Sklaven verschaffen wiederum dem Handwerker die Zeit, Werke
zu schaffen und der Handwerker ermöglicht im Gegenzug dem Philosophen zu
philosophieren. Das Philosophieren ist bei Flusser mit dem Zweifeln an Vorstellungen und Modellen sowie dem dialogischen Austausch verknüpft, aus dem
Informationen hervorgehen können. In dieser Ordnung der Gesellschaft wird seit
der Antike die Arbeit mit dem Versklavt-sein verbunden.[774] Abgeleitet aus dem
Verständnis der Versklavtheit durch Arbeit entwickelt Flusser ein von Arbeit
befreites Leben in der Utopie der telematischen Gesellschaft, das durch Muße

---

770   Irrgang, B. 2009, S. 52
771   Vgl. Flusser, V. XXXXe, S. 1
772   Vgl. Flusser, V. 1997k, S. 206
773   Vgl. Flusser, V. XXXXw, S. 2
774   Vgl. Flusser, V. 1979, S. 1–2

gekennzeichnet ist. Es ist aus der Perspektive der Kommunikologie eine pyramidale Ordnung der Welt, die sich an die gesellschaftliche Struktur anschließt, deren Spitze die Theorie und damit die Philosophie bildet. Unter dieser ordnet sich die politische Praxis wie auch das ökonomische Arbeiten ein. Die unteren Stufen öffnen den Philosophen einen Raum des theoretischen Schauens sowie des Dialogisierens.[775] Diese Dialektik zwischen öffentlich und privat ist verbunden mit dem *oikos*, dem privaten Haus und der *agora*, dem Marktplatz.[776]

Zwei Revolutionen verändern die antiken Vorstellungen von Gesellschaft radikal und führen zu einer Gesellschaft in der Nachmoderne, die sich durch Tendenzen der Vermassung und Verobjektivierung auszeichnet. In der ersten tauschen Politik und Theorie die Plätze in der pyramidalen Vorstellung. Durch diese Verschiebung wird der Begriff der Freiheit an die Politik übertragen und die Theorie bekommt die Aufgabe, Ideen zu erzeugen. Die zweite Revolution führt dazu, dass die Wirtschaft und die Ökonomie die oberste Stufe übernimmt, der die Politik wie auch die Wissenschaften dienen. Dadurch hat die Ökonomie und das damit verbundene zyklische Verständnis der Wiederkehr des Immergleichen die Deutungsmacht in der Moderne.[777] Im Zuge dieser Verschiebungen übernimmt die Ökonomie die Möglichkeiten des Wahrsprechens beziehungsweise des als wahr Gehörtwerdens. In dieser veränderten Gesellschaft dient die Theorie der Praxis und die Praxis wiederum dem ökonomisch konnotierten Verbrauch.[778] Diese Verschiebung in eine durch die Ökonomie gesteuerte Lebenswelt ordnet Politik und Theorie dem ökonomischen Diskurs unter. Durch die Deutungsmacht des Ökonomischen werden mit Hilfe von Maschinen und Apparaten ökonomische Modelle des Konsums verteilt, ohne dass das einzelne Subjekt Zugang zu der sendenden Einheit in dem amphitheatralischen Diskurs hat. Eine Veränderung dieser wird erschwert beziehungsweise verweist Flusser auf die Tendenz des schwindenden Zugriffs.[779]

Sobald sich der Marktplatz als Ort der Öffentlichkeit auflöst, verschwindet der private Raum als Raum des Rückzugs, des Reflektierens und des Erstellens von Informationen. Diese Veränderung ist eng verknüpft mit neuen technischen Möglichkeiten wie auch mit der bereits erläuterten Revolution der Kommunikation. Kabel dringen in den privaten Raum ein, durchlöchern diesen und lösen ihn dadurch auf.[780] Für Flusser ist das Ausdruck dafür, wie im privaten Raum auf einmal Themen des Öffentlichen eindringen und der Rückzugsraum immer stärker

---

775 Vgl. Flusser, V. XXXXw, S. 2–3
776 Vgl. Flusser, V. 1990b, S. 108–109
777 Vgl. Flusser, V. XXXXw, S. 4–5
778 Vgl. Flusser, V. 1979, S. 3
779 Vgl. Flusser, V. XXXXw, S. 5
780 Vgl. Flusser, V. XXXXs, S. 4

schwindet. Es entsteht ein totalitärer privater Raum, der auf der Grundlage der Durchzogenheit mit Kabeln und der Deutungsmacht der Ökonomie zu einem Raum der Ausstrahlung von ökonomischen Modellen wird. Vor dem Hintergrund der amphitheatralischen Strukturiertheit wird ein Ausbrechen erschwert und in großen Teilen verhindert.

> „Materielle und immaterielle Kabel haben es wie einen Emmentaler durchlöchert: auf dem Dach die Antenne, durch die Mauer der Telephondraht, statt Fenster das Fernsehen, und statt Tür die Garage mit dem Auto." [781]

An diesem in Flussers breitem Verständnis von Medien durchzogenen Raum ist anzusetzen, wenn die Frage nach einem kritischen In-Welt-sein gestellt wird. Es ist immer der Versuch, Abstand zu der sendenden Einheit zu gewinnen und dadurch einen Rückzugsraum, einen Un-Ort der Reflexion zu ermöglichen. Daher ist es mit Flusser ein Raum, in dem der Mensch versucht, sich Drähte „vom Leib zu halten" [782]. Aus diesem Bestreben resultiert die Vorstellung einer veränderten Gesellschaftsstruktur. Es schwindet die Notwendigkeit des Bürgers, seine Inhalte auf dem Markt zu erwerben, um diese in den privaten Raum zu transferieren, sondern sie werden ihm mit allen negativen Effekten in seinen privaten Raum geliefert. Am Beispiel der Bilder zeigt Flusser auf, wie sich die Produktion und Verteilung dieser verändert. Bilder werden in der Nachmoderne im privaten Raum produziert und in den privaten Raum gesendet. Sie übergehen den öffentlichen Raum (*agora*) als Raum des Dialogs, der Aushandlung und der Auswahl. [783] Die Möglichkeit der Publikation im klassischen Verständnis auf der *agora* geht dadurch verloren.

> „Es ist eines der tiefsten Geheimnisse und grössten Wunder unserer Zeit, wie einige relativ wenige und eigentlich durch nichts dazu berufenen Propagandisten und Agitatoren so tief und nachhaltig in unser privates Leben dringen konnten und unsere intimsten Probleme von allen Lichtreklamen und von allen Lautsprechern proklamieren dürfen." [784]

Es entsteht in der Nachmoderne ein Privatraum, der dem Einzelnen zur Verfügung gestellt wird. Dieser totalitäre private Raum steht immer in der Funktion der apparatischen Umgebung und in der Funktion der Apparate beziehungsweise der ökonomischen Modelle. Der nachmoderne Hausbewohner wird zum Gefangenen in seinem eigenen Haus. Vielmehr würde allerdings ein Raum des Rück-

---

781 Flusser, V. 1998d, S. 1
782 Flusser, V. XXXXw, S. 9
783 Vgl. Flusser, V. 1990b, S. 109
784 Flusser, V. 1957, S. 77

zugs von den Apparaten benötigt, ein Raum, der nicht durch Apparate und deren Modelle strukturiert ist. Es wird in der Nachmoderne zu einer Sorge des Subjekts, sich den falschen Raum der Privatheit vom Leib zu halten, um einen Raum des Rückzugs als einen Raum der echten Privatheit zu schaffen.

> „Erst jetzt kann man verstehn[sic], was mit den Begriffen ‚privater Raum‘ (cike, res privata), und ‚oeffentlicher Raum‘, (polis, res publica), gemeint ist. Der private Raum ist der Ort des natuerlichen, zyklischen Leidens, der Arbeit. Der oeffentliche Raum ist der Ort des kuenstlichen, linearen Handelns, des Werkes. Ueber beiden steht der Raum der ewigen Ideen, der kontemplativen Musse. In der platonischen Utopie und im Feudalismus sind privater und oeffentlicher Raum den Ideen untergeordnet. In der buergerlichen Gesellschaft ist alles der Republik, der Politik untergeordnet. Gegenwaertig erleben wir eine totalitaere Ent-politisierung, eine allgemeine Privatisierung. Nicht nur der Musse, auch der Oeffentlichkeit im echten Sinn, ist aller Raum entzogen. Wir sind alle Arbeiter, Funktionaere, Privatmenschen geworden. Das ist der Sinn, in welchem Hannah Arendt die Errichtung des totalitaeren Staates voraussieht."[785]

Am Beispiel des E-Learnings zeigt sich die Tendenz der Auflösung eines echten Privatraums. Lernen erfährt nach Swertz eine Ausweitung und eine Überwachung von Lernprozessen bis in den privaten Raum „natürlich im Interesse der Verbesserung von Lernprozessen – das erfüllt die Ablenkungsfunktion"[786]. E-Learning führt zur Gewöhnung an computerbasierte Überwachungsmaßnahmen.[787] In Verbindung damit ist auch die Thematisierung des Nomadenhaften, die bei Flusser immer wieder auftaucht, zu sehen. Der Nomade ist nur schwer verortbar. Es ist eine Figur, die mal hier mal dort ist, somit mal in dieser mal in jener Ordnung, mal an dieser mal an jener Position im Netz. Diese Lebensform zeichnet sich durch Beweglichkeit und durch eine topologische Nichterreichbarkeit aus. Der Nomade ist eben nicht im totalitären privaten Raum für die Modelle der Apparate zu erreichen und kann damit ein verändertes In-Welt-sein symbolisieren. Diese Einstellung erlaubt es, aus dem Kerker der Apparate herauszutreten und löst eine veranderte Form des Seins zu einer apparatisch strukturierten Welt aus.[788] Somit lässt sich festhalten, dass Flusser die Lebensform des Nomaden als Möglichkeit sieht, in einer telematischen Gesellschaft Projekt zu sein. Damit kennzeichnet das nomadenhafte In-Welt-sein eine neue Form, sich reflexiv in Welt zu verhalten. Diese nomadische Struktur führt unter einem bildungstheoretischen Blickwinkel zu einem nomadenhaften Schüler, der müßig in Welt ist.

---

785 Flusser, V. XXXXw, S. 6
786 Swertz, C. 2006, S. 3
787 Vgl. ebd., C. 2006, S. 3
788 Vgl. Flusser, V. 1990f, S. 21

5.3 Werkzeuge, Maschinen und Apparate als Konstitutionsbedingungen der nachmodernen Subjekte

Der Mensch schafft sich mit Hilfe von Werkzeugen und Apparaten ein sozio-kulturelles Umfeld, das sich durch seine Künstlichkeit und postmodern durch seine Relativität als Gegenspieler zur Natur auszeichnet. Schon der aufrechte Gang[789] und das Sprechen sind Formen, die es zu erlernen gilt oder wie Flusser es nennt, Formen des künstlichen Lebens.[790] Durch Gebrauchsgegenstände stoßen Menschen immer wieder auf die Entwürfe anderer Subjekte und ihrer Mitmenschen. Der Mensch lernt, mit den aus der natürlichen Welt herausgerissenen Objekten umzugehen und nach gewissen kulturell normalisierten und daraus folgend künstlichen Modellen zu handeln. Flusser rückt die Bedeutung der Werkzeuge, Maschinen und Apparate für die Konstitution des Subjekts in den Mittelpunkt seiner Betrachtungen. Er sieht in den Werkzeugen, den Maschinen und den Apparaten die Möglichkeit, sie so zu gestalten, dass mit ihnen die Gesellschaft und die Lebenswelt in einem telematischen Sinn verändert werden kann. Durch Werkzeuge, Maschinen und Apparate kann Geschichte zu einem beabsichtigten Prozess werden. Der Mensch kann projizierend in Welt sein und dadurch auf die Entwicklung der Gesellschaft und ihre Geschichte Einfluss nehmen.[791] Im Rahmen der flusserschen Argumentation ist das Werkzeug, die Maschine oder auch der Apparat immer der Versuch, die Bodenlosigkeit zu überbrücken beziehungsweise ein Symbolnetz zu spinnen und zu festigen.[792]

Für ein Verständnis der flusserschen Argumentation sind die zwei Begriffe „Arbeit" und „Werk" zu erläutern. Unter Arbeit versteht er das Herstellen und das damit einhergehende Informieren der Welt. Das Resultat dieses Vorgangs kann als Werk bezeichnet werden.[793] Dieses Werk stellt ein informiertes Ding als ein mit Begriffen und Inhalten versehenes Objekt der Lebenswelt dar. Es ist der Vorgang, der einem natürlichen Zustand eine Form mit Hilfe von Werkzeugen aufdrückt und ein informiertes, eben ein in Form gepresstes Objekt, entstehen lässt. Dieser Vorgang lässt sich in zwei Phasen aufteilen: Erstens die Phase, die Flusser als „soft" bezeichnet und in der die Formen ausgearbeitet werden, und zweitens die „harte" Phase des Aufdrückens dieser Formen.[794] In der vormodernen Zeit liegt der Wert zu großen Teilen in dem Werkzeug selbst, das heißt, nicht der

---

789   Vgl. hierzu Blumenberg, H./ Haverkamp, A. 2007
790   Vgl. Flusser, V. 1990e, S. 194
791   Vgl. Flusser, V. XXXXt, S. 1
792   Vgl. Flusser, V. 1993g, S. 297
793   Vgl. Flusser, V. [11]2011, S. 21; Flusser, V. 1991d, S. 1
794   Vgl. Flusser, V. 2003c, S. 211

Inhalt stellt einen Wert dar, sondern das Werkzeug der Erzeugung des Inhalts. Diese Tendenz verändert sich hin zur Nachmoderne durch den Einsatz von Maschinen und Apparaten, die in großer Stückzahl Werkzeuge erstellen können. Der Prototyp eines im weitesten Sinn Werkstücks oder Produkts gewinnt immer mehr an Wert und das Werkzeug selbst verliert an Bedeutung.[795] Durch diese Tendenz gewinnt die Phase des Ausarbeitens der Formen und der Modelle an Relevanz.

Neben den veränderten Codeformen der jeweiligen Epoche können, nach Flusser, an den Fabrikaten die Revolutionen und Umbrüche erkannt werden. Das Fabrikat schlägt immer, so die Argumentation Flussers, auf den Menschen zurück und verändert als Ausdruck eines gewissen Codes das menschliche In-Welt-sein. Zum Beispiel kann der Mensch erst durch die Entdeckung oder die Herstellung des Modells „Schuh" zum Schuster werden. Dadurch entstehen mit Hilfe von Fabriken immer neue Menschen oder Formen des Mensch-seins.[796] Hier zeigt sich die anthropologisch bedeutsame Komponente der Werkzeuge, Maschinen und Apparate. Erst durch die Verbreitung mit Hilfe der Fabriken und heute über massenmediale Strukturen gewinnen Formen ihren Einfluss auf die Menschen. Sie sind umgeben durch maschinell und apparatisch erzeugte Produkte, die die Lebenswelt in der Nachmoderne durchziehen und sie generieren. In einem ersten Schritt ist die Unterscheidung zwischen Werkzeug, Maschine und Apparat darzustellen, um in einem zweiten Schritt den Einfluss dieser drei technischen Produkte auf das menschliche In-Welt-sein zu klären.

Werkzeuge sind für Flusser Möglichkeiten des Herausgegriffen-werdens aus der Welt.[797] Der Werkzeuggebrauch durchbricht die Grenze zwischen Naturvolk und Kulturvolk und entfremdet den Einzelnen von der Welt des Natürlichen, das heißt, der Mensch wird erst durch den Gebrauch von Werkzeugen zum Menschen. Er zieht sich mit Hilfe der Werkzeuge aus der Welt des Natürlichen, aus seinem Status als Wesen der Natur. Durch Werkzeuge gewinnt der Mensch Distanz zu der Natur. Dadurch eröffnet sich zum Beispiel für den Höhlenmaler ein Un-Ort der Reflexion. Erst auf der Grundlage des Prozesses der Distanzierung durch die Zuhilfenahme von Werkzeugen entsteht eine Dialektik des Menschen zu den von ihm aus befragten und mit Begriffen versehenen Objekten. Mit Hilfe von Werkzeugen versuchen die Menschen ihre physiologischen Anlagen zu verbessern oder Mängel zu überwinden und im Zuge dessen, Prozesse des Arbeitens zu optimieren. Flusser unterscheidet nicht zwischen der Harke, die eine Scholle aus dem Acker reißt und dem sprachlichen Begreifen durch Begriffe, welches als Be-

---

795 Vgl. Flusser, V. 1985, S. 61
796 Vgl. Flusser, V. 1997e, S. 165–166
797 Vgl. Flusser, V. 2004, S. 234

nennen und auch als Herausreißen aus der Natürlichkeit bezeichnet wird. Für ihn sind beide Vorgehensweisen von struktureller Gleichheit. Sie greifen etwas Unbefragtes respektive Fragloses aus der Lebenswelt und versehen es mit Bedeutung.

Der Unterschied zwischen dem Werkzeug und der Maschine besteht darin, dass Maschinen aus Prototypen Stereotype erstellen, das heißt, sie werden mit Hilfe der Prototypen informiert und geben diese Inhalte stereotyp weiter. Dadurch verliert das Produkt an Bedeutung und die Form beziehungsweise das damit verbundene Modell gewinnt an Relevanz. Es entstehen im Zuge der industriellen Revolution Maschinen und Apparate, die ausschließlich aus den Wissenschaften hervorgehen.[798] Die Prototypen als Wert beziehungsweise die Maschinen respektive Apparate als Momente der Generierung von Wert gehen im Zuge dessen aus Wissenschaft hervor. Es sind Autorengruppen der wissenschaftlichen Dialoge, die im Baumdiskurs der Wissenschaft Inhalte generieren und an die Masse der Gesellschaft verbreiten.[799] Als klassisches Beispiel dafür ist der Buchdruck zu nennen, bei dem mit Hilfe der Setzkästen die Buchstaben als Inhalte an die Maschine übergeben werden, was sich heute beschleunigt in digitalisierter Form vollzieht. Der Konsum der Inhalte ist durch Stereotype bestimmt und führt zu der vermassten Gesellschaft von Funktionären.[800] Maschinen sind in Abgrenzung zum Apparat Vorrichtungen, die Flusser mit dem Betrügen gleichsetzt. Flusser verwendet die Begrifflichkeit des Betrügens in der Konnotation, dass sich etwas gegen das Natürliche wendet. Am Beispiel des Hebels zeigt er auf, dass dieser zum Betrügen der Schwerkraft genutzt wird.[801] Durch Maschinen wird das Arbeiten zu einem technischen Vorgang.[802] Ein Großteil der Menschen wird von diesen nur als eine Funktion genutzt.[803] Der Mensch wird abhängig von den Maschinen und in der Nachmoderne in besonderem Maß von Apparaten, das heißt sein Ek-sistieren wird von diesen bedingt. Ein absichtsvolles und kritisches In-Welt-sein gegenüber der Maschine ist im übertragenen Sinn mit dem Ausarbeiten von Formen als Prototypen verknüpft.

Im Gegensatz zu den Maschinen leisten Apparate im klassischen Verständnis keine Arbeit mehr. Im Rahmen der flusserschen Auslegungen ist es vielmehr das Ziel der Apparate, die Bedeutung der Welt zu verändern, das heißt, sie sind

---

798   Vgl. Flusser, V. 1993a, S. 47
799   Vgl. Flusser, V. 1993c, S. 73
800   Vgl. Flusser, V. 1995, S. 193
801   Vgl. Flusser, V. 1993i, S. 9
802   Den Moment der Technisierung von Arbeitsprozessen verbindet Baudrillard, ähnlich wie Flusser, mit dem Übergang von einer produktiven Form des Arbeitens hin zu einer reproduktiven, die sich mit einer kreisenden Bewegung verbindet. Das Ziel dieser Arbeitsprozesse ist es, einen Menschen zu reproduzieren, der den (ökonomischen) Modellen der Gesellschaft entspricht. (Vgl. Baudrillard, J. [19]1997, S. 24–37 und S. 102)
803   Vgl. Flusser, V. 1997d, S. 20

für Flusser Momente der Lebenswelt, die auf ihre Veränderung abzielen.[804] Sie sind, wie Flusser an anderer Stelle beschreibt, ein weitgehend immaterielles Werkzeug,[805] eher ein Spielzeug. Der Anwender des Apparats ist als ein *homo ludens* zu sehen, der gegen sein Spielzeug, den Apparat, spielt.[806] Mit den Apparaten verknüpft Flusser das Wachsen und das Schrumpfen. Auf der einen Seite beschreibt er das Wachsen der Apparate, bis sie aus dem Blickfeld verschwinden, das heißt, sie fallen uns auf Grund ihrer Größe nicht mehr auf, möglicherweise kann das Internet als Beispiel dienen. Sie nehmen in diesem Kontext in einer Quantität zu, dass sie für einzelne Menschen kaum noch fassbar sind und hinsichtlich ihrer allumfassenden Größe nicht mehr auffallen und reflektiert werden. Auf der anderen Seite steht das Schrumpfen, dass sich an der viel diskutierten Invasivität[807] und dem damit verbundenen Eindringen technischer Momente in den Leib des Menschen zeigt. Ein Beispiel dafür ist der RFID-Chip, welchen viele Kleidungshersteller zur Informationsspeicherung nutzen. Diese sind sehr kleine Mikrochips, die große Mengen an Informationen speichern können und sie in den gewünschten Momenten auch weiter geben. Der Zugriff und Einfluss auf diese Chips schwindet, da vielen Menschen deren Existenz häufig nicht bewusst ist. In der Moderne entsteht mit der Entwicklung des Fotoapparats eine neue technische Form der Apparate. Es ist eine Form, die eine beidseitige Abhängigkeit zwischen Subjekt und Apparat auslöst. Der Anwender wird zum Funktionär des Apparats, das heißt, er kann nur wollen, was der Apparat will und der Apparat kann nur wollen, was der Anwender will.[808]

Mit Hilfe der Automatisierung und der Beschleunigung der Verbreitung von Objekten wie auch der Inhalte findet eine Entwertung der Objekte statt, die unnützes Zeug, so Flusser, entstehen lässt.[809] Die apparatische Struktur drängt die Menschen in ein Abhängigkeitsverhältnis, das die Masse an Menschen nicht an Entscheidungen teilhaben lässt. Es entsteht eine diskursive Struktur der Kommunikation und der Gesellschaft, die die Macht an wenige Menschen überträgt. Ebenso automatisieren und autonomisieren sich die Sender verstärkt.[810] Diese Tendenz der Automatisierung verknüpft Flusser mit der strukturellen Komplexität, aber auch der funktionellen Einfachheit der Apparate.[811] Auf der einen Seite

---

804 Vgl. Flusser, V. ¹¹2011, S. 23
805 Vgl. Flusser, V. 1990e, S. 7
806 Vgl. Flusser, V. ¹¹2011, S. 25
807 Vgl. hierzu Böhme, G. 2008; Selke, S./ Dittler, U. 2009
808 Vgl. Flusser, V. 1997e, S. 166–168
809 Vgl. Flusser, V. 1998i, S. 120–121; Flusser, V. 1993d, S. 82
810 Vgl. Flusser, V. ¹¹2011, S. 65
811 Vgl. Flusser, V. 1998i, S. 55

wird es auf Grund der strukturellen Komplexität für den einzelnen Menschen immer schwieriger, Zugriff auf die Apparate zu gewinnen und auf der anderen Seite verdeckt die funktionelle Einfachheit diese komplexe Struktur. Für die meisten Anwender wird durch die Einfachheit der Bedienung die Komplexität nicht ersichtlich. Sie bleibt für die Masse unsichtbar und nicht zugänglich. Durch diese Entwicklung verändert sich auch die anthropologische Grundvoraussetzung des Menschen.[812] Technologie erhält in der Nachmoderne die von Irrgang diagnostizierte Art einer neuen Autonomie und ist für den normalen Verbraucher weitgehend unsichtbar.[813] Die im Zuge dieser Entwicklung entstehenden Menschen sind für Flusser „relativ intelligente[n] Sklaven der relativ dummen Maschinen"[814]. Diese gesellschaftliche Struktur ist eine der Vervielfältigung von redundanten Inhalten, geprägt durch Apparate. Von Verlegern bis zu Lehrern können die Menschen nach Flusser durch Vervielfältigungsapparate ersetzt werden.[815]

Die Fotokamera stellt nach Flusser den ersten primitiven Computer dar. Die Computer komputieren und synthetisieren, das heißt, sie zählen, setzen zusammen und zeigen dem Menschen dadurch, welche Möglichkeiten bei der Erstellung von Universen gegeben sind.[816] In einem Interview bezeichnet Flusser die Computer als Zusammensetzungsmaschinen, die den Menschen beim Projizieren unterstützen. Er sieht in und mit den Computern die Option, zukünftig in einer Welt des reinen Denkens leben zu können.[817] Der Computer hat sich in der Auslegung Flussers in Anlehnung an das Zentralnervensystem entwickelt oder ist vielmehr eine Simulation dieses und schlägt im weiteren Verlauf auch wieder auf es zurück. Flusser stellt am Beispiel des Computers dar, dass er in manchen Teilen sogar besser als die menschlichen Zentralnervensysteme funktioniert. Das zeigt, dass andere Systeme wie der PC ganz neue und andere Möglichkeiten der Komputation haben oder ganz andere Komputationen hervorrufen.[818] Flusser geht davon aus, dass der Computer Inhalte hervorbringt. Es ist ein Apparat, der durch Wissen eine machtvolle Position einnimmt.[819] Das Revolutionäre an den künstlichen Intelligenzen ist, dass der Mensch erstmals Prozesse künstlich herstellt, die früher als geistige bezeichnet wurden. Sobald diese allerdings sichtbar werden, gilt es vom Komputieren zu sprechen, da diese Vorgänge sich von Ideologien (theolo-

---

812   Vgl. Flusser, V. XXXXt, S. 3–5
813   Vgl. Irrgang, B. 2009, S. 47
814   Flusser, V. 1993a, S. 48
815   Vgl. Flusser, V. XXXXc, S. 1
816   Vgl. Flusser, V. 1997e, S. 210–212
817   Vgl. Flusser, V./ Sander, K. 1996, S. 38–40
818   Vgl. Flusser, V. 1998h, S. 212–215
819   Vgl. Flusser, V. 1991b, S. 1

gischen, philosophischen, psychologischen,...) befreien.[820] Computer werden zu Apparaten, die Unmögliches realisieren können.[821] Sie erzeugen Sichtbarkeiten künstlicher Dinge und schaffen künstliche Präsenz. Sie werden in virtuelle Realitäten eingebunden und sind in Welt, als wenn sie eine Sache wären.[822] Aus dem Computer treten immer wieder Überraschungen hervor, wie Flusser es nennt, die nach Wiesing erst durch ihn möglich werden. Erst durch eine neue Einbildungskraft des Menschen als Technoimagination sind überraschende und unerwartete Bilder möglich. Dadurch besteht für den Menschen als Einbildner die Möglichkeit, seine Einbildungen in die Lebenswelt zu projizieren.[823]

Die Aufgabe der Wissenschaft muss es mit Flusser sein, die Apparate, die Welt bedeuten, zu analysieren. Sie muss die Struktur des binären Codes und die veränderte Form der Kommunikation, wie auch die apparatische Strukturiertheit der Lebenswelt aufdecken. Damit verknüpft sich eine Suche nach den Sendern, also den Autorengruppen beziehungsweise künstlichen Gedächtnissen und Intelligenzen, die hinter den Apparaten stehen und den von diesen gesendeten Modellen. Die Schwierigkeit dabei liegt an der Verselbstständigung der Apparate. Es sind Effekte, die Flusser mit dem menschlichen Nervensystem vergleicht, welche dadurch nur schwer zu fassen sind. Ähnlich wie Objekte, Flusser verdeutlicht dies am Beispiel der Brücke, rufen auch Apparate Veränderungen im ethischen, politischen wie auch ästhetischen Bereich hervor, die das menschliche In-Welt-sein bedingen.[824]

> „Wir haben diesem Lebensprogramm ein Schnippchen, ja sogar eine ganze Serie von Schnippchen zu schlagen. Wir haben nämlich Methoden und Apparate erfunden, die ähnliches leisten wie das Nervensystem, nur anders."[825]

Mit Flusser ist der Rückschlag der technisch strukturierten Welt durch Werkzeuge, Maschinen und Apparate auf den Menschen zu beachten. Schon der Mensch in der Steinzeit beginnt sich nach der Entdeckung des Messers wie eines zu verhalten. Darunter versteht Flusser, dass der Mensch in ein Abhängigkeitsverhältnis zu dem Messer gerät, das heißt, das Messer bedingt seine Sicht auf Welt und damit ruft es eine Veränderung der Lebenswelt hervor. In der Zeit der einfachen Werkzeuge ist der Mensch die Konstante in der Verbindung, das heißt, er definiert die Arbeitsbedingungen und die Bedeutung der Werkzeuge für den Arbeits-

---

820 Vgl. Flusser, V. XXXXk, S. 5
821 Vgl. Flusser, V. 1986 (gestrichen), S. 5
822 Vgl. Wiesing, L. 2001, S. 197–198
823 Vgl. Wiesing, L. 2005c, S. 118
824 Vgl. Flusser, V. 1990e, S. 86
825 Flusser, V. 1993j, S. 19

prozess. Er tauscht die Werkzeuge nach seinem Bedarf aus, weshalb dem Werkzeug letztlich die Funktion der Variablen zukommt. Eine ähnliche Tendenz erkennt Flusser bei den alpha-numerischen Codes. Sie programmieren das Denken und Handeln des modernen Menschen.[826] Durch die Entwicklung der Maschinen verändert sich das Verhältnis zwischen Mensch und Werkzeug beziehungsweise Maschine. Die Maschine wird zur Konstanten und der Mensch zur Variablen, daraus folgt, dass die Menschen austauschbar werden und im Zuge der industriellen Revolution ersetzbar. Sie entwickeln sich im Verhältnis zur Maschine zu normierten Wesen, zu Objekten. Ihr Subjekt-sein löst sich auf. Am Beispiel der Fabrik zeigt sich diese Veränderung unter anderem an den fest umrissenen Arbeitsplätzen in der industriellen Produktion. Jedem Menschen wird eine genaue Funktionsstelle zugewiesen, die ihn verobjektiviert.[827] Die Werkzeuge, Maschinen und Apparate sind Verhältnisse des Menschen zu seiner Außenwelt. Sie stellen die Möglichkeiten des Menschen dar, Lebenswelt mit dem Versehen von Bedeutung und dem Ein-Ordnen hervorzubringen. Dieses technische Verhalten, welches der Mensch als Funktionär der Maschine in der Moderne ausprägt, bringt einen technischen Willen, einen Funktionärswillen mit sich. Der Mensch denkt nur in Funktion seiner ihm durch Maschinen zugewiesenen Rolle. Den Rückschlag durch Werkzeuge, Maschinen und Apparate erkennt Flusser an diversen Phänomenen, wie zum Beispiel, dass Jugendliche wie Roboter tanzen oder Wissenschaftler wie Computer denken.[828] Ähnliche Entwicklungen zeigt Günzel auf, der die Sportart des Parcours in Verbindung setzt beziehungsweise als Rückschlag von den Jump´n´Run-Games mit dem prominentesten Vertreter Super Mario sieht.[829] Daran lässt sich aufzeigen, wie Modelle – übertragen durch Apparate und Maschinen – sich auf die gesellschaftlichen Prozesse auswirken. Sie schreiben sich leiblich in die Menschen ein und bedingen dadurch ihre Handlungs- und Denkstrukturen. Der Mensch rückt in ein präreflexives Verhältnis zu den Apparaten, das heißt, Prozesse der Sozialisation und des Lernens setzen ihn meist unbewusst zu Apparaten in Beziehung. Dieses Verhältnis zwischen den Apparaten und Menschen in der Nachmoderne analysiert Flusser als ein Programmieren der Menschen durch Apparate.[830] Sie bringen diese in Abhängigkeit zu sich, ohne dass sich große Teile der Gesellschaft dessen bewusst sind. Die Gesellschaft

---

826 Vgl. Flusser, V. 1990a, S. 118
827 Vgl. hierzu Foucault, M. 1977, S. 173–219
828 Vgl. Flusser, V. XXXXt, S. 1
829 Vgl. Günzel, S. 2011, S. 173–174
830 Zu den Formen der Programmierung sei verwiesen auf das Moment der symbolischen Gewalt bei Pierre Bourdieu. Er hinterfragt diesen im Rahmen seiner Studien „Über das Fernsehen". (Vgl. Bourdieu, P. 1998, S. 18–19)

wird durch die Maschinen und Apparate sozialisiert, indem sie das Zusammenleben strukturieren und der menschliche Einfluss auf die Prozesse schwindet.[831]

Eine Leitfrage des flusserschen Arbeitens, die unter anderem auch bei Meyer-Drawe zu finden ist, lautet, inwieweit das durch den Menschen Hergestellte auch für ihn beherrschbar bleibt.[832] Damit verbunden findet sich die Fragestellung, inwieweit der Mensch noch Subjekt sein kann und eben nicht zum stereotypen Objekt wird in einer Welt, in der scheinbar alles apparatisch produziert ist?[833]

Die Nachmoderne zeichnet sich durch ihre Blindheit gegenüber den Apparaten und der apparatisch strukturierten Lebenswelt[834] aus, welche dazu führt, dass die Technobilder nicht verstanden werden können beziehungsweise sich ihre komplexe Struktur hinter einer vordergründigen Einfachheit versteckt. Das Ziel Flussers ist es, auf diese aufmerksam zu werden, um die Nachmoderne mit ihren vermassenden Strukturen zu verstehen und zu hinterfragen beziehungsweise die Möglichkeiten eines reflexiven In-Welt-seins aufzuzeigen. Dabei wird intendiert, die Interessen hinter den Apparaten und die Interessen der wenigen Nicht-Funktionäre aufzudecken.[835] Es gilt auch für Flusser, der Forderung Blumenbergs nachzukommen, die künstliche Realität, die in der Lebenswelt versinkt, zu erkennen, um dadurch die Mechanismen der Regulierung, mit Flusser der Vermassung durch diese, aufzuzeigen.[836] Damit muss Flusser weitergedacht werden, um im Zuge dessen die panoptischen Kontrollmechanismen[837] aufzudecken, die in der nachmodernen Gesellschaft zur Steuerung genutzt werden. Apparate ermöglichen es, die Menschen in einer vernetzten Welt dauerhaft zu überwachen und nur noch relevante Inhalte an den „Aufseher" weiterzuleiten. Dabei ist es zentral, wie es Flusser für den Fotoapparat fordert, diese eben nicht als klassisch-traditionelle Werkzeuge zu verstehen, sondern als ein Organ der Wahrnehmung.[838] Dadurch überschreiten sie den Aspekt der Maschine und haben direkten Einfluss auf die Wahrnehmung und dadurch auch die Ordnung der Lebenswelt. Vielmehr sind Apparate Instrumente, die unsere Wahrnehmung verändern, was nicht erst am Beispiel des „Project Glass", einer Brille des Internetkonzerns Google, aufgezeigt werden kann. Sie projiziert dem Träger Informationen in die Brillengläser und bedingt dadurch die Wahrnehmung der Lebenswelt und wird zur Struktur der Lebenswelt.

831 Vgl. Flusser, V. 1993c, S. 71
832 Vgl. Meyer-Drawe, K. ²1996, S. 80
833 Vgl. hierzu ebd., S. 12–40
834 Vgl. Flusser, V. ⁶2000, S. 8
835 Vgl. Flusser, V. ¹¹2011, S. 66; Fahle, O./ Hanke, M./ Ziemann, A. 2009, S. 15
836 Vgl. Blumenberg, H. 1996, S. 37
837 Vgl. Foucault, M. 1977, S. 251–294
838 Vgl. Flusser, V. 1998i, S. 11

„Google Glass totalisiert die Jägeroptik, die alles ausblendet, was keine Beute, das heißt, keine Information verspricht. Das tiefere Glück der Wahrnehmung des Sehens, aber besteht in deren Effizienzlosigkeit. Es entspringt dem langen Blick, der bei den Dingen verweilt, ohne sie auszubeuten."[839]

Es gilt für Flusser, das Zurückschlagen der Apparate unter anderem durch die verbreiteten Modelle zu bedenken. Der Apparat wird mit Foucault das neue korrektive Panopticon der Nachmoderne.[840] Der Mensch trifft auf einen Apparat, der Objektivität suggeriert, mit Flusser aber nur Intersubjektivität generieren kann. Dieser Prozess der scheinbaren Objektivität der Modelle der Apparate ist als Täuschung wahrzunehmen.[841] Subjektive Interessen der Entwickler, Programmierer und Konzerne steuern die Wahrnehmung der Nutzer. Somit lässt sich an eine Sichtbarmachung die Aufgabe stellen, die Motive hinter den Apparaten aufzudecken. Daran entscheidet sich für Flusser, ob der Mensch zukünftig ein Roboter ist oder eben ein Mensch im Sinne eines Subjekts respektive Projekts sein kann.[842] Es ist die Forderung Heideggers, der versucht die Neutralität der Technik, die Flusser mit dem Terminus objektiv auf Apparate anwendet, zu hinterfragen:

„Am ärgsten sind wir jedoch der Technik ausgeliefert, wenn wir sie als etwas Neutrales betrachten; denn diese Vorstellung, der man heute besonders gern huldigt, macht uns vollends blind gegen das Wesen der Technik."[843]

Die Nachmoderne ist durch Apparate präfiguriert und bringt die Tendenz zur Verdummung und Vermassung mit sich.[844] Es findet zu großen Teilen eine Automatisierung der Entscheidungszentren statt. Die Apparate werden im Zuge dessen allwissend und allmächtig. In den von ihnen projizierten Welten können sie jeden Bereich bestimmen[845], da sie die Zusammensetzung der Punkte in einer quantischen Welt übernehmen. Durch ihre Redundanz eines permanenten Kopierens und Wiederholens nehmen die Apparate einen imperativen Charakter an, indem sie gebündelt immer und überall Inhalte an die Funktionäre verteilen.[846] Zum

---

839 Han, B.-C. 2013, S. 60
840 Vgl. Flusser, V. 1993a, S. 49 - Han betont in Abgrenzung zu der Einschätzung Baudrillards, dass in der Postmoderne eine Kontrollgesellschaft entsteht, die durch ein aperspektivisches Panoptikum gekennzeichnet ist. Dieses unterscheidet sich vom benthamschen Panoptikum, indem es durch Hyperkommunikation Transparenz ermöglicht und nicht durch Isolierung. (Vgl. Han, B.-C. 2012, S. 74–76)
841 Vgl. Flusser, V. 1998i, S. 18
842 Vgl. Flusser, V. 1990e, S. 74
843 Heidegger, M. 1954, S. 13
844 Vgl. Flusser, V. 1990e, S. 171
845 Vgl. Flusser, V. ⁵2002, S. 111; Flusser, V. ¹¹2011, S. 61
846 Vgl. Flusser, V. 1993g, S. 55

Beispiel wird das Fernsehen zu einer Lebensbedingung des Empfängers. Er ist den Apparaten permanent ausgesetzt, da die Botschaft bis ins Private eindringt. Hinter der Wahlfreiheit, sich zum Beispiel zwischen den einzelnen Fernsehsendern entscheiden zu können, verbirgt sich eine tatsächliche Unfreiheit.[847] Das Fernsehprogramm übermittelt Modelle als Vorschriften. Es ersetzt im Anschluss an Bourdieu das Be-Schreiben durch ein Vorschreiben.[848] Ähnlich wie der Knipser ist der Empfänger der Fernsehprogramme ein „Zeuge [...] der Niederlage des Willens"[849]. Es entsteht ein wechselseitiges Doppelverhältnis in dem „[d]er Apparat tut, was der Mensch will"[850], aber der Mensch nur wollen kann, was im Programm des Apparats angelegt ist. Daraus ergeben sich die Chancen sowie die Gefahren einer nachmodernen Lebenswelt. Diese Programmierung vollzieht sich bis in das Konsumverhalten des Einzelnen. Freie Entscheidungen sind in einer nachmodernen programmierten Welt nicht mehr möglich. Der Mensch wird im Extremfall zum Stereotyp der Apparate, die in der radikalen Form die dialogischen Kreise automatisiert haben.[851] Sie dringen in alle Bereiche des Lebens vor, programmieren den Menschen für deren Modelle und versuchen ihn zum Funktionär zu machen, zu einem Funktionär, der nicht mehr dem Selbstzweck dient, sondern den Zwecken des Apparats untergeordnet ist.[852] Die Einbildungskraft wird auf die Apparate abgeschoben. Es ist für Flusser daher ein Ziel, eine neue Form der Technoimagination in der Nachmoderne auszubilden.[853]

> „Unsere Kunst ist wieder ‚katholisch', (kat holos=fuer alle), aber sie ist katholisch in einem makabren Sinn dieses Wortes."[854]

Somit gilt es, sich nach Flusser der Überlistung der Apparate zu widmen, was damit verbunden ist, sich gegenüber den totalen Strukturen der Apparate zu emanzipieren.[855] Es stellt ein Engagement dar, das sich der Integration in Apparate zu entziehen versucht. Diese Möglichkeit sieht Flusser in der Technoimagination, die den Code zu lesen gelernt hat.[856] Erst mit dieser ist ein zweifelndes Betrachten der Optionen des Apparats realisierbar. Nach Flusser bedeutet menschliche Frei-

---

847   Vgl. Flusser, V. 1995, S. 117
848   Vgl. Bourdieu, P. 1998, S. 28
849   Flusser, V. 1998i, S. 128
850   Flusser, V. 2003c, S. 210
851   Vgl. Flusser, V. 1978a, S. 4
852   Vgl. Flusser, V. XXXXa, S. 3
853   Vgl. Flusser, V. 1997e, S. 73
854   Flusser, V. XXXXa, S. 2
855   Vgl. Flusser, V. 1998i, S. 21
856   Vgl. Flusser, V. 1997e, S. 102

heit, gegen den Apparat zu spielen[857] und dabei die emanzipative Wirkung der Apparate als Befreiung von Arbeit zu erkennen.[858] Es ist eine Wendung gegen den schon beschriebenen falschen öffentlichen Raum, der durch die Apparate strukturiert ist.

> „Denn die Sorge um den eigenen Privatraum innerhalb der nachindustriellen Stadt ist gerade nicht die Sorge des viktorianischen Kapitalisten: soviel wie moeglich aus dem oeffentlichen Raum in den privaten zu bringen. Es ist im Gegenteil die Sorge, sich den Apparat, diesen falschen oeffentlichen Raum vom Leib zu halten."[859]

5.4 Der Mensch als stereotyper Konsument der Redundanz

Die Gefahr, die sich für Flusser an die Massengesellschaft anschließt, liegt im autonomen Funktionieren der Sender.[860] Dieses scheint in den neuen Formen der apparatischen Strukturen angelegt zu sein. Daher verfolgt sein Arbeiten das Ziel, eine kritische Haltung einzunehmen, immer in dem Wissen, dass jedes Subjekt dieser Gesellschaft programmiert ist. Somit wird ein Engagement gegen eine „katastrophale Verarmung des Denkens"[861] in Form von stereotypen Modellen durch die Imitation der Apparate respektive der Computer beschrieben. Die Möglichkeit des Engagements sieht er in den neuen Medien angelegt, da sie die dialogischen Kommunikationsstrukturen in sich tragen. Mit Heidegger ist das Meistern-wollen zu verfolgen, je stärker dem Menschen die Herrschaft über die Technik zu entgleiten droht.[862] Hinter Flussers Überlegungen steht die Frage, welche anderen Realisierungsformen noch möglich sind oder, wie Guldin es beschreibt, bewegt sich Flusser weg von der Tendenz der Einsprachigkeit.[863] Konkretes Ziel wird dabei immer sein, die dialogischen Strukturen zu festigen. Dies kommt dem Streben Böhmes gleich, den Einzelnen gegenüber dem Experten zu stärken.[864] Wie schon ausgeführt sind dies keine technischen Probleme, da die technischen Möglichkeiten dafür ungenutzt bleiben. Vielmehr stellt es ein gesellschaftlich-politisches Problem der Realisierung dar.[865] Um die Bedingungen, die Flusser in seinen Ausführungen zur telematischen Gesellschaft

---

857   Vgl. Flusser, V. [11]2011, S. 73
858   Vgl. ebd., S. 26
859   Flusser, V. XXXXw, S. 9
860   Vgl. Flusser, V. [4]2007, S. 229
861   Flusser, V. 1988b, S. 10
862   Vgl. Heidegger, M. 1954, S. 21
863   Vgl. Guldin, R. 2009, S. 148
864   Vgl. Böhme, G. 2008, S. 131
865   Vgl. Michael, J. 2009b, S. 32

ausarbeitet, nachvollziehen und im Anschluss daran über die Möglichkeiten des Aspekts der Bildung in einer nachmodernen Gesellschaft eingehen zu können, gilt es in den folgenden Ausführungen die Vermassung der Gesellschaft aufzuzeigen, das heißt, die Verobjektivierung und Stereotypisierung des Menschen. Diese Gesellschaft produziert unmündige Empfänger für einen ökonomisch bedingten Diskurs. Der Mensch wird zum Empfänger der für Flusser faschistisch gearteten Strukturen und zum konsumierenden Objekt stereotyper, durch den amphitheatralischen Diskurs verbreiteter, Modelle. Die Gesellschaft überführt Überflüssiges in Notwendiges und verbreitet die Modelle des ökonomischen Konsums. Der Konsum ist in seiner Form immer ökonomisch bedingt und bietet den Menschen Redundantes dar, das allerdings als Neues verkauft wird.

Die nachmoderne Gesellschaft trägt in hohem Maße die Tendenz zur Vermassung in sich, da der Diskurs des Amphitheaters Vorstellungen der Subjektivität des Zeitalters der Moderne auflöst. Diese Tendenz führt dazu, dass es eine breite Masse gibt und eine kleine Elite, die die Sender partiell beeinflussen kann. Diese Elite stellt in Verbindung mit den Apparaten die sendende Einheit dar.[866] Sie programmiert mit Hilfe von Modellen die Masse der Menschen. Für Flusser heißt elitär zu sein, dass das Subjekt nicht (nur) durch Massenmedien, sondern auch durch Wissenschaft und Kunst beeinflusst ist.[867] Dadurch wird schon angedeutet, dass selbst die Elite nur in einem kleinen Bereich elitär sein kann oder vielmehr elitär ist durch die Möglichkeiten, Apparate nach Modellen zu programmieren für die sie eine Form der (Techno-)Imagination ausgebildet hat.[868] Durch die gesellschaftlichen Veränderungen findet eine Spaltung statt, die die Masse und eine immer kleinere Elite – der Lesenden und Schreibenden der Nachmoderne – entstehen lässt.[869] Die Masse verwandelt sich in einen Brei, der keine Form der Technoimagination ausgebildet hat, in diesem übertragenen Sinn also nicht lesen kann. Für diesen dialogisch geprägten Diskurs ist die Masse kein Empfänger mehr und er ist dieser auch nicht mehr zugänglich.[870] Dadurch wird das kollektive Gedächtnis des historischen Zeitalters immer weniger durch einzelne Menschen in Form ihrer Verobjektivierung manipulierbar, das heißt, der Zugriff und die Möglichkeiten der Projektion schwinden. Eine Zersplitterung der Kultur wie auch der Wissenschaft in viele Teilgebiete entsteht. Jedes dieser

---

866 Vgl. Flusser, V. 2008, S. 48
867 Vgl. Flusser, V. ⁴2007, S. 329
868 Vgl. ebd., S. 323
869 Vgl. Flusser, V. 1998i, S. 86
870 Vgl. Flusser, V. 1990e, S. 92

Teilgebiete entwickelt seine eigenen Eliten und Spezialisten.[871] Vielleicht kann
diese Entwicklung mit der kantischen Formel einer „selbst verschuldeten Unmündigkeit"[872] als eine Unmündigkeit gegenüber den Apparaten und einer Abhängigkeit von Experten und Eliten bezeichnet werden. Der vermasste Mensch bei
Flusser ist ein unmündiger im Sinne Kants oder mit Platon ein Bewohner der
Höhle. Er dreht seinen Kopf nicht und bedient sich nicht seiner Möglichkeiten,
gegen die selbstverschuldete Unmündigkeit anzugehen.

> „Denn die Motivation zur Veränderung, zum Austritt aus der selbstverschuldeten digitalen Un-
> mündigkeit, wird nicht nur durch »Faulheit und Feigheit« gehemmt, sondern auch weil alles so
> bunt und schön ist in dieser digitalen Welt und sie doch tatsächlich zuweilen so scheint, als
> wäre es die beste, die wir uns wünschen können."[873]

Es entsteht, so Böhme, eine Abhängigkeit der Laien, die ohne Hilfe der Experten, oder mit Flusser der Eliten in der Welt, nicht mehr zurechtkommen.[874]
Diese Eliten können so lange Eliten in ihren kleinen (wissenschaftlichen) dialogischen Kreisen und Netzen bleiben, wie die Masse zu träge und bequem ist,
sich gegen diese zu positionieren[875] und die künstlichen Intelligenzen nicht ihre
Rolle eingenommen haben. Bei Flusser findet sich keine Elite, die als allum-
fassend für die Lebenswelt, in einer fast gottgleichen Stellung sein kann, sondern
eine die in ihrem kleinen dialogischen Bereich eine Form der Technoimagination
ausgebildet hat.

> „Wenn die Propaganda einmal tatsächlich wissenschaftlich wird, in allen ihren Phasen, dann
> sind wir ihr ausgeliefert mit Haut und Haar, um unseren freien Willen ists dann geschehen, wir
> werden zu Robotern."[876]

Der Elite steht die Massengesellschaft[877] gegenüber, die sich durch den Totalitarismus auszeichnet. In diesem sieht Flusser den Tiefpunkt der durch den
neuen Technocode angelegten Möglichkeiten.[878] Dieser wird durch die Wahlfrei-

---

871 Vgl. Flusser, V. 1988b, S. 5
872 Kant, I. 2005a, S. A481
873 Meckel, M. 2013, S. 11
874 Vgl. Böhme, G. 2008, S. 112 und S. 121
875 Vgl. Flusser, V. 1992f, S. 121
876 Flusser, V. 1957, S. 77
877 Die Auflösung der Schrift hat mit Flusser auch die Auflösung der nationalen Kulturen zur Folge.
     Es etabliert sich eine Massenkultur, die eine Vermassung durch redundante Informationen
     impliziert. Damit verbindet er die Auflösung der Schrift mit dem Entstehen der Massenkultur,
     was unter anderem mit dem Verlust des Zurücktretens und des Reflektierens verbunden werden
     kann. (Vgl. Flusser, V. 1987a, S. 3)
878 Vgl. Zepf, I. 2001, S. 166

heit[879] gestützt, die die Unfreiheit des Subjekts verdeckt. Das Subjekt der nach-modernen Gesellschaft erscheint als unmündiger Empfänger der apparatisch aus-gestrahlten und verbreiteten Modelle. Vermassende mediale Formen, die die Technobilder senden, prägen und programmieren das Subjekt. Möglichkeiten der kritischen Stellung zu den apparatischen Sendern schwinden in der Nachmoderne. Mit Hilfe der Medien wird der Rhythmus, wie es Flusser nennt, der Gesellschaft geprägt, wird die Gesellschaft zusammengehalten und gelenkt.[880] Die Bilderflut bedingt die vermasste Gesellschaft. Diese wird an für das Subjekt unerreichbaren Orten erzeugt und entzieht sich der Beeinflussung. Mit Hilfe der Bilder werden die Empfänger gleichgeschaltet. Da Bilder für die Menschen realer wirken, das heißt, den Schein der Wahrheit am besten transportieren, machen sie den Men-schen existentiell von sich abhängig. Existentiell bedeutet in Verbindung mit dem Technobild, dass ein Sich-wenden gegen dieses den Status des gesellschaftlichen Subjekts gänzlich auflösen würde. Somit impliziert ein kritisches Hinterfragen im-mer ein Hinterfragen der existentiellen Bedingungen der eigenen Lebensform.[881]

Im Zentrum der Gesellschaft stehen die Sender in Form der künstlichen Ge-dächtnisse in einem amphitheatralisch strukturierten Diskurs. Von diesen Zentren werden Bündel ausgestrahlt, das heißt Inhalte in redundanter Form zu der ver-objektivierten Masse, die ein dialogisches Feedback verhindern. Es sind, mit Flusser, faschistische Strukturen der Verhinderung der Rückmeldung, die den Zugang zu den Zentren verwehren und bei denen das „Wie" hinterfragt werden muss.[882] Das „Wie" bewirkt die ökonomischen Strukturen und eine ökonomische Gleichschaltung. In dieser Gesellschaft entsteht mit der prognostizierten Unmün-digkeit eine Masse, die kritiklos mit den Technobildern und den ausgestrahlten Modellen umgeht, eine Masse, der Flusser die Verdummung und den schon er-wähnten allgemeinen Infantilismus zuschreibt.[883] Als neue Autoritäten und Autoren

---

879 Freiheit heißt für ihn nicht, wählen zu können, sondern vielmehr aus den kausalen Strukturen der Wahl auszubrechen auf der Suche nach einer neuen Struktur oder Möglichkeit der Ordnung. (Vgl. Flusser, V. 1992g, S. 48–49) Momente der Freiheit lassen sich dabei nur realisieren, wenn sie einem Versuch gleichkommen, sich von Abhängigkeiten zu lösen - da der Mensch in diesen nicht als Subjekt, sondern nur als Objekt in-Welt-ist - um den Raum für Freiheit zu öffnen. (Vgl. Flusser, V. 1997j, S. 189) Um dies zu ermöglichen, gilt es, die technische Durchdrungenheit der Lebenswelt wie auch deren apparatische Programmierung zu erkennen. Eine zweifelnde Position zur Welt spielt für Flusser dabei eine zentrale Rolle. Nur als zweifelnder Beobachter, der sich dem Streben nach einem U-Topos hingibt, beginnt der Menschen zu ek-sistieren und damit auch Subjekt zu sein. Dies kann nur gelingen, wenn die technische Bedingtheit erkannt wird, um daran absichtsvolle Prozesse anzuschließen.
880 Vgl. Flusser, V. ⁴2007, S. 65
881 Vgl. Flusser, V. 1997e, S. 73
882 Vgl. Flusser, V. ⁶2000, S. 77
883 Vgl. Flusser, V. 2004, S. 38–39; Flusser, V. 2008, S. 192

werden eben die Apparate und Sender angesehen, die mit ihren verbreiteten Modellen die ökonomische Gleichschaltung voranbringen. Diese hat das Ziel den Menschen als stereotypes Subjekt zu etablieren, das für die ökonomischen Modelle empfänglich ist. Dieser Mensch lässt sich durch die ökonomischen Modelle für deren Ziele unhinterfragt programmieren. Die Masse will zerstreut werden und nicht dialogisch sammeln. Sie ist bewusstlos glücklich[884] oder befindet sich mit Freud in einem Stadium des Rückfalls in die oral-anale Phase, in der der Mensch Bilder unhinterfragt aufnimmt und, wie Flusser es verdeutlicht, unverdaut wieder ausscheidet.[885]

> „Die Jungen tanzen wie Roboter, die Politiker treffen Entscheidungen nach computerisierten Szenarien, die Wissenschaftler denken digital und die Künstler plotten."[886]

Mit der freudschen Metaphorik beschreibt Flusser die Unreflektiertheit, mit der die Bilder konsumiert werden. Dabei werden die neue Verschlüsselung des Technocodes sowie auch die transportierten Verhaltensmodelle in den Hintergrund gerückt. Diese Entwicklung ist durch die schon angedeutete ethische Neutralität der Wissenschaften mit angelegt. Sie lässt den Menschen zum Objekt werden, zum Objekt der Manipulation. Flusser beschreibt dies als eine neue Form der Barbarei, wenn sich Wissenschaft zur Wertfreiheit und Neutralität hinwendet. Mit Hilfe der Kurven und Statistiken zeigt er diese Hinwendung auf, die den Menschen zu einem Objekt werden lässt, welches nach stereotypen Verhaltensmustern, das heißt, nach statistischen Mustern agiert.[887] Es entstehen Menschen, die nach der Vorgabe beziehungsweise nach den statistischen Ergebnissen handeln.

Ähnlich wie die Wissenschaft trägt die gegenwärtige Kunst zur Vermassung bei. Sie unterstützt die Ent-Politisierung der Gesellschaft.[888] Ein vermeintliches glückliches Leben in der Welt ist bei Flusser in der vermassten Form möglich, ähnlich wie es bei Platon den gefesselten oder bei Kant den Unmündigen ergeht.[889] Die Problematik, die sich für Flusser dabei allerdings ergibt, ist der Verlust eines Modells des Menschen, das im Zeitalter der Moderne mit dem Konzept der Subjektivität und den Begriffen von Freiheit oder Autonomie verknüpft ist. Erst in der Reflexion der Strukturen beginnt für Flusser das Ek-sistieren des Menschen, was allerdings immer mit der Gefahr des Stürzens in die

---

884   Vgl. Flusser, V. [6]2000, S. 72–73
885   Vgl. Flusser, V. 2008, S. 196
886   Flusser, V. 1993a, S. 49
887   Vgl. Flusser, V. XXXXx, S. 10
888   Vgl. Flusser, V. XXXXa, S. 3
889   Vgl. Flusser, V. 1992f, S. 121

Bodenlosigkeit, also dem Verlust seines Mensch-seins verbunden ist. Daran zeigt sich die eksistentielle Fragestellung, die mit der Störung, wie auch der Techno-imagination und Projektion verbunden ist.

Die Massenmedien und die Massenkommunikation sendet Strahlen an beliebige Empfänger, als stereotype Objekte, aus, das heißt, sie können sich ohne Feedback der Empfänger nicht sicher sein, dass sie auf sie treffen.[890] In einer vermassten Gesellschaft muss nicht das einzelne Subjekt angesprochen werden, da die Subjekte stereotyp programmiert sind. Die Sender senden in dem Bewusstsein, auf die für den Empfang bereiten stereotypen Objekte zu treffen. Diese Empfänger haben nicht die Möglichkeit in einem klassisch dialogischen Verständnis zu antworten, indem sie am Entstehen der Information beteiligt werden.[891] Sie leben in ihren privaten Räumen und sind dabei geprägt durch die faschistischen Netze der Ausstrahlung.[892] Weiterhin wird das Feedback der Empfänger durch die Sender nur zur verbesserten Übertragung der häufig ökonomisch geprägten Verhaltensmodelle genutzt. Somit dient das mögliche Feedback der Verbesserung der Apparate und im übersetzten Verständnis dem Marketing und der Marktforschung ökonomischer Diskurse.[893] Es sind diskursive mediale Übertragungsformen, die im dialogischen Verständnis nur in eine Richtung wirken. Sie werden faschistisch von den Sendern ausgestrahlt.[894] Somit strahlen die Sender Imperative aus, die von den Empfängern allerdings als befreiend erlebt werden, da sie in ihre Programmierung und ihre Lebenswelt unhinterfragt passen. Es handelt sich um weitgehend autonome Sender in Form von künstlichen Gedächtnissen und Intelligenzen, denen sich der Einzelne nur selten bewusst wird.[895] Sender und deren Modelle, die durch das „Man"[896] konstruiert werden, bleiben für das vermasste Subjekt undurchsichtig und meist unzugänglich. Sie verstecken sich hinter einer oberflächlichen Einfachheit. Somit kann mit Guido Bröckling von einem Zurückgeworfensein in die platonische Höhle gesprochen werden, einem Leben in einer durch Schatten von Gegenständen strukturierten Welt.[897] Ähnliche Auslegungen finden sich auch primär bei Flusser, der von einem ökonomischen Leben als Sklave spricht, welches die Subjekte zu Idioten degradiert.

---

890   Vgl. Flusser, V. ⁴2007, S. 179
891   Vgl. Flusser, V. 2008, S. 47
892   Vgl. Flusser, V. 1998d, S. 2
893   Vgl. Flusser, V. 1990e, S. 93
894   Vgl. Hanke, M. 2009, S. 46–47
895   Vgl. Flusser, V. ⁴2007, S. 66–67
896   Vergleiche zu der Bedeutung des „Mans" Heidegger, M. ¹⁵1979, S. 126–130
897   Vgl. Bröckling, G. 2012, S. 153 und S. 163

Massenmedien werden nur noch dazu genutzt, Gebrauchsanweisungen des ökonomischen Denkens in die metaphorische Höhle Platons zu senden.[898]

Es findet sich bei Flusser immer wieder der Verweis, dass in der Nachmoderne ein gesellschaftlicher Raum entstanden ist, in welchem viel dummes Zeug produziert wird. Dazu werden in einer Quantität, die vorher noch nie dagewesen ist, Intelligenz und Finanzmittel genutzt.[899] Dies geschieht einerseits, da die Masse keine Programmierer sind und andererseits, da ihnen der Wille fehlt, das heißt, sie unmündige stereotype Objekte sind. Ihnen fehlt weitgehend die Fähigkeit zur Technoimagination und „Projektion". Dadurch entsteht eine Gesellschaft, die ausschlaggebend durch die massenmedialen Strukturen geprägt ist.[900] Am Beispiel der Rumänischen Revolution fasst Flusser die Beeinflussung durch Medien in einer nachmodernen Gesellschaft zusammen:

> „Rumänien ist keine Republik, sondern eine auf Ausstrahlung reagierende Masse, und dasselbe wird zunehmend für alle mediengesteuerten Situationen gelten."[901]

Diese Gesellschaft stellt sich als eine vermasste Gesellschaft aus stereotypen Objekten dar. Sie werden durch Maschinen und Apparate, den amphitheatralischen Sendern, verobjektiviert und zu Stereotypen.[902] Mit Hilfe des Technocodes und der Kombination mit dem Diskurs des Amphitheaters findet eine Stereotypisierung der Gesellschaft statt, die zu einer Vermassung führt. Diese Entwicklung ist geprägt von redundanten Inhalten, die im Anschluss an Blumenberg als „unreflektierte Wiederholbarkeit"[903] bezeichnet werden.

> „Alles wird stereotypisiert werden und zwar bis zu einem technisch so hohem Perfektionsgrad, daß jeder Versuch, unter Stereotypen zu unterscheiden, heißt: im bürgerlichen Sinn zu werten, Unsinn wird."[904]

Durch die Einschreibung der Modelle in die einzelnen Subjekte wird der Mensch in der Massenkultur zum Stereotyp programmiert. Dies geschieht mit Hilfe amphitheatralischer Diskurse.[905] Die Metaphern des Abfalls und die Unfähigkeit des Verdauens sind immer wieder ein zentrales Thema, das Flusser mit der Massengesellschaft in Verbindung bringt. Die Unfähigkeit des Verdauens kann

---

898 Vgl. Flusser, V. XXXXj, S. 1
899 Vgl. Flusser, V. XXXXa, S. 3
900 Vgl. Flusser, V. ⁴2007, S. 227–228.
901 Flusser, V. 1997k, S. 208
902 Vgl. Flusser, V. 1997d, S. 64
903 Blumenberg, H. 1996, S. 42
904 Flusser, V. 1985, S. 62
905 Vgl. Flusser, V. ⁴2007, S. 223

mit der schon angerissenen Unfähigkeit des Reflektierens gleichgesetzt werden. Diese Tatsache führt dazu, dass der Mensch immer wieder dasselbe konsumieren kann, ohne dadurch irritiert zu sein.[906] Es ist ein postmodernes Kulturmodell, ein Modell, das sich aus einem Gemenge an Kultur und Abfall auszeichnet.[907] Aus dem Abfall produziert der nachmoderne Mensch Kitsch. Es sind für Flusser aus Gegenwärtigem und Vergangenem zusammengefügte Objekte, die er als Absage an das Gespräch bezeichnet. Dahinter steht, dass sie Produkte imperativer Diskurse und nicht dialogischer sind.[908] Damit in Verbindung steht der Versuch des Westens, Überflüssiges in Notwendiges zu verwandeln, um, so Flusser, erneut Überflüssiges zu erzeugen.[909] Es ist die Herstellung von dummem Zeug[910], welches die Menschen programmiert und abhängig macht. Hinter dieser Entwicklung steht der von Böhme dargestellte Drang der Wirtschaft, immer neue Bedürfnisse zu schaffen. Die lustige Technik, welcher Böhme nur eine historisch gesehen marginale Rolle zuschreibt, rückt in den Mittelpunkt des nachmodernen ökonomischen Interesses.[911] Die Masse will ausschließlich konsumieren. Sie befindet sich nicht auf der Suche nach Vernetzung oder dialogischen Strukturen, sondern nur nach Konsum[912] und Sensation, die durch die Apparate geboten werden.[913]

Die Medien erzeugen Zentren, von denen sie mit Hilfe des Fernsehens, Kinos und auch des Internets Bündel ausstrahlen. Es sind zentrale Sender, die in der Nachmoderne entstehen. Sie sind für die Masse nicht mehr zugänglich und automatisieren sich nach Flusser zunehmend. Es entstehen subjektlose künstliche Gedächtnisse und Intelligenzen.

„Die Entscheidungen, die im Fernsehen getroffen werden, sind gewissermaßen subjektlos."[914]

Ewig wiederholbare Projektionen[915] zeichnen sich durch Redundanz aus und werden an die nachmoderne Gesellschaft verbreitet. Mit Hilfe des Empfängers und der Kanäle des Feedbacks werden die Projektionen – im Verständnis einer besseren Programmierung der Menschen – (ökonomisch) optimiert. Im weiteren

---

906 Vgl. Flusser, V. 1990e, S. 129–130
907 Vgl. Flusser, V. 1995, S. 14
908 Vgl. ebd., S. 21
909 Vgl. Flusser, V. 1990e, S. 37
910 Vgl. ebd., S. 139
911 Vgl. Böhme, G. 2008, S. 52–53
912 Zum Verhältnis zwischen Konsum und Arbeit siehe unter anderem Liessmann, K. P. 2010, S. 11–23
913 Vgl. Flusser, V. 1990e, S. 138
914 Bourdieu, P. 1998, S. 33
915 Vgl. Flusser, V. ⁶2000, S. 65

Verlauf werden diese Tendenzen an verschiedenen Übertragungsstrukturen der Technobilder dargestellt. Kinos, Platten und Fotografien senden nach Flusser den „süßen Schleim"[916] an die Gesellschaft.

Bei der Fotografie geht Flusser davon aus, dass mit Hilfe der Werbung die Menschen zum Kauf der Apparate programmiert werden und diese mit Hilfe des Feedbacks immer besser auf den Käufer, das vermasste Subjekt, passen. Es entsteht eine Fotomanie, so Flusser, die auf der permanenten Suche nach Redundanz ist und die durch die Figur des Knipsers repräsentiert wird. Es entsteht ein Verhältnis der Abhängigkeit des Einzelnen von dem Apparat, geradewegs ein Verhältnis das der Abhängigkeit von Drogen gleicht.[917] Der Knipser selbst ist schon durch die durch vermassende Kanäle distribuierten, Fotografien programmiert. Er produziert mit Hilfe des Apparats stereotyp redundante Objekte, die die Massenkultur festigen.[918]

Neben den Fotografien trägt das Kino zur Vermassung der Gesellschaft bei. Es verwandelt den Menschen in Sachen, so Flusser, also zu einem Stereotyp. An diese werden lediglich Variationen des immer Gleichen in Form von Filmen weitergegeben.[919] Flusser beschreibt das Kino als Pseudo-Theater, da nicht, wie im klassischen Theater, jeder zum Sender werden kann. Ebenso ist das Wenden des Kopfes, im Anschluss an Platon, nicht vorgesehen und findet nur bei einem nicht funktionierenden Apparat statt, wenn der Projektor und die Übertragung des Bildes aussetzt.[920] Das Kino programmiert den Menschen, wie die Fotografien, nach (ökonomischen) Modellen zu handeln. Auf den Apparat wird wie beim Fotografieren nicht reflektiert. Die Apparate versuchen immer das Drehen der Köpfe, also die Reflexion auf sie, zu verhindern, durch eine immer weniger fehleranfällige Technik.[921] Dadurch versuchen sie unbemerkt für den Anwender in den Hintergrund zu rücken.

Im Gegensatz zum Kino dringt das Fernsehen bis in den privaten Raum vor. Die Verhaltensmodelle werden direkt in Form von Technobildern in den Privatraum projiziert und lösen diesen auf. Es besteht keine Wahl mehr, diesen zu entkommen, sondern nur eine Wahlfreiheit im Umschalten, also eine Auswahl aus gleichen, vermassenden, redundanten Programmen.[922] Über das Feedback gibt der Mensch vielmehr noch Auskunft über die Wahl und verbessert die redundanten Formen. Am Übergang zur Nachmoderne wird durch das Fernsehen eine fiktive Welt vorgestellt, die Verhaltensmodelle darstellt, die in den Zeiten von Web 2.0

---

916 Flusser, V. 1957, S. 77
917 Vgl. Flusser, V. 1998i, S. 55
918 Vgl. Flusser, V. 2001a, S. 17
919 Vgl. Flusser, V. 1990e, S. 97–99.
920 Vgl. Flusser, V. 1997d, S. 120
921 Vgl. Flusser, V. 1997e, S. 97–99.
922 Vgl. Flusser, V. 1993g, S. 54–55

beziehungsweise Web 3.0 durch Communities wie Facebook bedingt sind. Es entsteht in der Nachmoderne, bedingt durch Facebook, eine „Like-Diktatur"[923] und eine netzartig dialogische Struktur wird zu großen Teilen trotz der technischen Möglichkeiten verhindert.[924] Es wird verhindert, dass jeder zum Sender werden kann.

> „Viele Online-Aktivitäten finden nicht mehr im offenen virtuellen Raum, auf der »virtuellen Allmende« statt. Es sind vielmehr die Gärtner der hübsch umzäunten und streng kuratierten Schrebergärtchen im Netz, wie sie Apple oder Amazon angelegt haben, die für uns den Zugang zu Informationen organisieren. Sie locken uns Nutzer als verträumte Kinder der Sonne 2.0 aus dem einst offenen und freien Netz in ein virtuelles Disneyland."[925]

In Ergänzung zu den Möglichkeiten der Verbreitung sieht Flusser in den Supermärkten die Folge der Technobilder. Diese erwecken für ihn den Anschein eines öffentlichen Raums, das heißt, eines Raums der dialogische Strukturen ermöglicht. Es hat den Schein eines Raums, in dem für Flusser dialogisch über Produkte in Form eines Marktplatzes verhandelt wird. Hinter dem Schein verbirgt sich allerdings die Tatsache, dass in diesen Räumen die Empfänger der Technobilder zum Konsum gezwungen werden.[926]

> „wenn alle Informationen provisorisch sind, und zwar desto kurzlebiger, je schneller ihre Erzeugung vor sich geht, wenn also im wissenschaftlichen Diskurs die Methode konstant ist und das Wissen variabel, schlaegt dann nicht sozusagen hinterruecks die ganze Baumstruktur um, und wird sie nicht wieder zur ‚Pyramide', ohne dass wir es merken? Mit anderen Worten: wird dann nicht ‚Fortschritt' wieder eine ‚Tradition' wird dann nicht ‚Methode' wieder eine ‚Religion', und werden dann nicht die Kreisdialoge um speziell gebaute runde Tische herum wieder Autoritaeten?"[927]

Zusammenfassend gilt es zu beachten, dass Flusser dem Zeitalter der Nachmoderne eine breite durch ökonomische Modelle vermasste Bevölkerung zu Grunde legt. Diese zeichnet sich weitgehend durch Kritiklosigkeit in Verbindung mit dem Moment der mangelnden Reflexion aus. Es entstehen stereotype Funktionäre, die als Empfänger vermassender Modelle erscheinen. Die Gesellschaft zeichnet sich durch den Konsum des immer Gleichen aus. Diese redundante, vermassende Struktur gilt es für Flusser aufzulösen, um weiterhin Subjekt sein zu können, das die vorgegebenen Modelle überschreitet. In dieser Überschreitung der Modelle und Ordnung liegen Möglichkeiten einer nachmodernen oder auch telematischen Form von Bildung.

---

923 Meckel, M. 2013, S. 37
924 Vgl. Flusser, V. 1997e, S. 109–110
925 Meckel, M. 2013, S. 13
926 Vgl. Flusser, V. 1990e, S. 96
927 Flusser, V. 1978a, S. 5

5.5 Programmierte Funktionäre

Funktionäre und Programmierer bilden in einem nachmodernen Verständnis die Unterscheidung, die in der griechischen Antike zwischen den Sklaven und den Philosophen besteht. Der Unterschied zur griechischen Antike liegt darin, dass die neuen Eliten der im weiten Sinn verstandenen Programmierer nur in einem kleinen Bereich der Gesellschaft elitär sind. Um mit Flusser das Ziel zu verfolgen, welches sich gegen eine Programmierung der Gesellschaft wendet, gilt es auf die programmierten Abhängigkeiten der Nachmoderne zu blicken. Der Mensch wird in diesem Kontext Funktionär im Verständnis eines funktionierenden Stereotyps der Apparate. Um sich gegen ökonomisch programmierte Wahlfreiheiten zu wenden und im Anschluss daran nach den Möglichkeiten des Reflektierens respektive nach denen der Bildung zu fragen, sind die Rollen des Funktionärs, als einem der die Wahlfreiheit nicht überschreiten kann, zu befragen. Danach erscheint es bedeutsam, einen Blick auf die nachmodernen Eliten zu werfen, um Ansatzpunkte für eine telematische Gesellschaft und eine Ausweitung der elitären Lebensformen in den Blick zu nehmen, die mit einem Nicht-wählen-müssen verknüpft sind.

> „Wer sich annimmt und akzeptiert [...] funktioniert nur in Funktion seiner Bedingungen".[928]

Wie schon an einigen Stellen angedeutet, wird das Subjekt, sobald es programmiert ist, zum Funktionär. Diese Programmierung findet in der Nachmoderne mit Hilfe des binären Codes statt. Im Zeitalter der Schrift wird das Subjekt durch den linear-alphabetischen Code programmiert. Um ein Empfänger dieser Programmierung zu sein, muss der Mensch die Schrift lesen können und sich zu dem Lesen dieser entscheiden. Dies verändert sich in der Nachmoderne durch die allgegenwärtigen Technobilder. Die stereotypen Objekte der Nachmoderne können sich diesen Bildern nicht verschließen. Die Allgegenwärtigkeit führt zu einer Programmierung der ganzen Gesellschaft[929], ohne dass der Mensch sich entziehen kann.

> „Die Ab- und Nach-schrift wird im Raum des Neuen Mediums definitiv abgelöst durch die *Vor-schrift* (wörtl. Übersetzung von Programm), nämlich das Computerprogramm, das – als Steuerungsprogramm implementiert – maschinell ausführbar ist."[930]

Kann der Mensch sich in der Moderne dem alphanumerischen Code durch eine Verweigerung des Lesens entziehen, ist dies in der Nachmoderne und dem damit

---

928 Flusser, V. 1975, S. 1
929 Vgl. Flusser, V. ⁴2007, S. 67–68
930 Sesink, W. 2008a, S. 28

verbundenen Technocode nicht mehr möglich. Dadurch hat er nicht wie der alpha-numerisch geprägte Mensch die Möglichkeit, sich für oder gegen das Lesen zu ent-scheiden. Somit kann Flussers Werk als eine Suche nach Wegen gesehen werden, sich den Technobildern und dem dahinterstehenden Technocode zu entziehen. Der Mensch wird so programmiert, dass er die Künstlichkeit des Technocodes in der Nachmoderne vergisst. Er ist gefangen in der ihn umgebenden Bilderwelt.[931] Der Funktionär hinterfragt Codes und die dadurch entstehenden Apparate nicht.

Der Funktionär steht vor diesem Hintergrund in einer programmierten Ab-hängigkeit zu den Apparaten, die ihn durch das nicht Hinterfragen zum Funk-tionär der Apparate wie auch der Programmierer werden lässt. Eine Grundthese Flussers lautet, dass die Erfindungen immer auf den Menschen zurückschlagen und in Folge dessen die Stellung des Subjekts zu der Lebenswelt verändern.[932] Ziel ist es, dass der Anwender das will, was im Apparat als Programm angelegt ist, und dass der Apparat im Sinne des Anwenders funktioniert. Ist dies deckungs-gleich, das heißt, sind die Absichten des Fotografen und der Apparate gleich, verschmelzen beide zu einer wechselseitigen Abhängigkeit. In der Nachmoderne hat die Gesellschaft nach Flusser die Apparate „bereits im Bauch"[933]. Es ist eine körperliche beziehungsweise leibliche präreflexive Einschreibung der apparati-schen Funktionen und der Programme, die in Form von Verhaltensmodellen mit Hilfe des Technocodes übermittelt werden. In der Nachmoderne wird der Mensch zum „Attribut des Apparats"[934], indem eine, wie Böhme es ausdrückt, strukturelle Gewalt durch die Zwänge des technischen Apparats entsteht.[935] Das Subjekt be-gibt sich in eine unbewusste Abhängigkeit, die aus der Unreflektiertheit wie auch aus der Nicht-Lesbarkeit des Technocodes entsteht.

In der Nachmoderne steht der Funktionär in einer verantwortungslosen Stel-lung gegenüber den Apparaten und den Diskursen, die die Apparate program-mieren.[936] Im Kontext dessen gerät die Subjekt-Objekt-Relation ins Wanken und die moderne Subjektivität beginnt sich aufzulösen.[937] Hinter den Programmie-rungen der Apparate befinden sich nach Flusser Programme der Industrie, wie zum Beispiel die des sozio-ökonomischen Apparats, die meist unreflektiert und unbewusst empfangen werden.[938] Die Apparate strukturieren durch ihren Auf-

---

931 Vgl. Flusser, V. [4]2007, S. 117
932 Vgl. Flusser, V. 2004, S. 251; Flusser, V. 2008, S. 94
933 Flusser, V. 1997e, S. 71
934 Flusser, V. 1997d, S. 27
935 Vgl. Böhme, G. 2008, S. 90
936 Vgl. Flusser, V. [4]2007, S. 22
937 Vgl. Flusser, V. 1989b, S. 1
938 Vgl. Flusser, V. [11]2011, S. 28

forderungscharakter, das Leben der Funktionäre. Am Beispiel des Wartens zum Beispiel als ein Warten, dass die Maschine ein Produktteil fertigstellt, zeigt Flusser auf, dass dies nur ein Verfügen der Apparate über den Menschen ist.[939] Die Apparate programmieren die Gesellschaft hinsichtlich der von ihnen vorgegebenen Möglichkeiten und der von ihnen vorgegebenen Strukturen.[940] Zusammenfassend kann dabei festgehalten werden, dass derjenige, der den Zahlencode beherrscht, die Möglichkeit hat, alternative Welten zu komputieren. Diese Fähigkeit setzt Flusser an einigen Stellen mit einer Allmacht in dem Verständnis einer Utopie gleich. Sie stellt in der negativ dialektischen Methode Flussers das Gegenüber zum Menschen als stereotyp programmiertem Objekt dar. Bei den Vorstellungen zu Allmacht beziehungsweise zu einem Schöpfer muss allerdings mit einbezogen werden, dass Flusser einerseits immer auf die Kontingenz dieser Welt eingeht. Auf der anderen Seite ist auf die Bedeutung des Spiels[941] in seinen Überlegungen zu verweisen.[942]

> „Nach dieser entmythisierenden Frage erscheint die Welt nicht mehr als wunderbare Schöpfung, sondern als einer unter sehr zahlreichen, aber nicht unendlich zahlreichen, möglichen Zufallswürfen. Der Göttliche Schöpfer erscheint dann nicht mehr als »nötige« und auch nicht mehr als »unnötige« Hypothese, sondern als eine vom Würfelspiel Welt widerlegte."[943]

Flusser geht davon aus, dass die Apparate den Menschen bis auf die Gesten, das heißt die Bewegungsabläufe, die durch Maschinen und Apparate vorgegeben sind, programmieren. Beispiele finden sich in der postmedialen Gesellschaft unter anderem bei den Smartphones, die die Gesten des In-Welt-seins verändern, indem zum Beispiel die Geste des Wischens, wie schon angedeutet, ganz neue Bedeutungselemente und eine veränderte lebensweltliche Relevanz erfährt.[944]

Weiterhin soll der Blick auf den Programmierer beziehungsweise Techniker geworfen werden, der die Apparate programmiert und dadurch Verhaltensmodelle an die Gesellschaft überträgt. Die Programmierer[945] haben, im Gegensatz zu der breiten Masse, den neuen Code erlernt.[946] Sie beherrschen das programmierte Spiel und nutzen die Funktionäre als Spielsteine.[947] Dadurch, dass sie den neuen Code

---

939 Vgl. Flusser, V. 1990e, S. 135–137
940 Vgl. Flusser, V. 1995, S. 95
941 Zur Bedeutung des Spielbegriffs für eine telematische Gesellschaft sei auf Kapitel 6.1 verwiesen.
942 Vgl. Flusser, V. ⁶2000, S. 95–96
943 Ebd., S. 97
944 Vgl. Flusser, V. ¹¹2011, S. 64
945 Der Programmierer hat möglicherweise eine Nähe zu der benjaminischen Vorstellung des Cutters, der die Möglichkeit hat, Aufnahmen zu komponieren. (Vgl. Benjamin, W. ¹²1981, S. 24)
946 Vgl. Flusser, V. ⁵2002, S. 56
947 Vgl. Flusser, V. 1990e, S. 121

erlernt haben, sind die neuen Autoritäten die Programmierer, die die Stellung der Priester eines mittelalterlichen Weltbilds übernehmen.[948] Sie verteilen durch programmierte Bilder Vorschriften und übernehmen die Rolle des Wahrsprechens. Damit schreiben sie die Modelle des nachmodernen Lebens mit Hilfe der Programme vor und stecken das Feld der Wahlfreiheiten ab. Die Programmierer sind die neuen Eliten der Nachmoderne, da sie den Code decodieren wie auch codieren[949], das heißt imaginieren und projizieren können. Sie haben die Macht, Modelle als Vor-Schriften zu verteilen. Durch diese Entwicklung sieht Flusser Tendenzen für den Übergang hin zu einer Technokratie.[950]

> „Diese platonische Utopie ist seit der Kommunikationsrevolution nicht mehr utopisch. Die Softwarespezialisten, Designer, und ähnliche Programmierer drehen den Erscheinungen den Rücken und ersehen theoretisch die reinen Formen, (zum Beispiel Algorithmen). Und was in ihren Computerterminalen aufleuchtet, ist die reine, immaterielle Schuhform."[951]

Allerdings sind auch die Programmierer nicht außerhalb des Funktionär-seins. Sie sind gleichermaßen in den Bereichen außerhalb ihres Spezialgebiets, also ihrer dialogischen Kreise, in verschiedenen Funktionärsrollen gefangen.[952] In den Bereichen, in denen sie Informationen besitzen, haben sie die Möglichkeit zu programmieren und Macht über die Funktionäre als Masse auszuüben.[953] Die Begriffe Macht wie auch Befehl verschwimmen immer stärker mit dem Begriff der Programmierung. Diese Entwicklung führt zu einer Ent-politisierung.[954] Die Verbindung zwischen Macht und Besitz verschiebt sich auf den Bereich der Information. Diese Verbindung, die Michel Foucault unter anderem in seinem Werk „Überwachen und Strafen" herausarbeitet, wird von Gilles Deleuze[955] oder auch dem Soziologen Ulrich Bröckling[956] in der deutschen Diskussion weitergeführt. In dem Kontext ist nicht mehr der Funktionär des Apparats, zum Beispiel der Fotokamera, der Produzent der Bilder, sondern der Techniker oder Programmierer der Kamera. Die entstehenden Fotografien könnten auch die Kameras in einem automatischen Modus erstellen, was durch die hohe Geschwindigkeit der Apparate kaum zeitliche Unterschiede zu den von Menschen erstellten ergeben würde.[957]

---

948 Vgl. Flusser, V. 1990d, S. 2; Flusser, V. XXXXe, S. 6; Flusser, V. 1993c, S. 75
949 Vgl. Flusser, V. XXXXe, S. 5; Flusser, V. XXXXv, S. 100
950 Vgl. Flusser, V. 1992f, S. 120
951 Flusser, V. XXXXo, S. 2
952 Vgl. Flusser, V. 1990e, S. 79
953 Vgl. Flusser, V. 1993d, S. 83
954 Vgl. Flusser, V. 1992f, S. 119
955 Vgl. hierzu Deleuze, G. 1993
956 Vgl. hierzu Bröckling, U. 2007
957 Vgl. Flusser, V. 1997e, S. 78

Die Gesellschaft entsteht aus den programmierten Modellen, die sich unter anderem in Apparaten wie der Fotokamera oder des Computers befinden.[958] Es entsteht im Kontext des Programmierers eine neue Elite der Technocodes in speziellen Bereichen. Diese sind nur innerhalb dieser eng abgegrenzten Bereiche der Spezialcodes elitär.[959] Kurzum die Macht der nachindustriellen Objekte und des Technobildes liegt in der Information. Will der Mensch Veränderungen in der nachmodernen, nachgeschichtlichen Welt erwirken, gilt es sich mit den neuen Codes, deren Apparaten und Produkten auseinanderzusetzen.[960] Die Gesellschaft wird durch ein Konstrukt aus Apparaten und Menschen programmiert, das Flusser als ein gigantisches Relais bezeichnet. Daher ist nicht mehr die eine Autorität auszumachen, die in der Nachmoderne die Macht über die programmierenden Tätigkeiten hat.[961]

Im Gegensatz zum Programmierer spielen Funktionäre „ein Spiel, für das sie nicht kompetent sind."[962] Der Funktionär ist sich seiner Rolle nicht bewusst. Die Codestruktur wie auch die Mechanismen, welche durch Apparate hervorgerufen werden, sind für ihn nicht durchsichtig. Er wird zum Funktionär der Apparate. Dadurch steht er in einem permanenten Bedrängnis, durch die Apparate den Zwecken der Modelle zu dienen und innerhalb dieser zu funktionieren.[963] Der Funktionär lässt sich in diesem Zusammenhang mit dem Leibeigenen vergleichen.[964] Dieser funktioniert im Sinne des Apparats und ist in dem Kontext kein Mensch mehr, sondern eine Funktionsstelle der Gesellschaft. Das Funktionieren wird zum Lebensziel der Nachmoderne.[965]

Am Beispiel der Ausreise zeigt Flusser auf, dass der Mensch nicht mehr Mensch, sondern gleichsam nur noch „Reisepass" ist.[966] Der Ausreisende steht in diesem Moment nicht als Subjekt, sondern nur als Objekt, das einen Reisepass hat, im Mittelpunkt. Daran zeigt sich die Einordnung des Menschen in Funktionen und stereotype Kategorien. Für den Zöllner sind sie keine Subjekte, die zu ihm in einem möglicherweise dialogischen Verhältnis stehen, sondern stereotype Objekte, die eine Funktion innehaben. Das moderne Subjekt wird zu einer nachmodernen Funktion als stereotypes Objekt.[967]

---

958   Vgl. Flusser, V. 1995, S. 51
959   Vgl. Flusser, V. ⁴2007, S. 63–64
960   Vgl. Flusser, V. ⁶2000, S. 70
961   Vgl. Flusser, V. ⁴2007, S. 152
962   Flusser, V. 1998i, S. 57
963   Vgl. Flusser, V. XXXXa, S. 3; Flusser, V. 1997j, S. 192
964   Vgl. Flusser, V. 1990e, S. 78
965   Vgl. Flusser, V. XXXXa, S. 2
966   Vgl. Flusser, V. 1990e, S. 77
967   Vgl. Flusser, V. 1997d, S. 24

Technische Bilder setzen den Menschen in ein Abhängigkeitsverhältnis. Sie programmieren ihn und drängen ihn zum Beispiel zum Knipsen oder Einschalten des Fernsehgeräts.[968] Es entsteht ein „Apparat-Totalismus"[969]. In diesen Strukturen ist es keineswegs angelegt, dass jeder zum Empfänger wird. Eine Veränderung sieht Flusser nur in der Anwendung der in der Codestruktur vorhandenen, aber nicht genutzten Möglichkeiten. Diese erkennt er in einer netzartigen dialogischen Struktur der Kommunikation.[970] In dieser Form der Gesellschaft löst die Kontrolle den Besitz als Wert ab.[971] Der Mensch als Funktionär beherrscht die Apparate nur durch eine Kontrolle an der Außenseite. Die Apparate sind für ihn eine Black Box, die ihm vollkommen undurchsichtig bleibt.[972] Er bewegt sich in einer programmierten Freiheit, in einer programmierten Wahlfreiheit. Diese Freiheit ist im Apparat und im Programm angelegt.[973] Daher sieht Flusser sie als Unfreiheit an, welche mit Hilfe der Apparate verschleiert wird.

In der apparatischen Gegenwart wird der Funktionär zum Stereotyp einer Maschine oder eines Apparats. Die Menschen erzeugen zwar Prototypen, die allerdings durch Maschinen und Programme als Stereotypen konsumiert werden.[974] Es ist keine intersubjektive, dialogische Form der Kommunikation, sondern eine imperative Struktur. Die medialen Übertragungsformen werden in der Nachmoderne bequem und mit dem mobilen Internet überall empfangbar. Jeder wird zum Anwender und Funktionär vollkommen undurchsichtiger technischer Realisierungen.[975]

Vieles ist nur noch darauf ausgerichtet in den neuen Bildern zu erscheinen und festgehalten zu werden. Diese Tendenz scheint sich in einer postmedialen Welt, die durch die Invasivität der medialen Formen gekennzeichnet ist, zu verstärken. Schon in der Schule wird den heranwachsenden Funktionären das Lesen von Gebrauchsanweisungen gelehrt[976] und mit Hilfe von Vergleichsstudien wie Pisa überprüft oder im flusserschen Verständnis gefeedbackt, um die Kompetenzen steuern zu können. Diese Entwicklungen sind für ihn Ausdruck des Gefangenseins in einer Welt des Technocodes, die ihre Funktionäre in einem ökonomisch-funktionellen Kontext programmiert und sozialisiert. Es entstehen roboterartige Menschen, nicht im Sinne von Cyborgs, sondern als Funktionäre

---

968   Vgl. Flusser, V. ⁶2000, S. 59
969   Flusser, V. ⁶2000, S. 84
970   Vgl. Flusser, V. 1997e, S. 74
971   Vgl. Rump, M. C. 2001, S. 50
972   Vgl. Flusser, V. ¹¹2011, S. 26
973   Vgl. Flusser, V. 1993d, S. 88
974   Vgl. Flusser, V. 1995, S. 193
975   Vgl. Flusser, V. ⁶2000, S. 87
976   Vgl. Flusser, V. 2008, S. 242

mit programmierten Verhaltensweisen und Interessen.[977] Flusser erkennt auf lange Sicht gesehen die Möglichkeit, dass die Apparate den Menschen nicht mehr benötigen.[978] Das heißt nicht, dass der Mensch als natürliches Wesen ausstirbt, sondern sein Verständnis als aufklärerisches Subjekt. Die Frage ist dann, wie Bildung in einer postmedialen Welt überhaupt noch möglich ist.[979] Vereinfacht kann es in diesem Fall als Reflexion oder Kritikfähigkeit auf die Position als Funktionär verstanden werden. In Abwandlung zu Ulrich Bröckling kann so vorerst die Frage gestellt werden, wie es mit den theoretischen Erwägungen Flussers möglich ist, nicht dermaßen Funktionär zu sein. Zentrales Anliegen Flussers ist eine neue Form der Imagination. Sie kann ein erster Schritt hin zur Durchsichtigkeit der Apparate sein. Es ist ebenfalls der Versuch, die Sorge zu überwinden, dass mit der Auflösung der Schrift auch die Kritikfähigkeit verloren geht.[980] Da die Wissenschaften der einzige Diskurs oder im flusserschen Verständnis der einzige Dialog sind, in denen er Ansätze für ein absichtsvolles In-Welt-sein sieht, gilt es in einem abschließenden Kapitel ihre Möglichkeiten zu beleuchten. Flussers Suche nach Kritik und Formen der Freiheit ist eine, die mit Ulrich Bröckling der Fähigkeit, Nein-Sagen zu können und nicht wählen zu müssen gleichkommt und für die es mit Ulrich Bröckling keine Formel geben kann. Sie bleibt immer im Bereich des Versuchens verhaftet.[981] Freiheit bedeutet im Anschluss an Flusser ein Wählenkönnen und nicht ein Wählenmüssen.[982] Für Flusser ist es die Suche nach den Möglichkeiten des Zweifelns. Damit verbunden ist das Erkennen, dass auch andere Standpunkte möglich sind als die apparatisch Programmierten.[983]

Am Beispiel der Fotografie stellt Flusser dar, wie er sich Kritik vorstellt. Es ist das Ziel, die Abhängigkeiten oder Vermengungen, wie er es nennt, der Apparate und Fotografen aufzuzeigen. Dazu nimmt er die Fotoapparate als Black Boxen in den Blick.[984] Bei der Herstellung der Bilder müssen die programmierten Wahlfreiheiten überwunden werden um die Möglichkeit zu eröffnen informative, nicht redundante Bilder zu erstellen.[985] Dabei versucht das Fotografieren die Programme des Apparats zu überwinden. Dies geschieht, indem es Geräusche in die Informationen einfließen lässt und die Verhaltensmodelle zu überwinden sucht,

---

977   Vgl. Flusser, V. [6]2000, S. 158
978   Vgl. ebd., S. 24
979   Zur Ausführung eines telematischen Bildungsbegriffs und einer damit veränderten Sicht auf Schule sei verwiesen auf Kapitel 7.
980   Vgl. Flusser, V. [5]2002, S. 91
981   Vgl. Bröckling, U. 2007, S. 285–286
982   Vgl. Flusser, V. [5]2002, S. 97
983   Vgl. Flusser, V. [11]2011, S. 35
984   Vgl. Flusser, V. 1998i, S. 108; Flusser, V. [11]2011, S. 50
985   Vgl. Flusser, V. [11]2011, S. 25

im Wissen dies nicht zu können. Es stellt ein bewusstes und absichtliches Erzeugen von „fehlerhaften Fotografien"[986] dar, das sich gegen das redundante Knipsen mit Hilfe programmierter Gesten wendet. Beabsichtigt wird also eine Kritik der Fotografie, die auch den Apparat in die kritische Betrachtung einbezieht.

Neben der Kritik ist die Projektion eine Möglichkeit nicht zum Funktionär zu werden. Es sind Einbildner, die dem Versuch verhaftet bleiben, die Entscheidung über den Apparat zu bewahren. Sie versuchen unfassbare und unprogrammierte Vorgänge aus dem Apparat hervorzurufen um damit Welt zu verändern.[987] Flusser beschreibt diesen Prozess als die produktive Form des Tastens, welches zum Senden von Botschaften führt, als einbildende Publikation von Privatem.[988] Die Einbildner weisen auf die Welt und versuchen ihr Sinn zu geben.[989] Sie wenden sich gegen die Tendenzen der Stereotypisierung und Programmierung. Dabei suchen sie nach neuen Möglichkeiten, Subjekt in einer Welt der Vermassung zu sein.

> „Technokraten versuchen, das soziale Relationsfeld zu programmieren, und Terroristen, es zu ent-programmieren."[990]

Zusammenfassend ist festzuhalten, dass am Übergang zur Nachmoderne eine Gesellschaft entsteht, die gekennzeichnet ist durch den Moment der Vermassung. Sie geht aus der Moderne hervor und erklärt diese durch, das heißt, sie zeigt die Relativität der Modelle der Moderne auf. Es entsteht eine Gesellschaft, deren Grundlage sich als bodenlos erweist und in welcher der Apparat als ein Gegenüber zum Menschen auftritt. Im Zuge dessen stellen sich Fragen nach den Möglichkeiten von Zweifel, Kritik und im Anschluss daran Bildung neu. Es ist eine Gesellschaft, die ihre, wie auch die Stellung des einzelnen Menschen neu aushandelt. Sie wendet sich gegen die Funktionalisierung durch Apparate und diverse Mechanismen der Überwachung, was unter anderem mit der metaphorischen Etablierung eines nachmodernen Hauses als Raum des Rückzugs und der Privatheit verknüpft ist. Das Haus steht für einen Raum des Zweifels, der Kritik und der dialogischen Aushandlung von Modellen. Dieser Raum ist einer, der ein spielerisches In-Welt-sein ermöglicht, das sich der technischen Strukturiertheit von Welt entzieht und einen Raum der Distanz zu den amphitheatralischen Strukturen etabliert. Somit ist der telematische *homo ludens* einer, der sich mit

---

986 Flusser, V. 1998i, S. 129
987 Vgl. Flusser, V. ⁶2000, S. 25 und S. 42
988 Vgl. Flusser, V. ⁶2000, S. 35
989 Vgl. ebd., S. 50
990 Flusser, V. 1987b, S. 5

Information der Redundanz erwehrt und sich dadurch gegen die in ihrer Kritiklosigkeit glücklichen Masse stemmt. Es ist ein Modell des Menschen, der sich
seiner Funktionalisierung durch Apparate entzieht und sich als absichtsvoll handelndes Projekt gegen diese stemmt. Aus einer bildungswissenschaftlichen Sichtweise kann dies nur vor dem Hintergrund einer Erneuerung der pädagogischen
Anthropologie stattfinden, die sich aus ihren romantisierenden Tendenzen hinsichtlich der nachmodernen Entwicklungen entzieht und auf der Grundlage eines
dialogischen Projekt-sein des Menschen den Möglichkeitsraum neu diskutiert.
Erst mit Flussers Konzept einer telematischen Gesellschaft wird es möglich, die
Frage nach Bildung wie auch Sozialisation und Erziehung zu stellen und nicht in
einem Raum des unbewusst Unkritischen zurück zu verbleiben. Bildung kann als
die Haltung des In-Welt-seins gelten, die den Menschen in seinem Streben nach
absichtsvollen Handlungen unterstützt und mit der Ordnungen hinterfragt werden.
Flussers Ausführungen können im Allgemeinen als die Forderung nach einer
neuen im Aushandeln verweilenden Anthropologie gelesen werden, die von der
Grundlage einer veränderten Codestruktur in der Nachmoderne ausgehen muss.

6   Telematische Gesellschaft –
Utopie oder Möglichkeitsraum?

Die Überlegungen zur telematischen Gesellschaft Flussers sind Ausführungen, in denen er versucht, die Möglichkeitsräume von Gesellschaften in der Zeit des Technocodes, also der Nachmoderne aufzuzeigen, ohne zwingend vorauszusetzen, dass diese utopischen Überlegungen auch eintreffen werden. Er sucht nach den Horizonten, nach den Möglichkeitsräumen, die sich neben den Einschränkungen durch eine veränderte Codeform ergeben. Diese Überlegungen bilden Ansatzpunkte, die zu einem veränderten Nachdenken über pädagogisch anthropologische Grundfragen führen.

„Kurz und gut, vielleicht wird nichts davon realisiert, aber wir haben diese Horizonte."[991]

Flusser entwirft eine Utopie, die die Grenzen des Möglichen hinterfragt und eine Anthropologie, die am Individuum und Subjekt ausgerichtet ist, zu Gunsten eines an der Gruppe ausgerichteten dialogischen Menschen, verwirft. Auf der Grundlage der Nulldimensionalität entsteht ein Weltbild, in dem alles zerzweifelt ist, in dem sich alles zu Punkten aufgelöst hat. Mit Flusser ist daher zu argumentieren, dass sich zwangsläufig auch das Bild des Menschen des modernen Zeitalters auflösen muss. So wird eine Welt grundgelegt, in der alles durchsichtig wird, in der es nichts mehr zu erklären und zu „enträtseln"[992] gibt. In dieser Welt entsteht ein Misstrauen der Menschen gegenüber den Objekten der Welt und gegenüber dem eigenen Subjekt-sein. Daraus folgt eine projektive Lebenseinstellung, das heißt, ein Menschenbild, das als Projekt vernetzt in dialogischen Gruppen zu verstehen ist und unter anderem die am Subjekt und Individuum orientierte pädagogische Nomenklatur in Frage stellt.[993] Der Mensch nimmt die Wirklichkeit als eine Komputation an und hat dadurch die Möglichkeit, neue Welten zu projizieren. Durch diese Möglichkeiten der Projektion unterscheidet sich der telema-

991   Flusser, V./ Sander, K. 1996, S. 213
992   Flusser, V. 1997e, S. 233
993   Überlegungen zu den Möglichkeiten der Projektion des Menschen finden sich schon bei McLuhan. (Vgl. McLuhan, M. ²1995, S. 110)

tische Mensch vom vermassten Subjekt.[994] Der telematische Mensch erlernt ein absichtsvolles und auch kritisches In-Welt-sein. In dieser „neuen" Welt entwickelt sich das Subjekt also hin zum Projekt[995] und lässt die Objekte im klassischen Verständnis hinter sich. Sobald die Projekte der telematischen Gesellschaft erlernt haben zu projizieren, das heißt, Objekte dieser Welt in der utopischen Vorstellung hervorzubringen, schwinden die klassischen Kategorien virtuell und real sowie die Kategorien Wahrheit und Wirklichkeit. Im Zuge dessen löst sich die Subjekt-Objekt-Relation auf.[996]

Neben der Annahme einer nulldimensionalen Welt wird es für ein telematisches In-Welt-sein wichtig, die neuen Codes in Form von Technobildern lesen zu lernen. Dafür sind sie als neue Form des Alphabets oder vielmehr der Kommunikation zu erkennen, um dadurch veränderte Möglichkeiten des Ek-sistierens analysieren und explorieren zu können. Es werden neue Horizonte als Möglichkeitsräume erkannt, die den Raum für eine neue, telematische pädagogische Anthropologie des Projekts öffnen. Das Lesen lernen der Bilder wird zur zentralen Aufgabe des in einer telematischen Gesellschaft lebenden Menschen. Erst auf dieser Grundlage besteht die Möglichkeit einer anderen Form der Kritik und des Zweifels.[997] Dabei stellt Flusser insbesondere die Bedeutung des Vergessens des Alphabets heraus,[998] um die Technoimagination zu erlernen.[999] Mit dem Vergessen wird impliziert, dass der Mensch seinen alten Code und seine alte Ordnung der Welt hinter sich lässt, um die neuen Möglichkeitsräume zu nutzen. Dieses Vergessen kommt wiederum dem Versuch gleich, Standpunkte und Ideologien hinter sich zu lassen.

Auf der anthropologischen Grundlage des Menschen als Projekt kann eine Bildungsphilosophie der Nachmoderne entstehen, die neue Ansätze der Reflexion und der Kritik bietet und der Vorherrschaft der Bilder den Menschen als absichtsvoll handelndes Projekt gegenüberstellt.[1000] Dabei ist, wie schon dargestellt, nicht nach Wahrheiten, sondern nach Wahrscheinlichkeiten zu suchen, die umso wahrer oder wirklicher wirken, desto besser sie bestimmt, das heißt, desto besser sie von möglichst vielen Standpunkten aus befragt sind.[1001] Flusser plädiert für ein relativistisches Denken, welches die kategoriale Trennung zwischen wahr

994   Vgl. Flusser, V. 1995, S. 169
995   Zu dem Prozess des Verschwindens des Subjekts in einer medial veränderten postmodernen
      Welt siehe Baudrillard, J. 2008, S. 5–6
996   Vgl. Flusser, V. 1998i, S. 117–118
997   Vgl. Flusser, V. 1997e, S. 27–28 und S. 89
998   Vgl. Flusser, V. ⁵2002, S. 142
999   Vgl. Flusser, V. 1997e, S. 102
1000 Vgl. Flusser, V. 1990b, S. 113–114
1001 Vgl. Flusser, V. 1986 (gestrichen), S. 6

und falsch hinter sich lässt.[1002] Damit sei es möglich die vermassende Wirkung einzudämmen und faschistische Formen des Codes, wie sie unter anderem in Auschwitz hervortreten, zu verhindern. Erst in dem schon dargestellten Aufreißen der Bilder als Überwinden einer oberflächlichen Einfachheit und dem dadurch entstehenden Befragen des dahinter Stehenden, wird es für Flusser möglich, die verobjektivierenden Formen zu hinterfragen und aufzulösen. Das kritische telematische Projekt ist die Grundlage eines digitalen Humanismus. Flusser sieht die Möglichkeit Barbarei zu verhindern, indem den Menschen ihre Abhängigkeit von den apparatischen Strukturen bewusst wird und die Programmiertheit der Gesellschaft hinterfragt wird. Er beschreibt letztendlich eine veränderte Form des Verstehens, eine digitale Hermeneutik.[1003] Erst wenn die Subjekte ihre Programmiertheit und die Welt als Projektion erkennen, ist es dem Menschen möglich, post-historisch und im Anschluss daran telematisch zu leben.[1004] Dadurch entsteht die Möglichkeit, nicht dermaßen zum vermassten stereotypen Objekt zu werden, sondern sich ein Stück weit der Wirkung der apparatisch gesendeten Modelle zu entziehen. Die telematische Gesellschaft synthetisiert die Informationen in dialogischer Form und projiziert Weltentwürfe, das heißt, neue Formen der Ordnung.[1005] Mit Böhme können Flussers Ausführungen als ein Bestreben gesehen werden, dass sich gegen die Abhängigkeit von Experten und deren Apparate wendet, indem die Menschen ein modernes Expertentum durch eine telematische Form dialogisch vernetzter Expertengruppen etablieren.[1006] Die telematische Gesellschaft ist eine Utopie, die anerkennt, dass alternative Räume und Zeiten möglich sind.[1007] Sie realisiert theoretische Modelle, die die Freiräume, welche auf der Grundlage der neuen Codeform entstehen, als Bildungsräume eröffnen. Mit diesen Überlegungen zeigt Flusser auf, dass sich das In-Welt-sein radikal verändern wird. Im Anschluss daran kommt den Menschen in der telematischen Gesellschaft die Aufgabe zu, erneut gewissermaßen in den „Kindergarten" zu gehen so Flusser, um die Möglichkeiten der Welt und des In-Welt-seins neu zu erlernen.[1008] Mit dem Terminus des Kindergartens zeigt sich Flussers Einschätzung der Stellung des nachmodernen Menschen zu den Apparaten. Er befindet sich in einer Phase und einem Verhältnis zu seiner Lebenswelt, dass Flusser vor dem

---

1002 Vgl. Flusser, V. 1989a, S. 5
1003 Siehe zur Methode der Hermeneutik Gadamer, H.-G. [7]2010
1004 Diese Momente beschreibt Flusser als äußerst flüchtige, da die Menschen häufig noch in vorgeschichtlichen Szenen oder auch historischen, das heißt, engagiert an geschichtlich-linearen Prozessen der Welt sind. (Vgl. Flusser, V. XXXXi, S. 5)
1005 Vgl. Flusser, V. 1993c, S. 69
1006 Vgl. Böhme, G. 2008, S. 112
1007 Vgl. Flusser, V./ Sander, K. 1996, S. 230
1008 Vgl. Flusser, V. [5]2002, S. 149

Eintritt in die Institution Kindergarten einordnet. Mit einem Blick auf aktuelle Diskussionen rund um die Überwachung durch Strukturen wie die der NSA, zeigt sich eine häufig auch naive Haltung gegenüber diesen Veränderungen, die die Protagonisten mit Flusser gesprochen in die Rolle eines digitalen Kindergartenkinds rücken lässt.

> „Sollte jedoch die Vernetzung durch die Massenmedien hindurchdringen, und sollten die vernetzenden Inseln wie Computerterminale, Video-Circuits oder Hypertexte die Bündelung zerreißen können, dann wäre die utopische Informationsgesellschaft, worin wir einander verwirklichen können, technisch und von daher auch existentiell in den Bereich des Machbaren vorgedrungen."[1009]

Flusser verbindet mit der Telematik zwei Momente, einerseits eine Technik, die auf Information abzielt und andererseits eine, die Menschen näher zusammenbringt, was er zum Beispiel an den Entwicklungen des Telefons oder des Teleskops zeigt.[1010] Dabei beschränkt sich Flusser nicht auf die Vernetzung der neuen medialen Formen, sondern bezieht alle Möglichkeiten der technischen Vernetzung, wie zum Beispiel auch den Flughafen, mit ein. Der Mensch ist nur durch seine Vernetzung mit anderen existent und kann in diesen, wie auch durch diese, Projekt einer telematischen Gesellschaft sein. Dafür haben Flughäfen oder auch Bahnhöfe eine ähnlich große Bedeutung wie mediale Formen der Vernetzung durch das Internet.[1011] An diesen Thesen zeigt sich erneut das breite Medienverständnis Flussers.

Für die Wendung hin zu einer telematischen Gesellschaft sind für Flusser auch die künstlichen Speicher, welche er für unvergänglich hält, von zentraler Bedeutung. Diese Speichermöglichkeiten einer telematischen Gesellschaft behalten alle Inhalte in elektronischen und dadurch für Flusser unvergänglichen Gedächtnissen. Dadurch eröffnen sie dem Menschen als Projekt den Raum, sich mit der Synthetisierung und Projektion von informativen Inhalten auseinanderzusetzen.[1012] Flusser sieht in den undinglichen Kulturen die Möglichkeit, das Vergessen zu verhindern, unter anderem mit der Speicherung in Computergedächtnissen.[1013] Der Mensch zeichnet sich in dieser Gesellschaft nur noch durch einen Knotenpunkt und als Verknüpfung mit Anderen durch Inhalte aus. Der Raum wird in der Postmoderne zu einem topologischen, der den geometrischen Raum der Moderne ablöst.[1014] Die Bedeutung des Menschen liegt in diesem Raum im

1009 Flusser, V. 2000, S. 210
1010 Vgl. Flusser, V. 1997e, S. 145; Flusser, V./ Sander, K. 1996, S. 168; Flusser, V. 2008, S. 249
1011 Vgl. Flusser, V./ Sander, K. 1996, S. 141
1012 Vgl. Flusser, V. ⁶2000, S. 127
1013 Vgl. Flusser, V. 1993d, S. 86; Flusser, V. ⁶2000, S. 121
1014 Vgl. Flusser, V. 1991c, S. 83

Anderen als Gegenüber, das heißt der Mensch ek-sistiert erst durch die Verknüpfung mit Anderen in Gruppen. Begriffe wie die der Individualität oder auch Subjektorientierung verschwinden in einer telematischen Gesellschaft und stellen
große Teile des Erziehungs- und Bildungssystems, die auf Begriffe wie Individuum und Subjekt aufbauen, in Frage. Diese Utopie sei ein „Nichtraum für einander gegenseitig befruchtende Schaffende, die einander immer näher rücken"[1015].

Spätestens mit der Rakete wird die Entfernung im traditionellen Verständnis
für Flusser abgeschafft.[1016] Die Menschen werden in der telematischen Gesellschaft wieder zu Nomaden, die die Trennung zwischen Raum und Zeit, welche
nach Flussers Auslegung durch die Sesshaftigkeit entstand ist, überwinden.[1017] Es
ist eine Zeit, in der sich der Mensch von seiner Sesshaftigkeit löst und wieder
zum (digitalen) Nomaden wird. Er be-sitzt nicht mehr, sondern er-fährt seine
Lebenswelt[1018] und gleicht der griechischen Vorstellung eines Menschen, der die
Grenzen seines ihm zugewiesenen Gebiets sucht.[1019] Der Mensch verliert seine
Verortetheit in Raum und Zeit und wird als fahrender Schüler zu einem, der die
Horizonte, also die Möglichkeitsräume er-fährt. In diesem Er-fahren drückt sich
die absichtsvolle aktive Komponente des Mensch-seins als Projekt aus. Durch
das Er-fahren seiner Lebenswelt und seines In-Welt-seins eröffnen sich neue
Räume für telematische Momente von Bildung. Das Projekt ist nicht mehr Funk-
tionsstelle im Raum, sondern ent-werfendes Projekt als Knotenpunkt in einer
topologisch vernetzen Lebenswelt. Durch diese neue Form des Lebens endet für
Flusser die Steinzeit, da sich erst mit den 90er Jahren die Sesshaftigkeit der
Menschen auflöst.[1020]

Der Mensch ek-sistiert als telematisches Projekt durch die mit ihm verknüpften Inhalte im Netz und durch seine Fähigkeit projektiv in Welt zu sein. In
Anlehnung an Flussers utopische Vorstellungen würde diese Entwicklung zu
einer Unsterblichkeit des Menschen führen. Dies wird durch die Veränderung
der Lagerung von kulturellen Gütern möglich. Mit den elektromagnetischen Gedächtnissen geht die Lagerung in das elektromagnetische Feld über und wird
unendlich.[1021] Am Beispiel der Gehirntransplantation, mit der in einigen Diskursen die Hoffnung auf Unsterblichkeit verknüpft ist, stützt er diese These. Sie
macht für Flussers Ansatz keinen Sinn, da es in seiner Konzeption nicht um

1015 Flusser, V. 1991c, S. 83
1016 Vgl. Flusser, V. 1997b, S. 132
1017 Vgl. Flusser, V. XXXXs, S. 4
1018 Vgl. Flusser, V. 1997e, S. 153–154
1019 Vgl. Flusser, V. 1990f, S. 20
1020 Vgl. ebd., S. 13
1021 Vgl. Flusser, V. 1992f, S. 117

Unsterblichkeit, häufig mit dem Tod des Hirnes verbunden, sondern um die Un-Vergesslichkeit geht[1022], die in der telematischen Gesellschaft nicht mit einem einzelnen Menschen und dessen Gehirn verknüpft ist. Die Speicherung der Inhalte verlagert sich in künstliche Gedächtnisse und im Anschluss daran überträgt sich die Unsterblichkeit des Projekts nach außen in die netzartige Gesellschaftsstruktur. Dadurch entwickelt sich ein Streben nach der Weitergabe von Inhalten, welches eng mit der Unsterblichkeit verknüpft ist. [1023] Kurzum: Der Mensch stirbt in einem telematischen Verständnis erst, wie in Kapitel drei dargestellt, wenn mit ihm keine Inhalte mehr verknüpft sind, das heißt, wenn sich der mit dem Menschen verknüpfte Knoten im Netz auflöst. Mit Hilfe der Ordnung, die Flusser als Kunstwerk ansieht, wirft der Mensch dem Tod Schönheit in Form von neuen Verknüpfungen in der Welt entgegen. [1024] Das Projekt kann sich permanent durch absichtsvolle informative Handlungen gegen seinen Tod im Vergessen stemmen. Es ist eine Form der idealen und auch utopischen Gesellschaft, in der sich Dialoge und Diskurse im Gleichgewicht befinden. In ihr schwinden Autoren und Autoritäten. Vielmehr werden Informationen in Autorengruppen auf dialogische Weise synthetisiert. Die starke Stellung des Subjekts schwindet und geht über in eine Vorstellung des Menschen als Projekt. In Gruppen realisiert sich das Projekt, in der Suche nach Freiheit und der Suche absichtsvoll in Welt zu sein. [1025] In diesen Vorstellungen gewinnt der Andere wie auch die Gesellschaft an Bedeutung, da sie einerseits zur Überwindung der Einsamkeit als Vergessen des Fallens zum Tode hin dienen, wie Alpsancar herausstellt, aber auch zur Unsterblichkeit, im Sinne der Aufrechterhaltung der Verknüpfungen im Netz.[1026]

„[Es] wäre eine Kultur, die auf die Unsterblichkeit des einzelnen in den anderen abzielt". [1027]

Diese Unsterblichkeit wird unter anderem durch die Aufnahme in Bilder unterstützt. Projekte verfolgen das Ziel, die durch Apparate erstellten Formen mit Inhalten zu füllen, was zu einer Realisierung von alternativen Welten führt. [1028] Dialogische Gruppen haben die Möglichkeit, in ihrem projektiven In-Welt-sein alternative Realisationen ihrer Ordnung in Form von Lebenswelten zu erstellen. Sie versuchen immer im Bild, das heißt, auf einem Technobild oder aus einer

---

1022 Vgl. Flusser, V. 2004, S. 102
1023 Vgl. Flusser, V. 1988b, S. 8
1024 Vgl. Flusser, V. 1989a, S. 6
1025 Vgl. Flusser, V. ⁶2000, S. 90–92
1026 Vgl. Alpsancar, S. 2012, S. 49–50
1027 Flusser, V. XXXXx, S. 25
1028 Vgl. Flusser, V. 1997e, S. 220–222

weiteren Perspektive quasi im Code zu sein, verbunden mit der Bedingung, diesen auch verändern zu können. Dadurch entstehen neue Verknüpfungen, neue Ordnungen und Modelle in der vernetzten Gesellschaft. Der Mensch entdeckt mit Hilfe des Komputierens die Grenzwerte des In-Welt-seins und sieht dabei die Möglichkeiten alternativer Welten, das heißt, alternativer Entwürfe von Welt.[1029] Hierdurch ergibt sich für die Menschen die Chance, wieder zu Sendern zu werden. Flusser nennt dies eine Form, in der das Theater wieder brechtisch geworden sei, da die Menschen wieder auf die Bühne treten können.[1030] Einzelne Projekte der telematischen Gesellschaft entdecken die Möglichkeit, wieder Projektionen als Informationen zu verbreiten, Modelle in die Gesellschaft zu werfen und sich gegen ihr Geworfen-sein zu wenden. Dadurch kann jeder Autor, jede Autorengruppe und jedes Projekt wieder zum Sender werden, worauf die Grundlage einer dialogischen Kommunikation fußt. Daraus geht eine Gesellschaft hervor, die sich einer demokratischen Vorstellung annähert, in der jeder innerhalb von Autorengruppen an den Modellen und Ordnungen der Gesellschaft mitarbeitet.

Mit einem selektiven Blick auf Flussers Werk kann er für seine Ausführungen zur telematischen Gesellschaft als ein utopistischer, möglicherweise unreflektierter Außenseiter angesehen werden. Allerdings ist eine Einordnung seiner Ausführungen zur telematischen Gesellschaft in sein Gesamtwerk vonnöten, um diese analysieren zu können. Für die Analysen ist die Kommunikologie als Form einer Theorie der Kommunikation mit einzubeziehen, wie auch die theoretischen Überlegungen zu dem Technobild im Blick zu haben. Neben diesen ist Flussers wissenschaftliches Engagement als ein sprunghaftes Zweifeln von Bedeutung. Die utopischen Überlegungen können im Anschluss daran als eine Art der postmodernen eidetischen Reduktion gesehen werden, die auf einem phänomenologischen Ansatz, der als dezentrales Schauen beschrieben werden kann, fußt. Die Bewegung hin zu einem Un-Ort, einem U-Topos ermöglicht es Flusser, verändert auf die Strukturen der Gesellschaft zu blicken. Auch ist er sich der Wirkung seiner Texte bewusst und verweist an vielen Stellen auf ihren utopischen Charakter.[1031] Für ihn ist es fraglich, ob ein Umbau einer Gesellschaft nach dem Vorbild der telematischen Gesellschaft gelingen kann. Flussers Arbeiten stellen Versuche des radikalen Andersdenkens dar, um damit „Hals über Kopf in den

---

1029 Vgl. Flusser, V. 1998i, S. 214–216
1030 Vgl. Flusser, V. 1997e, S. 223
1031 Neben dem utopischen Charakter verweist Flusser auf die Probleme, die mit den neuen Apparaten und den neuen medialen Formen verknüpft sind. Er ist sich nicht sicher, ob die westliche Welt durch die hungernde Mehrheit der Menschheit bei der Verbreitung der Apparate gestützt wird, da die Veränderung auf der Basis ihres schlechten Lebens ausgetragen wird. (Vgl. Flusser, V. 1987b, S. 6)

Abgrund des Unbekannten [zu] springen"[1032]. Der Sprung steht für den Versuch, Wahrheiten des eigenen In-Welt-seins hinter sich zu lassen, um eine veränderte Sicht auf Modelle und Ordnung zu erlangen. Mit dieser Veränderung ist ein radikales Infragestellen des eigenen Status als Subjekt verbunden.

Auch in der Rezeption Flussers finden sich Autoren, die seine Ausführungen relativieren. Im Anschluss an Bollmann ist bei Flusser nie geklärt, inwieweit diese prophezeite „glänzende Zukunft"[1033] eintritt oder ob sich die Gesellschaft auf den Weg hin zu einem Rückfall in die Barbarei begibt.[1034] In dieser Untersuchung wird allerdings die These vertreten, dass Flusser als postmoderner Denker implizit einem negativ dialektischen Denken durchaus im Sinne Adornos zugeneigt ist. Sein permanentes Pendeln als radikales Möglichkeitsdenken zwischen verschiedenen Standpunkten[1035], zeichnet die flussersche Theorie im Gesamtwerk aus. Ein Schwanken zwischen radikalem Pessimismus und radikalem Optimismus, ohne eine Synthese zu finden.

> „In seinen Texten pflegt Flusser den Leser entlang einer Argumentation zu leiten, die er deutlich rechtfertigt und klar begründet, aber bald schon kommt es vor, daß der Text selbst ein Gegenargument vorstellt, das die zuvor verteidigten Gedanken ungültig macht."[1036]

Die Verknüpfung der Utopie mit einem Nichtraum beziehungsweise einem Un-Ort spielt für die Überlegungen zur telematischen Gesellschaft eine zentrale Rolle. Der Raum der Utopie öffnet Flusser eine Basis der Reflexion auf die modernen und nachmodernen Veränderungen. Durch die radikale Veränderung des Standpunkts mit Hilfe von Utopien ist bei Flusser eine Bewegung des „anders anders sein[s]"[1037] verknüpft, die Möglichkeiten bietet, die Momente der Vermassung oder auch des Kulturpessimismus aufzuzeigen, um daran die repressiven wie auch produktiven Momente der neuen Codestrukturen aufzudecken. Es ist ein Versuch, die Blindheit für die neue Struktur abzulegen.[1038] Im Anschluss an Rötzers Auslegungen ist die Durchsetzung der neuen Möglichkeitsräume bei Flusser zugleich von einer tiefen Ironie durchzogen, als Bewegung gegen den konservativen Widerstand gegenüber dem Neuen.[1039]

1032 Flusser, V. ⁴2007, S. 170
1033 Flusser, V. 1997e, S. 7 (Vorwort des Herausgebers Stefan Bollmann)
1034 Vgl. ebd., S. 7 (Vorwort des Herausgebers Stefan Bollmann)
1035 Vgl. ebd., S. 9 (Vorwort des Herausgebers Stefan Bollmann)
1036 Baio, C. 2013, S. 245
1037 Vgl. Bröckling, U. 2007, S. 297
1038 Vgl. Flusser, V. 2004, S. 23–24; Flusser, V. ⁴2007, S. 241
1039 Vgl. Rötzer, F. 1990, S. 86

Kurzum: Flussers Utopien verfolgen die Idee eines neuen Humanismus. Er beschreibt ein verändertes In-Welt-sein als eine durch den Apparat bedingte, von Arbeit befreite Form.[1040] Apparate übernehmen in der telematischen Gesellschaft alle Bereiche der Arbeit des Menschen, weshalb sich neue Räume für die Menschen ergeben, die auszufüllen sind. Es ist eine Ek-sistenz, die durch Apparate und Maschinen realisiert wird und die den Menschen von Arbeit emanzipiert[1041], ihm Räume der Muße und Möglichkeiten der Freiheit gibt, die er in einer dialogischen Form nutzen kann. Die Vorstellung fußt darauf, dass die Maschinen und Apparate die Arbeit in Gänze übernehmen. Damit verknüpft ist die flussersche These, dass Muße nur für den Menschen möglich ist, wenn er nicht arbeiten muss, das heißt, wenn er sich keiner ökonomischen Ausrichtung seines Lebens unterwirft. In einer Gesellschaft, in der Arbeit an Maschinen und Apparate übergeben wird, ist es den Menschen in dialogischen Autorengruppen möglich, Projektionen zu erstellen. Der Mensch entdeckt in der telematischen Welt keine Ordnung mehr, sondern erkennt deren Projiziertheit.[1042] Flusser spricht in diesem Kontext von einem theoretischen In-Welt-sein, da die Menschen auf der Grundlage von Theorien Ordnungen und Modelle projizieren.[1043] Daraus geht ein Humanismus hervor, der sich durch neue Formen der Kritik und Reflexion von den künstlichen Intelligenzen abzugrenzen versucht.[1044] Mit diesem Humanismus verknüpft sich die Frage, ob es in einer telematischen Gesellschaft möglich wird, die Emanzipation von den Apparaten und dem Technocode zu vollziehen[1045] und neue Un-Orte als U-Topos zu finden, um ein Engagement gegen die Bodenlosigkeit etablieren zu können. Es sind analytische Fähigkeiten, die der telematische Mensch lernen muss, um die Motive der Apparate aufzudecken. Dabei wird mit Flusser die Entscheidung getroffen, ob der Mensch Mensch bleibt oder zum roboterartigen Funktionär, zum vermassten Subjekt wird. In diesem Menschenbild ist der Mensch kein *uomo universale* der Renaissance mehr. Er ist in diesem nicht mehr für die ganze Kultur „kompetent".[1046] Allerdings würde ein Verlust des Strebens danach einen Verlust des Mensch-seins nach sich ziehen. Der telematische Mensch würde sich jeglichen Räumen von Bildung verschließen.

Mit der telematischen Gesellschaft verbindet sich wie schon an einigen Stellen angedeutet immer die Frage, wie die Subjekte aus der nachmodernen Gesell-

---

1040 Vgl. Flusser, V. 1997d, S. 30
1041 Vgl. Flusser, V. 1993d, S. 86–87
1042 Vgl. Flusser, V./ Sander, K. 1996, S. 84
1043 Vgl. Flusser, V. 1997e, S. 188
1044 Vgl. Flusser, V. 1990e, S. 44
1045 Vgl. ebd., S. 70
1046 Vgl. Flusser, V. 1991a, S. 121–124

schaft ausbrechen und an Un-Orte treten können. Die Frage des Ausbrechens aus dem apparatischen Rhythmus birgt die Gefahr in sich, wie Flusser es nennt, „ins Nichts geschleudert zu werden"[1047]. Hinter dieser Aussage steht die Annahme, dass mit dem Hinterfragen immer auch die Gefahr verbunden ist, das Menschsein aufzulösen. Die Frage nach der Überlistung der Apparate kann mit Flusser als emanzipatorische Bewegung gelten. Sie ist als notwendige Frage zu erachten, um Projekt einer telematischen Gesellschaft zu sein. Dabei stehen im Mittelpunkt der Überlegungen, die totalitären Strukturen der Apparate zu überwinden und die Codestrukturen, das heißt, die damit verbundenen Intentionen, aufzudecken. Flussers Fokus liegt auf der Destruktion von Regeln und Strukturen, um ein Projekt-sein in der telematischen Gesellschaft zu ermöglichen. Eine Störung der Beziehung zwischen Apparaten und Funktionären ist das von Flusser verfolgte Ziel. Durch diese Störung besteht einerseits die Gefahr, wie schon dargelegt, ins Nichts geschleudert zu werden und andererseits die Option, Möglichkeitsräume oder, wie Flusser es nennt, Freiheit zu schaffen. Die Freiheit wird mit der Option, nicht entscheiden zu müssen, verknüpft und wendet sich dadurch gegen die als programmierend beschriebene Wahlfreiheit.[1048] Ähnlich wie bei Ulrich Bröckling ist es das Moment der Entsubjektivierung, das Flusser als Freiheit benennt. Somit stellt es die Überwindung des Zwangs dar, man selbst sein zu müssen. Im Anschluss daran wird das Selbst zum Taktiker der Nicht-Orte, auf der permanenten Suche nach Spielräumen.[1049] Der Mensch wird zum Saboteur der Ordnung und zum verzögernden Moment in einer telematischen Gesellschaft.[1050] Für Flusser bietet die Langeweile[1051] einen Möglichkeitsraum an, Strukturen zu hinterfragen und ein kritisches Reflektieren einzuleiten.[1052] Sie ermöglicht den Menschen, aus der Struktur des binären Codes auszubrechen, indem sie sich als Gelangweilte und Desinteressierte zu den apparatisch verbreiteten Technobildern verhalten. Dieser Ansatzpunkt bietet dem Projekt die Möglichkeit, einen Raum zu öffnen, der nicht durch die Apparate strukturiert wird. Damit ist das Bestreben verknüpft, die technische Frage zu einer politischen werden zu lassen. Dies geht mit der Forderung einher, den Technikern die Macht über die technischen Fragen zu entreißen und alle Momente der apparatischen Intentionen in den Blick zu bekommen.[1053]

1047 Flusser, V. 1990e, S. 100
1048 Vgl. Flusser, V. 2008, S. 81
1049 Vgl. Bröckling, U. 2007, S. 287
1050 Vgl. Flusser, V. 1990e, S. 143
1051 Zu dem Konzept der Langeweile sei auf Heidegger verwiesen, der die tiefe Langweile als mögliche Grundstimmung des Daseins hinterfragt. (Vgl. Heidegger, M. 2010)
1052 Vgl. Flusser, V. ⁶2000, S. 67
1053 Vgl. Flusser, V. ⁶2000, S. 72

Der Mensch wird in einer telematischen Gesellschaft zum Spieler, der im Spiel Regeln verändert. Er verändert im Spiel das Spiel. Auf dieser Grundlage verändert der Spieler das Spiel. Diesen Prozess verbindet Flusser mit einem kritischen In-Welt-sein, das durch das Einbringen von Geräuschen ermöglicht wird.[1054] Flusser verweist auf ein Weltbild des *creation ex nihilo* – ein für ihn mythisches Weltbild –, welches in der telematischen Gesellschaft durch eines der Spieler ersetzt werden muss.[1055] An der Figur des Spielers zeigt sich die Idee der Veränderung von Regeln auf der Grundlage des Verstehens dieser. Der Spieler als anthropologisches Modell fügt im Verständnis Flussers Störungen als Variationen in das Spiel ein und verändert Ordnungen und Regeln des Spiels. Er überschreitet dadurch die Grenzen des Spielgeschehens.

> „Nicht eine Gesellschaft von Göttern, sondern eine von Spielern ist nämlich zu besprechen."[1056]

Flusser geht nicht von einer allmächtigen Position des Menschen aus, sondern von einer, die den Menschen als Spieler sieht. Er zeichnet sich durch ein Wissen über die Spielregeln und die Spielsteine aus.[1057] Im Gegensatz zu dem Spiel der Natur meint dies ein Spielen, dessen Absicht das Erstellen von Informationen ist. Der Mensch erreicht durch sein methodisch absichtsvolles Spielen die In-Formation nur schneller als die Natur. Dies geschieht immer in dem Wissen, dass sich nach dem entropischen Prinzip alles wieder in Desinformation auflöst.[1058]

> „Die »Natur« erzeugt Informationen durch Würfeln, die Gesellschaft erzeugt sie absichtlich, und das heißt: dank einer Spielstrategie, methodisch."[1059]

Dieses dialogische Spiel zielt auf eine möglichst vielfältige Verknüpfung von Informationen ab. Es zeichnet sich durch eine Kombination von Inhalten aus, mit dem Ziel, neue Informationen zusammenzusetzen. Durch diese Verknüpfung realisiert sich das Ich in dialogischen Netzen.[1060] Ebenso ist es ein Spiel mit anderen Menschen in dem Sinn, dass durch die Verknüpfung das In-Welt-sein erst möglich ist. In der Verbindung mit Anderen durch Informationen entsteht das telematische Ich.[1061] Der Mensch wird zum Spieler mit Daten und kann auf dieser

---

1054 Vgl. Flusser, V. 1968, S. 28; Flusser, V. 1993f, S. 112; Flusser, V. 1993f, S. 113
1055 Vgl. Flusser, V. ⁶2000, S. 95
1056 Ebd., S. 95
1057 Vgl. Flusser, V. 1993f, S. 111
1058 Vgl. Flusser, V. ⁶2000, S. 97–98
1059 Ebd., S. 102
1060 Vgl. ebd., S. 98–100
1061 Vgl. ebd., S. 114

Grundlage kreativ sein.[1062] Er kann mit Anderen im Spiel Projektionen entwickeln, die die Modelle der Gesellschaft verändern.

> „Eine telematische Gesellschaft wäre ein dialogisches Spiel in methodischer Suche nach neuen Informationen. Diese disziplinierende Suche kann »Freiheit« genannt werden und die Richtung der Suche »Absicht«."[1063]

Guido Bröckling leitet daraus ab, dass der Mensch zu einem kompetenten Spieler in einer telematischen digitalen Welt werden muss.[1064] Allerdings lässt sich darauf verweisen, dass der Kompetenzbegriff nur schwer mit den Vorstellungen der Muße bei Flusser zu verbinden ist. Im besten Fall lässt sich der Kompetenzbegriff als einer verstehen, der die Grundlage des Menschen bildet, in das Spiel einzugreifen. Dieses kompetente Eingreifen kann mit Flusser nur mit einer Freiheit der Wahl verknüpft werden und nicht mit einer von Flusser angestrebten Form der Freiheit als Gegenüber zu Wahlprozessen. Mit dem Begriff der Kompetenz ist weiterhin verknüpft, dass der kompetente Mensch ausschließlich in dem Modell der Gesellschaft funktioniert. Dadurch ist ein kompetentes Handeln kein Spielen gegen die Apparate, als ein Spielen, das Flusser als offenes Spiel bezeichnet, sondern ein Funktionieren innerhalb dieser, als aktiv Handelnder. Kompetente Akteure im Spiel sind noch keine Menschen, die durch Erweiterung Ordnung verändern und Geräusche in diese einbringen. Eine Veränderung der Ordnung als Störung geht vielmehr darüber hinaus. Flusser bezeichnet dieses Einbringen von Geräuschen als Form der postmodernen Dichtung. In diesem dichterisch, künstlerischen In-Welt-sein liegen die Möglichkeiten der postmodernen Kritik.[1065] Das Spiel stellt eine neue Form der Lebenskunst als programmierender Spieler dar.[1066] Dieser überschreitet die nachmoderne Programmiertheit durch apparatisch bedingte Sender und ermöglicht es dem Menschen, als Projekt die Welt und die damit verbundenen Modelle zu programmieren. Erst durch die Möglichkeiten des Eingriffs kann der Mensch als ek-sistierendes Wesen eine projekthafte Stellung als telematische Form des Subjekt-seins annehmen. Im Spiel wendet er sich gegen die Redundanz der vermassenden Sender und überschreitet die zirkuläre Prägung der Lebenswelt durch redundante Modelle.

> „Das Spiel ist eine Antwort auf den stumpfsinnigen Ernst des Lebens und des Todes."[1067]

1062 Vgl. Flusser, V. 2003a, S. 170
1063 Flusser, V. ⁶2000, S. 103
1064 Vgl. Bröckling, G. 2012, S. 187–189
1065 Vgl. Flusser, V. 1968, S. 28
1066 Vgl. Flusser, V. 1987a, S. 3
1067 Flusser, V. 1968, S. 28

Flussers Bestreben hinsichtlich einer telematischen Gesellschaft kann in Anlehnung an die vorausgegangenen Ausführungen als der Versuch eines möglichen Umgangs mit der Nachmoderne gesehen werden. Der Versuch wendet sich gegen eine Programmierung der Subjekte, indem er alternative Räume und im Anschluss daran eine verändertes topologisches Weltbild aufzeigt. Der Mensch wird als Nomade zu einem Suchenden der Grenzen und zum Strebenden gegen entropische Prozesse des Vergessens. Diese Gesellschaft ist eine utopische, die für Flusser einen Reflexionsraum auf die nachmoderne Gesellschaft darstellt. Utopien als Nicht-Orte stellen für ihn den Raum zur Verfügung, um Regeln und Ordnungen zu dekonstruieren und dabei neue Räume des Denkens zu schaffen. Somit ist sein methodisches Vorgehen eine Form des nachmodernen oder telematischen In-Welt-seins. Dieses verfolgt das Ziel der Verhinderung von Auschwitz durch Etablierung eines veränderten Modells des Menschen als Projekt.

„Kurz: der Weltwürfel ist, als Ganzes gesehen, ein dekonstruktivistischer Vorfall, der aber mit konstruktivistischen Zufällen gespickt ist.“[1068]

6.1 Die telematische Gesellschaft als eine vernetzte Gesellschaft dialogischer Spieler

Der Mensch als Spieler bewegt sich in der telematischen Gesellschaft in Netzen. Über Knoten als Schnittstellen ist er mit seinen Mitmenschen verknüpft. In der flusserschen Konzeption bieten diese Netze[1069] Möglichkeits- und Spielräume, nicht zum vermassten Subjekt zu werden, sondern ein „Mündiger-werden des Menschen“[1070] zu unterstützen. Mit einer telematischen Form der Mündigkeit verknüpft Flusser eine Verbindung mit den Apparaten, die den Menschen nicht als stereotypes Objekt begreift. Auf dieser Grundlage entwickelt sich eine Anthropologie der Vernetzung, die im weiteren Verlauf auszuarbeiten ist.

„die neue Gesellschaft wird als Zug in einem absichtlich gelenkten Gesellschaftsspiel entstehen.“[1071]

1068 Flusser, V. 1990c, S. 16–17
1069 Repressive Momente dieser Vernetztheit arbeitet Baudrillard heraus, indem er auf die Möglichkeit einer genauen Zuweisung eines Platzes verweist. (Vgl. Baudrillard, J. [19]1997, S. 28) Dieser Aspekt findet bei Flusser keine ausführliche Diskussion.
1070 Flusser, V. 1993g, S. 117
1071 Flusser, V. [6]2000, S. 103

Im Rahmen einer telematischen Anthropologie gewinnt die Rolle der Intersubjektivität an Bedeutung. Es ergibt sich ein Raum für den neuen Humanismus der telematischen Gesellschaft, der den Menschen als Projekt versteht. Dieser bewegt sich weg von dem linearen Fortschritt hin zu dem Gewundenen der Netze und kann nur unter einer neuen Form der Entschlüsselung, der digitalen Hermeneutik entstehen.[1072] Mit dieser Veränderung ist die Forderung nach einer neuen Anthropologie der Vernetzung im Rahmen intersubjektiver Möglichkeitsfelder verknüpft. Sie kann als eine relationale[1073] dialogische Anthropologie beschrieben werden.[1074] Dabei erlangen die Relationen, insbesondere Nähe und Ferne zu den anderen Menschen, wie auch die Verknüpfungen über Knoten an Gewicht. Diese Verknüpfung verändert die Strukturen der nachmodernen Gesellschaft und etabliert eine intersubjektive telematische Ordnung.[1075] In einer telematischen Gesellschaft existiert jedes Ding nur in einem vernetzten Zusammenhang. Die Relation nimmt eine zentrale Bedeutung für die Ek-sistenz der Menschen und der Verhältnisse zu ihrer Lebenswelt ein. Die Idee einer Vernetztheit in der postmodernen Gesellschaft findet sich unter anderem auch bei Lyotard:

> „Das *Selbst* ist wenig, aber es ist nicht isoliert, es ist in einem Gefüge von Relationen gefangen, das noch nie so komplex und beweglich war. Jung oder alt, Mann oder Frau, reich oder arm, ist immer auf ‚Knoten' des Kommunikationskreislaufes gesetzt, seien sie auch noch so unbedeutend."[1076]

Ziel einer telematisch vernetzten Gesellschaft ist es, die Bündelstruktur massenmedialer Sender zu zerreißen.[1077] Mit der Metapher des Zerreißens verbindet Flusser eine Veränderung der Kommunikationsstrukturen, in welcher die amphitheatralischen Strukturen hinterfragt und zumindest deren Vormachtstellung aufgelöst werden. Gegen diese gebündelten Strukturen des Amphitheaters setzt Flusser dialogische Strukturen wie den Netzdialog, der die Etablierung des Menschen als telematisches Projekt unterstützt. Mit dieser Veränderung wird das Ich als vernetzter Identifikationspunkt des Netzes erst möglich.[1078] Guldin stellt heraus, dass Flusser die Netzstruktur der Sprache auf die telematischen Netze überträgt.[1079] Diese Vorstellungen von Netzen finden sich schon in seinem Werk aus dem

---

1072 Vgl. Flusser, V. 1990e, S. 46
1073 Flusser verweist darauf, dass dieses relationale Bewusstsein schon von Autoren wie Pascal, Newton, Einstein, Planck, Freud, Jung, Husserl, Levy-Strauss angelegt wurde. (Vgl. Flusser, V. 1987b, S. 5)
1074 Vgl. Flusser, V. 1990d, S. 4
1075 Vgl. Flusser, V. 1997k, S. 210
1076 Lyotard, J.-F. ⁷2012, S. 54–55
1077 Vgl. Flusser, V. 1997e, S. 149
1078 Vgl. Flusser, V. 2004, S. 26
1079 Vgl. Guldin, R. 2008, S. 22

Jahre 1957. Er verweist auf die Fäden, welche der Geist im Dunkeln aufspüren muss, um die netzartigen Strukturen der Gesellschaft zu erkennen.[1080] Diese haben ähnlich wie die sprachlichen Netze das Ziel der Generierung von Information beziehungsweise im flusserschen Sprachduktus deren Komputation.[1081] In diesen Netzen stellt der Mensch ein Gedächtnis, einen Knotenpunkt innerhalb des Gewebes dar, an dem Inhalte gespeichert sind. Das Hinterfragen der Knoten ist immer eine Frage nach existentiellen Grundbedingungen des Menschen.[1082] In einem Interview verweist Flusser darauf, dass er nicht mehr das klassische Konzept des Individuums im Blick hat, sondern nur noch die Vernetzung und damit Fäden und Knoten, welche die Stellung des Menschen als Projekt bedingen.[1083] Daraus resultiert eine veränderte Struktur der Modelle von Gesellschaft, welche große Teile der pädagogischen Denkmuster hinterfragen. Begriffe wie individuelle Förderung oder Subjektorientierung sind mit Flusser zu prüfen und mit einer Begrifflichkeit, die eine Vernetztheit zum Ausdruck bringt, zu versehen.

Aus dem veränderten Modell von Gesellschaft resultiert ein topologisches Weltbild, in dem sich Orte überdecken können. In dieser Raumkonstitution bestimmt sich die Bedeutung des Anderen über die Nähe und Ferne im Netz.[1084] Je näher sich zwei Personen stehen, desto höher ist die Verantwortung gegenüber dem Anderen, das heißt, die Qualität der Verknüpfung mit anderen Menschen bedingt deren Bedeutung für den Menschen selbst. Dabei spielt die Nähe als ein Sein in einem Raum keine Rolle mehr, sondern die Nähe im Netz.[1085] Diese Verbindungen verändern sich durch das Internet radikal. Menschen können im Jargon Flussers vielfältigere Verbindungen über diese vernetzte Struktur ausbilden wie auch neue Formen der Vernetztheit und des Bezugs zum Anderen entwickeln. Diese neue Struktur des menschlichen In-Welt-seins in Netzen geht mit der Auflösung des geometrischen Raums und dem Ausbrechen aus diesem einher und wird durch einen relationalen Raum der Netze ersetzt. Bei der Entwicklung hin zu einer netzartigen Struktur der Gesellschaft, die sich in heutigen Formen des Internets erkennen lässt und deren Ausweitungen durch mobile Formen wie das Project Glass von Google keinen nicht vernetzten Raum mehr anbieten, ist die dialogische Öffnung, das heißt, die Möglichkeit des Feedbacks und Zugriffs auf die Schnittstellen der Apparate ein zentraler Faktor.[1086]

1080 Vgl. Flusser, V. 1957, S. 82
1081 Vgl. Flusser, V. 2004, S. 56
1082 Vgl. Flusser, V. 1978b, S. 2
1083 Vgl. Flusser, V./ Sander, K. 1996, S. 110
1084 Vgl. Flusser, V. 1997l, S. 249
1085 Vgl. Flusser, V. 1997e, S. 146–147
1086 Vgl. ebd., S. 119

„Die hier gemeinte Informationsgesellschaft wäre ein intersubjektives Netz, worin sich Kerben und Ausbuchtungen befinden, innerhalb welcher einander Nahestehende miteinander verwirklicht werden."[1087]

Der Andere, der Mensch, der mit einem Projekt in Verbindung steht, hat eine große Bedeutung in der flusserschen Konzeption der telematischen Gesellschaft. In den Projekten verknotet sich die Beziehung zu den Anderen.[1088] Die einzelnen Projekte werden zum Punkt eines intersubjektiven Relationsfeldes mit den Menschen, die das Projekt umgeben. Dieses Relationsfeld spannt sich mit Hilfe moderner technischer und medialer Formen über die dem Menschen bekannte Welt beziehungsweise stellt eine neue Form der symbolischen Überdeckung der Bodenlosigkeit dar. Die qualitative wie auch quantitative Menge an Fäden bedingt und strukturiert die Lebenswelt des Projekts.[1089] Es ist keine dinghafte Umgebung, in der der Mensch lebt und sich bewegt, sondern seine Beziehungen zu Menschen und Inhalten strukturieren die Lebenswelt.[1090] Die Menschen lösen sich aus der Subjekt-Objekt-Relation und die Dinge der Welt werden projizierbar. Dadurch nehmen sie einen Status der Virtualität an. Das Projekt der telematischen Gesellschaft steht immer in Beziehung zu Anderen und entsteht erst durch den Kontakt zu den ihn umgebenden Menschen. Es ek-sistiert erst in Bezug auf ein Gegenüber in Bezug auf jemanden und in einer Ich-Du-Beziehung.[1091] Somit ist der Mensch als Projekt erst in einem Beziehungsnetz als Relation zu anderen Menschen. Er tritt als telematisches Projekt aus diesem hervor. Im Anschluss daran sind Veränderungen der Lebenswelt und der Modelle der Lebenswelt nur über die Beziehungsnetze möglich. Um die Welt zu verändern, gilt es das Relationsfeld zu ändern.[1092] Im Rahmen dieser gesellschaftlichen Struktur lösen sich das lineare Zeitverständnis der Moderne, wie auch Formen der Beschleunigung auf.[1093] Es ist das Näherkommen, das den Fortschritt ersetzt und in dessen Konsequenz ein topologisches Weltbild entsteht, in dem die Distanz zum Anderen tragender Faktor wird. Dabei verändert sich auch die Form der Messung. Die Messung der Zeit wird durch die Messung der Entfernung ersetzt. Der Mensch bestimmt sein intersubjektives Relationsfeld durch die Abstände und durch die Entfernungen zu

---

1087 Flusser, V. 2000, S. 209
1088 Vgl. Flusser, V. 1997e, S. 146–147
1089 Vgl. ebd., S. 178
1090 Vgl. Flusser, V. 1990e, S. 158
1091 Vgl. Flusser, V. 1997e, S. 144; Flusser, V. 1990e, S. 212 - Das Konstrukt zwischen Ich und Du als eine philosophische Überlegung, die mit der Nähe und Ferne verknüpft ist, übernimmt Flusser von Martin Buber in säkularisierter Form. (Vgl. Ströhl, A. 2013, S. 43)
1092 Vgl. Flusser, V. 1987b, S. 5
1093 Vgl. hierzu Dörpinghaus, A./ Uphoff, I. K. 2012

den Anderen entsteht die Möglichkeit, zu dialogisieren, um dadurch Informationen zu generieren.[1094] Der Fernseher, wie auch das Internet, bringen dem telematischen Projekt das Ferne näher. Die Bedeutung der Mobilität, das heißt, das Verlassen des privaten Raums, nimmt ab[1095] und wird durch die vernetzte dialogische Kommunikation und eben nicht durch eine diskursive Form, die Flusser in seinen Analysen herausarbeitet, ersetzt.

Neben der Bedeutung des Anderen und der Nähe und Ferne ist die Form der Übertragung der Inhalte ein ausschlaggebender Punkt. Es ist für Flusser wichtig, dass in einer telematischen Gesellschaft dialogische und demokratische Strahlenbündel entstehen können.[1096] In der nachmodernen Gesellschaft sieht Flusser bündelartige Sender vorherrschen, auf die der Empfänger nicht mit Hilfe des Feedbacks einwirken kann, das heißt, er kann nicht antworten.[1097] Jedes Projekt beteiligt sich in seiner Vernetztheit an der Generierung von Informationen und löst sich durch diesen Vorgang von seinem vermassten stereotypen Objektstatus. In diesem Sinne beschreiben die telematischen Ausführungen eine Suche nach Orten, die die Bündelung, die Flusser als faschistische Form der Übertragung kennzeichnet, aufheben und dadurch reversible Kanäle schaffen.[1098] Gemeint ist ein Bestreben, das gegen die medialen Zentren vorgeht mit dem Ziel, jeden zum Sender zu machen.[1099] Dabei sind die Strukturen zu verändern, indem unter anderem die technischen Möglichkeiten gegen die Tendenz der Vermassung genutzt werden. Flusser zeigt bereits an dem Beispiel des Fernsehens wie auch des Rundfunks auf, dass das Feedback nicht realisiert wird. Daher gilt es, die reversiblen Kanäle zu nutzen, die in den medialen Strukturen angelegt sind, um die Menschen mit dem Ziel des Dialogs einander wieder näher zu bringen.

> „Er muß sich mit anderen Informationsempfängern, dank reversiblen Kabeln, vernetzen, um gemeinsam mit ihnen autoritätsfrei seinem Leben Sinn zu verleihen."[1100]

Flussers Ausführungen zu der telematischen Gesellschaft beinhalten unter anderem einen Aufruf, die technischen Möglichkeiten zu nutzen, um in einer Netzstruktur neue dialogische Ansätze zu realisieren.[1101] Es sind gesellschaftliche Muster, in denen die Zeit eine untergeordnete Rolle gegenüber dem Ort einnimmt und in

---

1094 Vgl. Flusser, V. 1997d, S. 212–213
1095 Vgl. Flusser, V. 1993g, S. 214–215
1096 Vgl. Flusser, V. ⁶2000, S. 72
1097 Vgl. Flusser, V. 2008, S. 47
1098 Vgl. Flusser, V. 2008, S. 34
1099 Vgl. Flusser, V. ⁶2000, S. 68
1100 Flusser, V. 1992e, S. 169
1101 Vgl. Flusser, V. 1997e, S. 88

denen der Mensch zum Schnittpunkt beziehungsweise Knoten von Fäden wird. Somit stellt Flusser heraus, dass eventuell schon in der nachmodernen Gesellschaft ein Messen in Dollar die angemessenere Form der Raumerfahrung wäre, da sie die Nähe und Ferne in Flug- oder Zugpreisen besser ausdrückt.[1102] Nur die intersubjektiven Beziehungen und deren Kreuzungen sind für Flusser bedeutsam[1103], weshalb Städte an einer Häufung von Kreuzungen entstehen. Es bieten sich dabei Überschneidungen mit denen von Swertz herausgestellten neuen globalen Städten, welche durch Kommunikationsräume konstituiert werden.[1104] Somit wird die moralische Kategorie der Verantwortung zu der Fähigkeit, antworten zu können und dabei den anderen als Gegenüber anzuerkennen.[1105] Der Mensch als Projekt gewinnt die Möglichkeit, im Antworten absichtsvoll in Welt zu sein, das heißt, dialogisch antwortend, wie auch projizierend die Modelle und Ordnung von Welt mitzugestalten. Dabei ist, wie bei Böhme, das einzelne Ding und bei Flusser auch der einzelne Mensch immer in seinem vernetzten Zusammenhang zu betrachten.[1106] Menschen, die dem Projekt nah sind, werden für dieses eine Bedeutung besitzen und auch Verantwortung hervorrufen.

Als Konsequenz entstehen neue ethische Implikationen in einer telematischen Gesellschaft. Die projizierende Intersubjektivität wird zu einer zentralen Kategorie der telematischen Gesellschaft.[1107] Konkret sind in dieser utopischen Gesellschaftsform nur noch die Beziehungen zu Anderen.[1108] In der Nachmoderne kann sich das Subjekt gegen eine permanente Vernetzung nicht wehren, weshalb eine reflexive Auseinandersetzung mit dieser erforderlich wird.[1109] Innerhalb dieser Netze spielt das Informieren die zentrale Rolle, um sich gegen die vermassten, durch bündelhafte Ausstrahlung entstandenen Strukturen zu wehren. Der telematische Marktplatz bildet den Raum des Austauschs von Ideen und Inhalten im Rahmen der reversibel gestalteten technischen Möglichkeiten.[1110] Dadurch entsteht ein Begriff von Zukunft, der ein immer Wahrscheinlicherwerden des Menschen im Rahmen des Möglichkeitsfeldes im Blick hat.[1111] Das Projekt gestaltet den Möglichkeitsraum des Wahrscheinlichen in vernetzten Gruppen mit. In der Reflexion auf diese Möglichkeiten entstehen Räume für Bildungsprozesse.

1102 Vgl. Flusser, V. 2008, S. 75
1103 Vgl. Flusser, V. 2004, S. 53–54
1104 Vgl. Swertz, C. 2008b, S. 8
1105 Vgl. Flusser, V./ Sander, K. 1996, S. 224
1106 Vgl. Böhme, G. 2008, S. 96
1107 Vgl. Flusser, V. 2008, S. 82
1108 Vgl. Flusser, V. 2004, S. 49
1109 Vgl. Bröckling, G. 2012, S. 169
1110 Vgl. Flusser, V. 1990f, S. 30; Flusser, V. XXXXw, S. 11
1111 Vgl. Flusser, V. 1993m, S. 461

Diese Begrifflichkeit löst sich von einem linearen Verständnis von Zukunft und bildet einen neuen netzartigen Begriff von Zukunft als Form der Projektion als Möglichkeitsräume aus. Der Mensch wird in seinem neuen anthropologischen Verständnis zu einem Projekt, das sich in dialogischen Gruppen im Möglichkeitsfeld der Zukunft ent-wirft, sich in dieser Handlung absichtsvoll zu seinem Geworfen-sein verhält. Nähe und Ferne bilden dafür die zentralen Kriterien für einen Begriff der Zukunft als nicht temporale Form, sondern als Möglichkeitsfeld der Projektion.

6.2 Die telematische Gesellschaft als dialogische Gesellschaft der Künstler

In Anlehnung an die Ausführungen zur Vernetzung, der Bedeutung von Knoten, wie auch der Nähe und Ferne zeigt sich das Ziel Flussers, eine neue Anthropologie, eine Anthropologie des Netzes, grundzulegen beziehungsweise den Menschen in einem Feld intersubjektiver Relationen zu verorten. Diese Verknüpfungen sind dialogisch und in einer neuen Form demokratisch[1112] zu gestalten.[1113] Kommunikation steht als ein Phänomen der Freiheit im Mittelpunkt der Überlegungen.[1114] In der telematischen Gesellschaft soll die schon erläuterte restriktive Wahlfreiheit in eine neue Form der Freiheit übergehen. Dieses Vorhaben impliziert die Auflösung faschistischer Kommunikationsstrukturen. Es ist eine Wendung gegen ihre stereotype Technisierung und eine Form, sich der Unterwerfung durch zentrale Sender zu entziehen.[1115] Eine Wendung gegen Technisierung meint keine Ablehnung technischer Apparate und Produkte, sondern eine Wendung gegen eine gleichgeschaltete Kommunikation. Es ist der Versuch, den durch zentrale Sender stereotyp programmierten Menschen durch einen dialogisch vernetzten zu ersetzen.[1116] Dadurch entstehen Kommunikationsstrukturen, die in Gruppen Informationen synthetisieren und dabei die Möglichkeit verfolgen, breite gesellschaftliche Gruppen zu ent-programmieren und eine neue Form der Elite zu etablieren. Diese Elite ist nach Flusser bestrebt, alle Menschen in sich aufzunehmen. Im Gegensatz zu den Vorstellungen der griechischen Antike erweitert sich die schmale Gruppe der Künstler und Philosophen auf alle gesellschaftlichen Schichten. Die Grundlage dafür ist die eines müßigen Lebens, welches durch die Apparate und deren Übernahme der Arbeit entsteht. Daraus resultiert

---

1112 Vgl. hierzu Maier, H. 1972
1113 Vgl. Flusser, V. 2003a, S. 172–173
1114 Vgl. Flusser, V. ⁴2007, S. 15
1115 Vgl. Michael, J. 2009a, S. 138
1116 Vgl. Flusser, V. 2008, S. 192

eine dialogische Gesellschaft von Künstlern, die von Arbeit befreit ist.[1117] Sie hat den Übergang von der Zeile in das netzartige Gewebe vollzogen und synthetisiert dialogisch Informationen.[1118] In der Utopie der telematischen Gesellschaft werden alle Entscheidungen im Sinne aller übrigen Entscheidungen getroffen. Dies wird durch die Vernetzung und der anthropologischen Vorstellung des Menschen als Projekt möglich.[1119] Es ist eine Bewegung, die sich gegen zentrale Sender hin zu ihrer Dezentralisierung in einer telematischen Gesellschaftsform wendet. Daraus folgt eine Vielzahl an dialogisierenden Gruppen, die sich Räume der Reflexion und Bildung schaffen.

Der Mensch steht in dieser Gesellschaftsform in einem dialogischen Verhältnis zu der Gemeinschaft und den Mitmenschen. Erst durch diesen Kontakt und die damit bedingte dialogische Kommunikation ek-sistiert der Mensch in der telematischen Gesellschaft. Das urteilsfähige Subjekt geht in Autorengruppen auf, die durch einen, nach Flusser, überindividuellen Dialog bedingt sind.[1120] Es sind Gruppen von Menschen, die die Autorenschaften in einer telematischen vernetzten Gesellschaft übernehmen, das heißt, Informationen synthetisieren und verarbeiten. Mit Ingold kann an der Postmoderne und mit Flusser an der telematischen Gesellschaft ein Schwinden des auktorialen Ich gezeigt werden. Die individuelle Autorenschaft der Moderne wird durch vernetzte Autorengruppen ersetzt,[1121] weshalb ein dialogisches Wirken von vernetzten Spezialisten oder Eliten, wie Flusser sie auch an anderer Stelle nennt, entsteht.

> „Sein Konzept der Intersubjektivität setzt wiederum einen unmittelbaren Austausch zwischen den Beteiligten voraus, und zwar einen, der innerhalb des gleichen Mediums stattfindet und bei dem sich Sender und Empfänger auf der gleichen hierarchischen Ebene befinden."[1122]

Damit ist es eine Gesellschaft der Kreativität und der schöpferischen Menschen, die die telematischen Ausprägungen der gesellschaftlichen Strukturen kennzeichnet.[1123] Es wird in dieser, in Anlehnung an Flusser, unmöglich sein, allein zu arbeiten.[1124] Dadurch drückt sich die schwindende Bedeutung des einzelnen Menschen für die telematische Gesellschaft aus. Das Subjekt verliert seinen Status zu Gunsten der Gruppe. Somit entstehen Daten, die zu Produkten einer Gruppe

---

1117 Vgl. Flusser, V. ⁶2000, S. 93
1118 Vgl. Flusser, V. 1997e, S. 65
1119 Vgl. Flusser, V. ⁶2000, S. 133
1120 Vgl. ebd., S. 112
1121 Vgl. Ingold, F. P. 1990, S. 169–171
1122 Marburger, M. R. 2011, S. 103
1123 Vgl. Flusser, V. 1998i, S. 94; Marburger, M. R. 2009, S. 107–111
1124 Vgl. Flusser, V. 2008, S. 148–150

werden, welche über verschiedene Formen des Interface miteinander verknüpft sind.[1125] Dafür sind, echte private Räume zu ermöglichen, die sich mit Hilfe der Dialoge verbinden, ohne dass die Räume mit Kabeln durchzogen sind, die Stereotype verbreiten.[1126] Diese dialogischen Räume sind in den Analysen Flussers durch die Übernahme des ökonomischen und politischen Raums durch Maschinen und Apparate denkbar. Es entstehen für die Projekte Räume, die Flusser an anderer Stelle auch als Räume der Muße bezeichnet, in denen Welt dialogisch und intersubjektiv angeeignet werden kann.[1127]

> „Es waere ein echter ‚politischer Raum', im Sinn von: antispezialisierend, antiprivatisierend. Und zwar eben deshalb, weil er nicht auf einem pseudo-oeffentlichen Apparat, sondern auf echter Privatizitaet fussen wuerde. Daher ist dieser Raum auch nicht von Spezialisten, sondern von Privatmenschen im Dialog zu entwerfen."[1128]

Ziel der Kommunikation in einer telematischen Gesellschaft ist eine dialogische Struktur. In der neuen Codestruktur ist die dialogische Form der Kommunikation zwar angelegt, sie wird aber, wie Flusser an vielen Stellen unter anderem am Beispiel des Fernsehens darstellt, schlichtweg nicht realisiert. Dabei muss eine dialogische Öffnung durch das Feedback und die Möglichkeit, selbst zum Sender zu werden, umgesetzt werden. Daneben ist das Verhältnis Apparat-Mensch dialogisch zu gestalten.[1129] Flusser sieht die Chance, mit Hilfe der Apparate und der Vernetzung, demokratische Strukturen zu realisieren.[1130] Ziel ist es, starke telematische Projekte gegenüber den Apparaten zu entwerfen. Es ist erforderlich, den diskursiven Schaltplan, den er neben den Apparaten auch den nachmodernen Gesellschaft zuschreibt, in einen dialogischen, telematischen umzubauen, der der Vermassung entgegenwirkt. Apparate sind, wie auch Menschen auf einer dialogischen Ebene der Kommunikation gleichzustellen, um diskursive Formen der nachmodernen Gesellschaft zu überwinden. Dies kann mit der Nutzung der Reversibilität der Kabel entstehen. Das heißt, es werden auch die Kanäle genutzt, welche zurück zu den Sendern der Inhalte gehen. Daher ist ein Umschalten der Massenmedien oder vielmehr der vermassenden Medien in eine dialogische Form das Ziel, was zugleich ein politisches Problem beschreibt.[1131] Eine kreative Demokratie der dialogischen Gruppen lässt sich als künstlerische im flusserschen

---

1125 Vgl. Bystrický, J. 2007, S. 7
1126 Vgl. Flusser, V. XXXXw, S. 11
1127 Vgl. Flusser, V. XXXXv, S. 105
1128 Flusser, V. XXXXw, S. 12
1129 Vgl. Flusser, V. ⁶2000, S. 125
1130 Vgl. ebd., S. 84–85
1131 Vgl. Michael, J. 2009b, S. 32

Verständnis bezeichnen. Sie entsteht mit Hilfe neuer Formen der dialogischen Kommunikation. Diese Anlagen sieht Flusser zum Beispiel mit dem Telefon gegeben, welches die reversiblen Optionen der Netzstruktur nutzt.[1132] Aber auch der Personal Computer bietet die Möglichkeit, dialogisch zu arbeiten. Entsprechende Formen in der Nutzung der Computer sind möglicherweise schon zu erkennen, wenn mit Hilfe von Cloud-Lösungen gemeinsam an der Erstellung von Inhalten gearbeitet wird. Diese neuen Möglichkeiten haben viel weniger den Charakter der Abgeschlossenheit. Im elektromagnetischen Feld entstehen Texte, die Zwiegesprächen innerhalb von Gruppen ähneln und die sich durch eine fortwährende Reversibilität auszeichnen. In dieser sind einzelne Autoren häufig nur noch rudimentär zu erkennen.[1133] Sie nutzen die dialogische Funktion der Tasten, die nach Flusser nur selten wahrgenommen wird, und zeigen erste Ansätze auf, die zwar keine telematische Gesellschaft entstehen lassen, aber Bereiche in einer nachmodernen Gesellschaft entwickeln, in denen telematische Vorstellungen sichtbar werden.[1134]

So entsteht eine Gesellschaft, in der jeder Mensch grundsätzlich die Möglichkeit gewinnt, an Inhalten zu partizipieren. Diesen Effekt sieht Irrgang in dem Fortschritt des Web 2.0 gegeben, inwieweit diese genutzt werden, ist allerdings fragwürdig.[1135] Flusser belegt diese Möglichkeit der Partizipation an der Verschiebung der Synthetisierung ins elektromagnetische Feld, so dass weiche und manipulierbare Zeilen erstellt werden können. Es entstehen dialogische Texte, die den Empfänger zum Prozessieren und Einfügen von Informationen auffordern.[1136] Sie unterscheiden sich von der modernen und nachmodernen Form durch ihre Vorläufigkeit. Durch das Anerkennen der Auflösung der einen Wahrheit verändern sich auch die Strukturen der Texte in permanent im Wandel befindliche Formen, die zu keiner Endgültigkeit führen. Skandale wie die Überwachung durch die NSA können allerdings als Anzeichen gewertet werden, dass große Teile der Gesellschaft die Möglichkeiten der Partizipation nicht nutzen. Meist scheitert das Synthetisieren von Inhalten schon an der Tatsache, dass das Lesen des Codes noch nicht erlernt wurde.

1132 Vgl. Flusser, V. 1997d, S. 191
1133 Vgl. Flusser, V. 1997e, S. 63–64
1134 Vgl. Flusser, V. ⁶2000, S. 36
1135 Vgl. Irrgang, B. 2009, S. 48
1136 Vgl. Flusser, V. 1995, S. 61–62; Flusser, V. 1990g, S. 73

6.3 Eine telematische Anthropologie des Projizierens

Im Rahmen der dialogischen Kommunikation spielt die Möglichkeit der Projektion, die dem Menschen in der telematischen Gesellschaft zukommt, eine wichtige Rolle. In der nachmodernen Zeit wie auch in der Utopie der telematischen Gesellschaft findet ein Wandel hin zur Projektion statt, durch den es möglich wird, Ordnungen, Dinge, die Weltkonstruktion durch Projekte, wie auch Autorengruppen zu komputieren und zu projizieren.[1137] Darunter versteht Flusser, Modelle in die Welt zu werfen und dadurch ent-werfend Welt zu konstituieren. Projektion ist ein Erstellen und Verändern von Welt, wodurch der Mensch als Projekt zum aktiven Gestalter[1138] seiner Lebenswelt wird. Durch ein spielerisch-dialogisches In-Welt-sein bringen sie Modelle und Ordnung, das heißt, ihren Lebensraum hervor. Dies geschieht unter der Voraussetzung, dass eine Zersetzung der Welt durch das numerische Denken und Handeln in der ausgehenden Moderne stattfindet, welches sich am Übergang hin zur Nachmoderne als weltstrukturierende Codeform mit Hilfe des Technocodes durchsetzt.[1139] In der Moderne erkennt der Mensch die Bodenlosigkeit. Das Projekt-sein ist somit Ausdruck einer telematischen Anthropologie. Daran wird ersichtlich, wie das Projekt als Nachfolger des Subjekts Reflexionsräume und Räume der Kritik eröffnet und einen telematischen Begriff von Bildung neu bestimmt.

> „Was dieser Beitrag zu sagen versucht ist, dass wir lernen muessen, uns selbst und die Welt anders als frueher zu erleben. Nicht mehr als Unterworfene von Bedingungen, sondern jetzt als Verwirklicher von Moeglichkeiten um uns herum und in uns. Dass wir die Freiheit nicht mehr als Befreiung von Bedingungen, sondern als Verwirklichung von Moeglichkeiten zu erleben lernen muessen."[1140]

In der telematischen Gesellschaft wird der Mensch zum Projekt, welches die Ordnung der Welt als Mitglied von Gruppen dialogisch entwirft. Gruppen können in ihrer Vernetztheit Welten entwerfen, die nur wirksam in der Anerkennung durch andere werden. Der Mensch und die Gesellschaft projizieren Orte, Objekte, Sichtweisen als Zugangsformen zu Welt. Diese Modelle strukturieren das In-Welt-sein der Menschen im Verständnis Flussers als Projekte und versuchen dadurch die

---

1137 Vgl. hierzu Blumenberg, H. 2009, S. 105
1138 Ähnliche Ideen finden sich schon in den Thesen Turings. Er entwickelt eine Sprache, die kontextfrei und formal ist. Dabei geht das Medium von einem des Verstehens zu einem der An-ordnung über. Dadurch verändert sich das jüdisch-christliche Verständnis der Medien des Verstehens. Die Menschen gehen zu einer aktiven Erforschung und Gestaltung von Welt über. (Vgl. Sesink, W. 2008b, S. 408)
1139 Vgl. Flusser, V. 2004, S. 15
1140 Flusser, V. 1989b, S. 5

Bodenlosigkeit, die am Übergang zur Nachmoderne entsteht, zu überbrücken. Es ist ein Entwerfen, das Flusser als nach-ideologisches beschreibt, da dieses nicht versucht Standpunkte zu entwerfen, die modern als Wahrheit bezeichnet werden, sondern mit Standpunkten spielt.[1141] Vielmehr sind es Standpunkte, die in einer dialogischen Aushandlung als Gegenüber zu dem Möglichkeitsraum anderer Standpunkte entstehen. Die telematische Gesellschaft zeichnet sich durch eine Pluralität von Standpunkten, Modellen und Ordnungen von Lebenswelt aus. Diese Pluralität bietet sich in ihrer Offenheit für andere Projekte zur „Weiterentwickelung" an. Damit geht eine Lebenshaltung einher, die Flusser mit dem sprunghaften Suchen des Fotografen nach den möglichen Standpunkten beziehungsweise Horizonten gleichsetzt. Der Mensch erkennt, dass wenn er die geschichtlichen Prozesse der Linearität hinter sich lässt, neue Möglichkeitsfelder und Horizonte entstehen, welche er mit Hilfe der Projektion ausfüllen und gestalten kann.

> „Wir Postmodernen sind nicht mehr Subjekte einer gegebenen objektiven Welt, sondern Projekte für alternative objektivierte Projektionen."[1142]

Flusser stellt mit Hilfe der Postmoderne dar, dass Welten nicht mehr als feste Grundlage entdeckt werden, sondern nur noch als projizierte veränderbare Modelle. Somit entdeckt der Mensch die Ordnung nicht mehr, sondern entwirft diese auf der Grundlage der Nulldimensionalität des Punktuniversums, das heißt, aus der Bodenlosigkeit der Nachmoderne heraus.[1143] Ernst benennt dieses Vorgehen als eine entwerfende Praxis, die das „»Nichts« verneint."[1144] Somit wird das In-Welt-sein zu einer aktiven Gestaltung der Lebenswelt, wenn die Menschen eine dialogische Form der Kommunikation etablieren und sich dadurch aktiv zu den Apparaten verhalten. Es ist eine Lebenshaltung, die sich der Freiräume des Menschen als entwerfendes Projekt bewusst wird.[1145]

Dieses Ent-werfen des Menschen als Projekt kann mit Flusser kommunikationstheoretisch als informierende Geste bezeichnet werden. Auf der Grundlage der Technobilder und dem dahinter stehenden binären Code werden die Möglichkeitsräume eines telematischen In-Welt-seins sichtbar. Durch dieses Vorgehen unterscheidet sich der Mensch von den Apparaten wie auch den künstlichen Intelligenzen. Das menschliche Entwerfen, das für die flussersche Theorie

---

1141 Vgl. Flusser, V. 1997e, S. 90–91
1142 Flusser, V. 1992d, S. 35
1143 Vgl. Flusser, V./ Sander, K. 1996, S. 84
1144 Ernst, C. 2005, S. 355
1145 Vgl. Flusser, V. 2004, S. 257

zentral ist, ist ausschließlich ein absichtsvolles Vorgehen,[1146] wohingegen das apparatische ein randomisiertes, zufälliges ist. Jede Projektion erstellt Modelle der Lebenswelt.[1147] Der Mensch wird zu einem Projekt der alternativen Realitäten. Er hat die Möglichkeiten, in einem dialogischen Verhältnis mit anderen Projekten und Apparaten neue Welten und neue alternative Wirklichkeiten zu erstellen.

Dies geschieht im doppelten Sinn. Einerseits ist es der Mensch, der mit der projizierenden Kraft Welten erstellt und andererseits wird er zum Projekt dieser Welten, das heißt, er ist das Ergebnis einer oder mehrerer Lebenswelten. Es entstehen Ordnungen, die durch den Dialog der Projekte der telematischen Gesellschaft anpassbar und veränderbar werden.[1148] Für Flusser, der an dieser Stelle auf Heidegger verweist, ist es eine ent-werfende Form des In-Welt-seins. Der Mensch wendet sich gegen sein Geworfen-sein in der Welt und entscheidet sich zu projizieren.[1149] Dadurch bieten sich dem Menschen als Projekt neue, vorher nicht dagewesene Möglichkeiten auf die Lebenswelt projektiv einzuwirken, das heißt, neue künstliche und auch künstlerische Lebenswelten zu erstellen. Mit Zielinski ist es eine Bewegung, die das Sich-verwirklichen zu realisieren sucht. Diese Bewegung entwirft sich in die Zukunft und bringt im Anschluss daran ein nicht zeitliches Modell der Zukunft hervor.[1150] Flusser bezeichnet die schöpferischen Momente als Verwirklichung von Möglichkeiten innerhalb einer telematischen Welt, als neue Verknüpfungen innerhalb eines Netzes von Relationen. Durch diese permanent neuen Verknüpfungen verliert sich der Status einer objektiven Welt hin zu intersubjektiv sich permanent verändernden Welten.[1151] Damit verabschiedet sich die telematische Gesellschaft von dem passiven Beschauen der Theorien, wie in der griechischen Antike, und wird unter den benannten Bedingungen zum aktiven Gestalter der Vorstellungen und Modelle. Das Beschauen lässt sich als eine passive Suche im Verständnis Flussers ansehen, während sich die Projektion einer aktiven Gestaltung zuwendet.[1152] Im Rahmen dieses Modellierens der Welt und auch der Theorien liegt das Moment der Freiheit, das die Freiheit der Wahl, welche den Subjekten durch die Apparate vorgegeben ist, überschreitet.

> „Die gegenwärtige Kulturrevolution besteht darin, daß wir fähig geworden sind, neben die uns angeblich gegebene Welt alternative Welten zu stellen."[1153]

1146 Vgl. Flusser, V. 1993g, S. 43–44
1147 Vgl. Flusser, V. 2008, S. 222
1148 Vgl. Flusser, V. 2004, S. 16
1149 Vgl. ebd., S. 25
1150 Vgl. Zielinski, S. 2010, S. 52
1151 Vgl. Flusser, V. 1987b, S. 4
1152 Vgl. Flusser, V. XXXXw, S. 12
1153 Flusser, V. 1993k, S. 54

In den Welten der Projektionen verlieren die Menschen ihren Glauben an die Wirklichkeit. Vielmehr wird die Wirklichkeit zur Grenze des Komputierens[1154] und zur Grenze des zu einem Zeitpunkt Entworfenen. Die Kategorien wahr und falsch lösen sich auf und Flusser überführt sie in den Dualismus wahrscheinlich und unwahrscheinlich. Es sind Möglichkeitsfelder des Ent-werfens, die die nachmoderne wie auch die telematische Gesellschaft bedingen und das In-Welt-sein strukturieren.[1155] Im Gegensatz zur Natur zeichnet sich der Mensch durch seine „Lust am Unwahrscheinlichen"[1156] aus. Gemeint ist eine Lust, die den Menschen als Projekt antreibt und ihn dazu führt, dass er sich einem Streben nach Veränderung hingibt, das heißt, dass er neue, informative Inhalte synthetisiert. Für Flusser setzt die telematische Gesellschaft an dieser Grundbedingung an. Auf dieser Grundlage des Strebens nach Unwahrscheinlichem erreicht der Mensch mit seinem absichtsvollen strategischen Spiel Projektionen und Komputationen schneller, als die Natur diese hervorbringen würde.[1157] Es entstehen Formen des Lebens, die nicht mehr zwischen Subjekt und Objekt unterscheiden können. Vielmehr wird diese Unterscheidung in einem Universum des Ent-werfens obsolet, da die Objekte als Punktschwärme erkannt werden und die Projekte diese zu projizieren lernen.[1158] Wissenschaften wie auch die Kunst übernehmen die Aufgabe der Projektion.[1159] Der Mensch beginnt in einem theoretischen und auch künstlichen, künstlerischen Zeitalter zu leben.

> „Nimmt man an, dass alle Ordnung ein technischer Entwurf ist, also eine Konkretisierung unserer Tendenz zur Freiheit, dann wird der Begriff ‚Kunst' unvermeidlich. Jede Ordnung ist dann kuenstlich, ein Kunstwerk, und alle Ordnung, auch die sogenannten Naturgesetze, sind nach aesthetischen Kriterien zu kritisieren."[1160]

Die Künstlichkeit sieht Flusser gegeben, da in telematischen Gesellschaftsformen Weltbilder und Modelle künstlich und auch künstlerisch entworfen werden. Dadurch werden die projizierten Modelle zu Kunstwerken, welche die Lebenswelten von Menschen strukturieren.[1161] Kunst meint im Rahmen einer allgemeinen Definition für Flusser einen Akt, der sich gegen Gewohnheiten wendet, das heißt, eine Distanz zu diesen einnimmt und über die Zeit wieder zu diesen wird. Dieser

---

1154 Vgl. Flusser, V. 1998i, S. 214–216
1155 Vgl. Flusser, V./ Sander, K. 1996, S. 233–234
1156 Flusser, V. XXXXu, S. 2
1157 Vgl. Flusser, V. ⁶2000, S. 115
1158 Vgl. Flusser, V. 1997e, S. 224
1159 Vgl. Zielinski, S. 2010, S. 9
1160 Flusser, V. 1989a, S. 4
1161 Vgl. Flusser, V. XXXXd, S. 1

Vorgang spricht sich gegen die redundante Ordnung aus und fügt Geräusche mit
Hilfe informativer Inhalte in diese ein. Dadurch entstehen ästhetische Erfahrungen
als Störung der Ordnung und der Lebenswelt.[1162] Im Anschluss daran ist Kunst
immer eine absichtsvolle Handlung, die aus der Bodenlosigkeit unwahrscheinliche
Projektionen hervorbringt. Der Künstler wendet sich im breiten Verständnis
Flussers gegen die entropische Tendenz der Welt.[1163] Auf dieser Grundlage entstehen künstliche Gedächtnisse und Intelligenzen. Das Revolutionäre an künstlichen Intelligenzen ist, dass der Mensch erstmals Prozesse künstlich herstellt,
die früher als geistige bezeichnet wurden. Daran schließt sich für Flusser die
Option an, ehemals natürliche Prozesse künstlich nachzubilden und die Lebenswelt des Menschen radikal zu verändern. Diese Möglichkeiten verändern die
Begriffe, die modern wie auch nachmodern als klassisch natürliche galten, wie
zum Beispiel der Begriff der Materie, der sich im Chaos der Bodenlosigkeit in
der Dualität von 0 und 1 des binären Codes auflöst.[1164]

> „Wenn auch tappend und in zahllosen Sackgassen mündend trägt die heutige Kunst jedoch im
> Ganzen den Stempel einer neuen und alle Gegensätze überholenden Einheit. Denn sie ahmt
> nicht länger nach – weder die Griechen noch die Natur noch die Nerveneindrücke –, sondern
> schafft eine neue Sprache."[1165]

Der Mensch lebt in einer künstlichen und damit künstlerischen Welt, in der er
sich von den Apparaten zu emanzipieren beginnt. Dies geschieht nach den Vorstellungen Flussers nicht mehr subjektiv, sondern projektiv in einer telematischen
Gesellschaft und Lebenswelt.

> „Letztlich ,ist' der Mensch die vielen kleinen Projekte, über die er sich entwirft und seine Exis-
> tenz entfaltet. Das Selbst wird so zu einem dynamischen, unabgeschlossenen Projekt, das auf
> einen zukünftigen ,Zustand' ausgerichtet und in das Jetzt zurückgeworfen wird."[1166]

Die Umstellung auf eine projektive Lebensweise stellt Flusser allerdings als
schwierig dar.[1167] Es ist ein Erwachsenwerden der modernen Subjekte, die sich
bewusst werden, dass sie „träumen"[1168] und dadurch zum Projekt der Welt werden
können. Sie erkennen also, dass ihre Lebenswelt keine einzigartige ist, sondern
nur ein möglicher Entwurf, eine mögliche Projektion. Der Mensch ist umgeben

---

1162 Vgl. Flusser, V. 1998g, S. 200
1163 Vgl. Flusser, V. 1990e, S. 200
1164 Vgl. Flusser, V. XXXXk, S. 5
1165 Flusser, V. 1997c, S. 153
1166 Unger, A. 2010, S. 113
1167 Vgl. Flusser, V. 2004, S. 103
1168 Flusser, V. 1997e, S. 213

von in das Bilduniversum projizierten Modellen, die das Mensch-sein bedingen. Er erlernt in der telematischen Gesellschaft, Unwahrscheinliches und Informatives in die Welt zu projizieren. Der Mensch wird dadurch zum Projektor der Zukunft. Dies kann er erst anerkennen, wenn er sich von den Maschinen und Apparaten emanzipiert, wenn er nicht mehr mit ihnen konkurriert. Diesen Vorgang der Emanzipation, welchen Flusser auch als Aufrichten des Menschen bezeichnet, ist geprägt durch ein dialogisch-künstlerisches In-Welt-sein der Projektion. Utopien dienen dabei dazu, den Möglichkeitsraum, das heißt, die Horizonte spielerisch auszuloten. Das Menschenbild des Projekts und die damit verknüpfte Anthropologie geht mit dem Verabschieden der Idee einher, arbeiten zu müssen. Am Übergang zur Nachmoderne entsteht für Flusser die Möglichkeit, dass alle Formen der Arbeit an Maschinen und Apparate übergeben werden können. Aus dieser Möglichkeit entsteht erst die eine Lebensform des Menschen als Projekt. Es entstehen neue Möglichkeitsräume, die für Flusser in einem müßigen Leben, das heißt einem Leben in dem der Mensch nicht mehr arbeiten muss – in einem ökonomischen Verständnis – grundgelegt sind. Diese Möglichkeitsräume können als Freiräume gesehen werden, die durch das Erstellen von Modellen, das heißt, mit künstlerischen Tätigkeiten im flusserschen Verständnis ausgefüllt werden können. Guldin beschreibt diese vorerst utopische Schwelle als das Projekt der zweiten Menschwerdung.[1169] Diese Formulierung drückt die Bedeutung dieser Schwelle für eine veränderte Anthropologie und eine veränderte Gesellschaftsordnung aus. Der Mensch löst sich aus der modernen und für Flusser auch vormodernen Ordnung von Subjekt-Objekt und eine Menschwerdung als Projekt in vernetzten Zirkeln geht daraus hervor.

Für diese zweite Menschwerdung oder die projektive Lebenseinstellung sind Werkzeuge ein wichtiger Faktor. Mit Hilfe dieser wird es unter anderem möglich, physiologische Rätsel zu lösen, und, was an dieser Stelle für die flussersche Theoriebildung wichtiger ist, der Mensch erlangt durch technische Vorrichtungen Selbsterkenntnis, das heißt, er erkennt die Relativität seiner als wahr angenommenen Modelle und Ordnungen.[1170] Verändern sich die Werkzeuge, bedingt durch codestrukturelle Revolutionen, verändert sich das In-Welt-sein. Durch Werkzeuge besteht die Möglichkeit, neben alternativen Welten auch alternative beziehungsweise künstliche Körper zu projizieren.[1171] Flusser wirft die Idee auf, dass Werkzeuge in der Form gestaltet werden können, dass sie die Welt auf die von den Menschen beabsichtigte Weise verändern und dadurch Zukunft gestal-

---

1169 Vgl. Guldin, R. 2008, S. 8
1170 Vgl. Cassirer, E. 2004, S. 44–45
1171 Vgl. Flusser, V. 2004, S. 92

ten.[1172] Diese Möglichkeit macht sich der Mensch als Projekt zu Nutze, um alternative Welten zu entwerfen und zu gestalten. Flusser setzt seine Hoffnung besonders in den Personal Computer. In diesem sieht er die Anlage zur dialogischen Kommunikation gegeben und stellt auch deren Bedeutung für das Synthetisieren von Informationen heraus.[1173] Er beschreibt die Personal Computer als Zusammensetzungsmaschinen, die es dem Menschen ermöglichen, seine Träume nach außen zu projizieren. Weiterhin sei es realisierbar, dass der Mensch mit Hilfe dieses Apparates zukünftig in einer Welt lebt, die dem reinen Denken, das heißt, einer Welt, die nur aus theoretischen Überlegungen hervorgeht, entspringt.[1174] Für Flusser bieten die Computer die beste Möglichkeit elektromagnetisch zu schreiben, um dadurch dialogische Prozesse der Kommunikation hervorzubringen. Aus ihnen gehen Texte hervor, die den Empfänger zum Prozessieren wie auch zum Synthetisieren auffordern, das heißt zu Prozessen, die das Zwiegespräch mit den Anderen in einer telematischen Gesellschaft ermöglichen.[1175] Sie verfolgen immer das Ziel, kreatives Weiterarbeiten anzuregen.[1176] PCs tragen das Potential in sich, alternative Welten zu erstellen, die nach Flusser, sobald sie holographisch realisiert werden, nicht mehr von der vermeintlich natürlichen Welt unterscheidbar sind.[1177] Diesen Prozess bezeichnet Wiesing mit Larnier als „make your imagination external"[1178]. Darin besteht die Möglichkeit, die eigenen Vorstellungen von Welt nach außen zu werfen. Die Menschen können interne Vorstellungen mit Hilfe von Computern externalisieren. Allerdings gilt hierbei darauf zu verweisen, dass diesem Vorgehen Grenzen durch die Möglichkeiten des Sagbaren gesetzt sind. Wie unter anderem die Leibphänomenologie[1179] gezeigt hat, sind nicht alle internen Prozesse zu verbalisieren und in Codes zu fassen.

Für Flusser sind diese Komputationen, mit welchem Werkzeug oder Apparat sie auch immer erstellt werden, poetisch. Als Beispiel benennt Flusser ein Einstein-Portrait von Andy Warhol. In diesem erkennt er Störungen oder Geräusche, die einen poetischen Charakter aufweisen. Sie machen Unsagbares sagbar, was klassisch der Poesie mit Hilfe der Sprache zukommt. In einer sich verändernden Codeform sieht Flusser veränderte Formen der Poesie, die mit Hilfe der neuen Codestruktur, wie auch den neuen apparatischen Formen umgesetzt wer-

---

1172 Vgl. Flusser, V. XXXXt, S. 1
1173 Vgl. Flusser, V. 1993g, S. 260–262
1174 Vgl. Flusser, V./ Sander, K. 1996, S. 38–40
1175 Vgl. Flusser, V. 1995, S. 61–63
1176 Vgl. Flusser, V. 1997e, S. 64
1177 Vgl. ebd., S. 202
1178 Larnier nach Wiesing, L. 2005c, S. 118
1179 Vgl. hierzu Merleau-Ponty, M. 1974; Waldenfels, B. 2002; Waldenfels, B. 2006

den.[1180] Projekte verändern mit Hilfe einer neuen Einbildungskraft die Modelle und bringen dadurch wiederum neue Ordnungen hervor. Es stellt sich als Streben nach Unwahrscheinlichem in Gruppen dar und kann als Möglichkeit gesehen werden, aus der Programmiertheit und der damit verbundenen Redundanz auszubrechen. Am Streben nach Unwahrscheinlichem realisiert sich in Form von In-Formationen die Ek-sistenz des Menschen.

> „Die neue Einbildungskraft bedeutet sicherlich den Abschied von einem Typus der Einheit, also Abstand sowohl von der Einheit des geschlossenen Werks ebenso wie von der autarken Einheit des individuellen Ichs."[1181]

6.4 Die Bedeutung der Kritik
für die Konstitution einer telematischen Gesellschaft

Die Idee, die hinter den Überlegungen zur Kritik in der telematischen Gesellschaft steht, ist die, dass möglichst viele Menschen wieder am Gespräch auf einer dialogischen Grundlage teilnehmen. Dahinter steht die Forderung, dass die Menschen wieder denkende Wesen sein sollen. Dadurch werden sie in der Auslegung Flussers erst zu kritischen telematischen Projekten.[1182] In der Moderne ist Kritik und auch das Zweifeln mit der Schrift und dem linearen Schreiben verknüpft. Auf diese Momente baut die moderne Wissenschaft und aus ihr hervorgehend die Technik der Moderne sowie der Nachmoderne auf. Daran lässt sich aufzeigen, dass der Prozess der Kritik und die daraus hervorgehenden Theorien der Erzeugung der technischen Bilder vorausgehen. Als Konsequenz entsteht auf der Grundlage des binären Technocodes und der Technobilder ein theoretisches Leben, da die Technobilder nicht mehr aus der Welt, sondern aus dem Code hervorgehen.[1183] In der Nachmoderne haben die vermassten Objekte das Denken und die kritische Perspektive auf die Welt vernachlässigt.

> „Lass dich von diesem Versuch einer kritischen Analyse nicht ablenken, auch wenn dir bewusst ist, wie wenig Aussicht besteht, dass deine Kritik auf die Lage einen entscheidenden Einfluss ausüben kann. Du musst auf deiner Kritik beharren, falls du an einem Ueberleben der menschlichen Freiheit und Wuerde innerhalb der gegenwaertigen alltaeglichen Kunst interessiert bist."[1184]

1180 Vgl. Flusser, V. 1997e, S. 56
1181 Goetz, R. 2001, S. 77
1182 Vgl. Flusser, V. 2006, S. 63–64
1183 Vgl. Flusser, V. 1998i, S. 104
1184 Flusser, V. XXXXa, S. 4

Das kritische Verständnis erreicht seinen Höhepunkt in dem Moment, in dem Kritik an der Kritik geübt wird. Dies ist der Punkt, an dem die Gefahr besteht, dass Kritik in, wie Flusser es an einigen Stellen nennt, „Getratsche"[1185] und in ein unkritisches Verhältnis zurückfällt, was sich nach der flusserschen Analyse in der Nachmoderne beobachten lässt.[1186] In dieser entsteht eine unkritische Haltung, die Flusser als „allgemeine Vertrottelung"[1187] benennt. Dieser stellt er ein Gefühl des Ekels entgegen, den die Menschen gegenüber dieser unkritischen Haltung und insbesondere gegenüber dem Kitsch empfinden. Erst mit dem Gefühl des Ekels, als erste Form der Bewusstwerdung der Vermassung, verbindet er ein Menschsein und in Anlehnung daran die Möglichkeit Projekt zu sein.

> „Dieses Ekelgefühl, das uns aus der süßen Gewohnheit ins Entsetzen hinausreißt, das unsere eigene Hohlheit im Gegensatz zur allzu großen Fülle des Kitschs artikuliert, ist eben das, was wir als Menschsein bezeichnen."[1188]

Kritik setzt mit Flusser immer an einem unkritisierten Moment, den Flusser Glauben nennt, an. Somit ist Kritik ein Hinterfragen des Unhinterfragten, also die kritische Infragestellung von Standpunkten, Ideologien, Modellen und Ordnungen, was er an einigen Stellen auch als Boden bezeichnet. Dieser löst sich in einem nachmodernen Punktuniversum auf und die Bodenlosigkeit und das Verschwinden jeglicher Grundlage gehen daraus hervor. Flusser beschreibt es an einigen Punkten als den Effekt, dass alles erklärt ist und in seinem Verständnis die Aufklärung vollkommen gesiegt hat. Daraus resultiert für Flusser, dass es nichts mehr zu kritisieren gibt beziehungsweise mit den Formen des Kritischen der Moderne nichts mehr zu kritisieren ist.[1189] Somit haben sich die Kriterien der Kritik aufgelöst, weshalb sich für die Nachmoderne die Aufgabe ergibt, neue zu schaffen, um im flusserschen Verständnis weiterhin Mensch zu sein. Dafür ist in einem ersten Punkt das digitale Schreiben zu erlernen, das heißt, das Projizieren und das Komputieren in einem Punktuniversum.[1190] Weiterhin muss die Herstellungsgeschichte in den Blick genommen werden[1191], um sich dem Apparat als Black Box wie auch der neuen Codeform zu nähern und diese hinterfragen zu

---

1185 Flusser, V. 2006, S. 53
1186 Vgl. Flusser, V. 2006, S. 45
1187 Flusser, V. 1998i, S. 20
1188 Flusser, V. 1998g, S. 203
1189 Vgl. Flusser, V. ⁵2002, S. 82–83
1190 Vgl. ebd., S. 145
1191 Vgl. Grube, G. 2009, S. 214–220

können. Flusser meint damit ein genaues Hinschauen, das es zu erlernen gilt und ein Schauen, das als nachmodern oder telematisch bezeichnet werden kann.[1192]

Kritik verbindet Flusser metaphorisch mit dem Aufbrechen, um einen Blick hinter die Oberflächlichkeit zu werfen.[1193] Mit dieser Metaphorik ist ein Verständnis von Kritik und Zweifel verbunden, dass die vordergründige Einfachheit der Phänomene durchbricht und auf die Komplexität dieser stößt. Flusser beschreibt diesen Vorgang als ein seitliches Hinwegtreten in Richtung eines Un-Ortes, das heißt, der Mensch löst sich von seinen Standpunkten und hinterfragt diese in einer fiktiven Unörtlichkeit. Diese kritische Bewegung ist immer mit dem Wissen verknüpft, dass der Mensch aus seiner Kultur und auch aus der Verbindung zu den Dingen, wie dem Technobild, nie ganz heraustreten kann. Er ist immer leiblich an seine Lebenswelt rückgebunden.

Für Flusser trägt Kritik eine intersubjektive Konnotation,[1194] da sie in der telematischen Gesellschaft immer als Verknüpfung des Projekts mit den Theorien und Modellen seiner Lebenswelt wie auch mit den anderen Menschen vollzogen wird. Kritik bedeutet daher stets ein Zurücktreten in dem Wissen, seine lebensweltliche Eingebundenheit nie ganz auflösen zu können. Auf der Basis dieses Wissens entsteht ein kritisches Moment des Projekts gegenüber sich selbst und seinem Mensch-sein.[1195] Die Fähigkeit des Menschen zur Abstraktion spielt für Flusser eine zentrale Rolle. Zur Realisierung dieses Zurücktretens nutzt Flusser das Kalkulieren und das Komputieren als Ausdruck der neuen Codeform, um sich der neuen Formen der auf Theorien fußenden Modelle zu vergewissern.[1196] In der programmierten Gesellschaft nimmt Kritik eine Gegenposition zu den Programmen ein, im Sinne eines Aufdeckens der Programmiertheit und auch der Projektionen. Sie setzt an den Apparaten und den telematischen Gadgets an, um sich aus den Strukturen zu befreien und den entstehenden Freiraum müßig zu nutzen. Es ist eine kritische Auseinandersetzung mit den Modellen und Ordnungen der Lebenswelt, die aus nachmoderner Sicht das In-Welt-sein bedingen. Auf der Basis der Kritik kann das entstehen, was Flusser als postmoderne Werkstatt, die auf dem Moment des Zweifelns und auch des Kritisierens beruht, hervorgeht. Sie stellt einen Raum des müßigen Zweifelns dar. Somit können die Kritik und der Zweifel zu einem neuen

---

1192 Vgl. Flusser, V. ⁶2000, S. 39 - Zu der mit dem Hinschauen verknüpften Zeigestruktur der Erziehung sei verwiesen auf Klaus Prange. (Vgl. Prange, K. ²2012). Aus einer philosophischen Perspektive bespricht Lambert Wiesing die Praxis des Zeigens (Vgl. Wiesing, L. 2013)
1193 Vgl. Flusser, V. 2008, S. 35
1194 Vgl. Flusser, V./ Sander, K. 1996, S. 41–42
1195 Vgl. Flusser, V. 2004, S. 16
1196 Vgl. Zepf, I. 2001, S. 161

Modell für die Gesellschaft werden.[1197] Es ist ein Zeitalter, in dem erstmals die Theorien mit Hilfe des Menschen als Projekt in die Lebenswelt entworfen, das heißt, projiziert werden können. Dabei wird es zur Aufgabe des Kritikers, die Modelle des Funktionierens, das heißt, die durch Apparate ausgestrahlten und den Menschen programmierenden Modelle aufzudecken und diesen absichtsvoll projizierte Modelle der dialogischen Gruppen entgegenzustellen.

Die Fähigkeit der Kritik ist eng verknüpft mit der Frage nach der Stellung des Menschen als Projekt zu seiner Lebenswelt. Das Zurücktreten an einen Un-Ort ist eine Frage nach der Ek-sistenz des Menschen. Somit kann der Mensch erst durch ein Außer-sich-sein, als Streben nach dem aus der Ordnung der Modelle sein, wie auch durch die Einbildungskraft ek-sistieren.[1198] Neben dem Zurücktreten und der Einbildungskraft stellt die Metaphorik des Begreifens einen weiteren wichtigen Punkt für eine kritische Einstellung zur Welt dar. Das Be-greifen ist für die Menschen eine Bewegung, die ihnen wörtlich und auch metaphorisch ermöglicht, Welt kritisch zu hinterfragen und sich absichtsvoll zu dieser zu verhalten. Die Hände des Menschen spielen für eine etymologische Auseinandersetzung eine zentrale Rolle, da sie die Welt be-greifen. Für Flusser ist es das Moment, das den Menschen die Möglichkeit gibt, sich zu der Welt zu verhalten, sich dieser zu nähern, sich zu entfernen und diese in einem Begreifen zu verstehen. Mit den Händen zieht sich der Mensch aus der Lebenswelt heraus und tritt aus ihr zurück.[1199] Das Moment der Ek-sistenz verknüpft sich dabei mit dem Lösen von Abhängigkeiten, unter anderem von den Apparaten und dem Öffnen eines Raums für Freiheit. Solange ein Streben nach einem Un-Ort respektive einer kritischen Einstellung zur Welt nicht verfolgt wird, befindet sich der Mensch in Abhängigkeiten, weshalb er nur Objekt in der Welt sein kann.[1200] Um sich aus dieser Abhängigkeit zu lösen, spielt die Philosophie für Flusser aus einer historischen Perspektive eine zentrale Rolle. Sie stellt die Dimension dar, die es dem Menschen ermöglicht, sich von der Welt zu entfremden, sich aus seiner Abhängigkeit gegenüber ökonomischen Modellen zu lösen, so dass ein Abstand zu den Modellen der Welt erzeugt wird.[1201] Durch sie bildet sich ein Raum des Anders-Denkens, der in der telematischen Gesellschaft neu ausgefüllt werden muss. Somit benötigt die telematische Gesellschaft eine neue, eine telematische Philosophie. Diese bildet die Grundlage für eine digitale Hermeneutik, eine kritische Haltung und damit für eine Gesellschaft, in der sich der Mensch aktiv zur

---

1197 Vgl. Flusser, V. 1991d, S. 4
1198 Vgl. Flusser, V. 1998a, S. 153
1199 Vgl. Flusser, V. 1989b, S. 1–3
1200 Vgl. Flusser, V. 1997j, S. 189
1201 Vgl. Flusser, V. 1997a, S. 183

Welt verhalten kann. Auf dieser Grundlage entsteht eine Philosophie, die die Räume der Muße nutzt und in diesen mit Hilfe der Autorengruppen aus einer kritischen Haltung heraus veränderte Modelle und Welten entwirft.

Die neue Disziplin der Kritik sieht Flusser in der Informatik grundgelegt. Programmierer haben für Flusser gelernt im Technocode zu sein, das heißt sie haben das Lesen des Technocodes erlernt. Mit deren Hilfe in Kombination mit der geisteswissenschaftlichen Methodik erscheint es ihm möglich, eine Kritik an den Apparaten zu üben. Hieran zeigt sich erneut die Forderung Flussers, die Aufsplittung der verschiedenen wissenschaftlichen Disziplinen wieder zusammenzubringen und sich gegen Momente der Vermassung zu stemmen.[1202] Der Fokus der Kritik liegt auf dem durch die Apparate produzierten Technobild. Wird Kritik an diesem geübt, so kommt dies einer radikalen Kulturkritik gleich, da die Lebenswelt durch das Technobild strukturiert ist.[1203] Diese Kritik hinterfragt über die Technobilder die Codes und dadurch zwangsläufig das In-Welt-sein der Menschen, welches von den Bildern respektive durch den Technocode bedingt ist. Es gilt dabei, so die These, die Informationserzeugung mit Hilfe der Einbildungskraft mit den Formen der Kritik zusammenzubringen, um ein interdisziplinäres kritisches Arbeiten zu erlauben. Dafür sind dialogisch kritische Gruppen der Zusammenarbeit nötig, die ausgehend von einer projektiven Lebensweise Welt in-formieren.[1204]

Kritik ist als Bewegung des Denkens im Verständnis eines permanenten Zweifelns zu sehen, einem Zweifeln an der Wirklichkeit, den Welten und den damit verknüpften Codestrukturen. Dadurch wird eine Unterscheidung zwischen apparatischen und nichtapparatischen Intentionen möglich und die Verhinderung eines Totalismus der Apparate grundgelegt.[1205] Das Bestreben Flussers, welches einleitend am Beispiel von Auschwitz als Engagement gegen Totalität dargestellt wurde, wird fortgeführt in dem Bestreben, die neue Struktur der Codes lesen und dialogisch in Gruppen kritisieren zu können.

> „Bleibt es bei der Kritik des Inhalts wird zum einen übersehen, dass nicht nur der Inhalt, sondern auch die zur Verständigung verwendete Technik kritisch reflektiert werden kann, zum anderen wird übersehen, dass auch der Emanzipation von mittels Technik kommunizierten Machtansprüchen durch den Umstand begrenzt ist, dass auch der Emanzipationsanspruch mittels Technik mitgeteilt und dabei an die Struktur der verwendeten Technik angepasst werden muss."[1206]

1202 Vgl. Flusser, V. 1993g, S. 42–43
1203 Vgl. Flusser, V. ¹¹2011, S. 41
1204 Vgl. Flusser, V. 1993g, S. 98
1205 Vgl. Flusser, V. 1998i, S. 145
1206 Swertz, C. 2008a, S. 4

In den Ausführungen zu der telematischen Gesellschaft wird eine veränderte Sicht auf Welt beziehungsweise ein Horizont neuer Formen von Gesellschaft ersichtlich, die implizit mit einer radikal neuen Anthropologie des Menschen als Projekt verknüpft sind. Es sind Vorstellungen, die die moderne Nomenklatur des Menschen als Subjekt unter anderem im pädagogischen und bildungswissen-schaftlichen Bereich hinterfragen und auflösen. In diesem Kontext schwinden Begrifflichkeiten wie Individuum und Subjekt und müssen durch Begriffe ersetzt werden, die dem Menschen in seiner Vernetztheit in Gruppen gerecht werden. Sobald der Mensch versucht, sich und andere nicht mehr als Subjekt zu verstehen, sondern als Projekt in Gruppen, lösen sich moderne Vorstellungen von Mün-digkeit wie auch Kritik auf. Sie gilt es neu zu denken, neu auszuhandeln. Werden wir somit durch die Analysen Flussers auf die von Foucault prognostizierte Schwelle gestoßen, an der das Subjekt als Konstrukt des modernen wie auch des nachmodernen Diskurses wieder schwindet? Wie verändert sich im Anschluss daran das Menschenbild des pädagogischen Diskurses? Diese Fragen deuten an, dass der Mensch als vernetzter in Gruppen bei Flusser eine radikale Fiktion ist, die in einigen aktuellen gesellschaftlichen Veränderungen, wie zum Beispiel in Bereichen der open source Bewegung, ihren fiktiven Charakter verlieren. Viele Entwicklungen in der Gesellschaft sind mit Flusser verändert zu bewerten bezie-hungsweise können als Ausdruck einer Veränderung der Gesellschaft im flusser-schen Verständnis gesehen werden. Beispielhaft kann dies an der Kritik an den digital natives hinsichtlich der dauerhaften Nutzung von digitalen Medien aufge-zeigt werden. Die gängigen Kritikpunkte sind hier meist, dass die Jugend nur noch in einer Scheinwelt lebt, sich ihrer „realen" Umwelt nicht mehr bewusst ist und überspitzt scheint es der Untergang des Abendlandes zu sein, wenn die nach-wachsende Generation ihre sogenannte natürliche Lebenswelt, beispielsweise in Form von Tieren und Pflanzen, nicht mehr (er-)kennt. Diese und ähnliche Argu-mente finden sich häufig nicht nur im wissenschaftlichen Diskurs, sondern auch in massenmedialen Formaten aller Art. Mit Flusser und seiner anthropologischen Konzeption des Menschen als Projekt lässt sich zumindest der Diskurs um einige Blickwinkel und Horizonte erweitern, die den vermeintlichen Gefahren einer digital vernetzten Welt einige positive Implikationen hinzufügt. Ist dieser schein-bar auch empirische Drang der digital natives, im Netz zu sein, nicht mit Flusser als Ausdruck zu werten, ek-sistieren zu wollen? Ist es der Versuch, der sich gegen das Fallen zum Tode hin, das heißt, das Vergessen-werden wendet? Vielleicht lässt sich dieses Streben im Netz zu sein – neben den bekannten kritischen Mo-menten – auch als neuer Ausdruck der Bejahung des Lebens sehen. Sie können mit Flusser als erste Momente einer neuen Form des Ek-sistierens ausgelegt werden. In diesen, sich in der Nachmoderne verändernden Lebensformen stellt sich die Frage nach dem Realen oder dem Virtuellen mit Flusser nicht mehr. Die Unterscheidung scheint eher ein moderner romantisierender Blickwinkel auf Vergangenes zu sein. Vielleicht ist mit Flusser die Argumentationsstruktur umzudrehen, und die digital natives können den vorausgegangenen Genrationen in gleicher Manier ihre Unkenntnis über social media vorwerfen beziehungsweise über den Vorwurf hinausgehend auf neue Formen der Vergesellschaftung verweisen. Mit Flusser ist vielmehr dafür zu argumentieren, dass es in der telematischen Gesellschaft den gleichen Stellenwert besitzt, virtuelle Räume zu kennen und zu schützen, wie dies zum Beispiel aktuell in Bewegungen des Umweltschutzes geschieht. Stellen sich in diesem Kontext nicht eher Fragen, inwieweit das Abschalten von Serverfarmen und die Auslöschung einer Vernetztheit ähnlich schützenswert sind wie die zum Schutz auserkorene „natürliche" Umwelt? Daran schließen sich ethische wie auch handlungstheoretische Fragen an, die in ihrem Umfang und ihren lebensweltlichen Auswirkungen kaum zu überblicken sind. Die Auswirkungen, die Flusser mit der telematischen Gesellschaft verknüpft, sind für die pädagogische Forschung, wie auch für deren handlungstheoretischen Implikationen weitreichend. Bei diesen sind die Fragen nach dem anthropologischen Modell des Menschen als Projekt zentral. Mit Flusser ist daher eine neue Bewegung der nachwachsenden Generation zu fordern, die sich weg bewegt von diskursiven Aushandlungen ihres eigenen Subjektstatus hin zu einer Gesellschaft, in der sich der Einzelne im Anderen erkennt, in der er erst im Anderen und der Gruppe zu ek-sistieren beginnt. Dieses Gesellschaftsmodell hebt die Bedeutung des Menschen in seiner Vernetztheit hervor und bewegt sich weg von einer Subjektorientierung hin zu einer Orientierung an vernetzen Zusammenschlüssen der Menschen als Gruppen. In diesen heben sich die klassischen Bewertungskriterien des pädagogischen Bereichs auf, das heißt, eine Ausrichtung der Bewertungen an dem einzelnen Menschen als Subjekt – sofern Bewertungen als probates pädagogische Mittel angesehen werden – werden obsolet. In Zeiten in denen Gruppen von Menschen an Lösungen wie zum Beispiel in open source Bewegungen arbeiten, erscheint eine Bewertung des einzelnen Menschen als nicht hinreichend. Auch Kriterien der Zuordnung in Institutionen der Bildung wie zum Beispiel der Schule oder Universität verändern sich in einer Welt, in der das müßige In-Welt-sein als fahrender Skolast zum Modell des Lebens wird. Diese Modelle lösen sich nicht nur vor der Frage auf, dass das Subjekt seine starke Stellung einbüßt und in vernetzten Gruppe gedacht wird, sondern auch vor dem Hintergrund, dass die Menschen die Arbeit an Maschinen und Apparate abgeben. Dadurch entsteht eine müßige Gesellschaft der Arbeitslosigkeit. [1207] Im Mittelpunkt einer im Anschluss an Flusser entstehenden Forschung steht der arbeitslose und nicht mehr ökonomisch orientierte Mensch als ein in Gruppen nach Muße strebendes Wesen. [1208] Aus dieser Veränderung des gesellschaftlichen Modells ergeben sich Fragen, die den pädagogischen Diskurs transformieren: Wie verändert sich zum Beispiel der Aspekt der individuellen Förderung, wenn wir von dem Menschen in seiner Vernetztheit ausgehen? Welche Auswirkungen hat das auf Institutionen wie die Schule, die sich zu großen Teilen mit der Stärkung des Status des (ökonomischen) Subjektes beschäftigt, wenn sich mit Flusser der Mensch als Subjekt auflöst?

Ein erster Ansatzpunkt kann es sein, Kritik als einen dialogischen Aushandlungsprozess in Gruppen zu sehen, der sich nicht in Standpunkten verfängt, sondern durch Störung von Ordnungen und Modellen diese permanent hinterfragt und neu überdenkt. Zentral für diese anthropologischen Überlegungen, ist ein Konzept von Bildung, dass die komplexen Felder menschlichen Ek-sistierens in schulische Prozesse überführt. Die Schule ist für Flusser in einem Verständnis, das er von dem griechischen *scholé* ableitet, ein Raum den das telematische Projekt nicht verlässt, sondern ihn als Raum des müßigen In-Welt-seins, des Strebens nach Muße nutzt. Schule im Verständnis des griechischen *scholé* kann als Modell des Lebens und Ek-sistierens in einer telematischen Gesellschaft gesehen werden, dass sich in Gänze von der Form einer institutionalisierten Schule der Moderne abgrenzt.

1207 Vgl. hierzu den Begriff der *vita contemplativa* Trottmann, C. 2001
1208 Eine gewisse Nähe des flusserschen Verständnis von Arbeitslosigkeit zu Konzepten wie dem bedingungslosen Grundeinkommen ist nicht von der Hand zu weisen.

7 Die telematische *scholé* als Ort der Muße

Für eine Veränderung der Gesellschaft spielen die Muße sowie die *scholé* als Ort der Muße eine zentrale Rolle. Muße ist durch die Abschaffung der Arbeit in Form der Übergabe dieser an Maschinen für das In-Welt-sein der Projekte in einer telematischen Gesellschaft bedeutend. Die Übergabe an die Maschinen und Apparate bildet Freiräume, welche eine Wahlfreiheit, das heißt, eine programmierte Freiheit überschreiten. Da durch Arbeit nur Werte oder, wie Flusser es ausdrückt, das Sein-sollen übertragen wird, ist sie eine Form, die als mechanisierbar gelten kann und nicht durch die Menschen übernommen werden muss. Dadurch entsteht für den Menschen ein müßiger Freiraum der für das Ausarbeiten von Modellen genutzt werden kann.

> „Das ideale Ziel der ökonomischen Tätigkeit ist ihre eigene Annullierung, ein Zustand, in dem die Arbeit durch technische Kniffe völlig überholt ist und das Leben aus Freizeit besteht, aus Schwelgen im Müssiggang und im Spiele."[1209]

Flusser hebt den Wert der Arbeitslosigkeit[1210] für eine telematische Gesellschaft hervor, da diese die Grundlage für ein müßiges Leben und für das Überschreiten der Wahlfreiheit darstellt. Nur der von Arbeit befreite Mensch kann sein projektives In-Welt-sein müßig gestalten. Sobald die Arbeit durch Apparate übernommen wird, ergeben sich neue Möglichkeiten des Strebens nach Muße und Momente der Freiheit und der Kreativität. Diese sind geprägt durch ein Verständnis der Ausgestaltung der Zeit, welches nicht ökonomisch ausgerichtet ist, das heißt, einer Zeit, die in einer dialogischen Gestaltung der Welt genutzt wird.

> „Musse heisst griechisch ‚schole', und ‚Beschaeftigung' heisst ‚ascholia', also Fehlen von Musse."[1211]

1209 Flusser, V. 1957, S. 76
1210 Zu der Bedeutung der Arbeitslosigkeit in einem digitalen Zeitalter siehe auch McLuhan, M. [2]1995, S. 537–538
1211 Flusser, V. XXXXw, S. 6

Auch an diesen Analysen zeigt sich Flussers Vorgehen. Es sind theoretische, teilweise utopische Überlegungen, die Denkräume eröffnen. Sie stellen keine Analysen der empirischen Lebenswelt dar, in denen durch eine Zunahme an Apparaten häufig eine Beschleunigung stattfindet, die dem Einzelnen Zeit entzieht. Das telematische In-Welt-sein ist für Flusser im Gegensatz dazu ein Leben, das sich von der ökonomischen Versklavtheit löst und sich dem Projekt-sein zuwendet.[1212] Das Projekt-sein ist eine utopische Figur des Von-Arbeit-befreit-seins. Das Streben nach dieser telematischen Arbeitslosigkeit unterstreicht Flusser in seinen Werken. Es zeigt sich unter anderem an der eher zufälligen Umwendung der Lagerüberschrift Auschwitzs „Arbeit macht frei"[1213], die Flusser für einen unveröffentlichten Aufsatztitel nutzt. Er dreht die Parole der nationalsozialistischen Bewegung implizit um und legt seinem Werk die Überlegung Arbeit macht unfrei zu Grunde. Im Anschluss daran entwickelt Flusser die Forderung, Arbeit an Maschinen und Apparate zu übergeben. Die Denkfigur, die sich durch große Teile seines Werks zieht, unterstreicht die Ausrichtung seiner theoretischen Überlegungen gegen Totalität und Vermassung des einzelnen Menschen als Objekt, die er in der nationalsozialistischen Zeit in einer radikalen Form realisiert sieht.[1214]

> „Erst wo man sich der Musse nicht einfach hingibt, sondern nach ihr eifert, erst wo man studiert, erst dort ist Schule. Der wahre post-moderne Mensch wird sein ganzes Leben lang studieren, (eifrig nach Musse trachten), waehrend Automaten und aehnliches Zeug ihm seinen Lebensunterhalt besorgen."[1215]

Die Schule im griechischen Verständnis als müßige stellt einen Ort dar, der sich von der Redundanz des Zirkulären abwendet und einen Raum des veränderten In-Welt-seins öffnet. Daran lassen sich die Überlegungen zu der telematischen Gesellschaft anschließen. Es ist eine Rückbesinnung an die Verbindung von Schule und Muße, die sich in der Moderne und Nachmoderne aufgelöst hat. Muße in der Bedeutung von freier Zeit geht in der Moderne auf Ferien, Wochenenden oder den Ruhestand über und verknüpft sich mit einem ökonomischen Moment des Nichts-Tuns, welches für Flusser ein durch Apparate programmiertes ist. Darunter versteht Flusser, dass die moderne und nachmoderne freie Zeit immer eine ist, die durch ökonomische Prozesse bedingt ist. Aufzeigen lässt sich das an den vielen zeitlichen Rhythmen, die in der modernen Gesellschaft auf Maschinen und Apparate zurückgehen (Beispielsweise Fließbandarbeit, Büro-

---

1212 Vgl. Flusser, V. XXXXj, S. 1
1213 Vgl. Flusser, V. XXXXb, S. 1
1214 Vgl. hierzu Hanke, M. 2013, S. 119–120
1215 Flusser, V. 1987a, S. 1

arbeit etc.). Somit ist es in der Moderne keine müßige Zeit, sondern eine durch Maschinen und Apparate programmierte freie Zeit, wodurch die Abhängigkeit des Menschen von diesen ersichtlich wird. Freizeit wird in der Moderne und Nachmodernde zu einem Raum, der durch die Maschinen und Apparate strukturiert ist. Daran zeigt sich, dass das moderne Verständnis der Muße lediglich eine freie Zeit darstellt und sich nicht mit dem permanenten Streben nach einem müßigen Leben in der antiken Vorstellung überschneidet beziehungsweise dass dieses Streben durch ein Arbeiten müssen um überleben zu können verhindert wird.[1216] Mit der Rückbesinnung an die griechische *scholé* findet eine Verknüpfung statt, die sich auf den Bereich der Schule als ein Studieren in Muße erinnert. Der telematische Mensch wird nach Flussers Vorstellung sein ganzes Leben lang studieren und muss nicht mehr wie der moderne und nachmoderne Mensch aus ökonomischen Gründen lebenslang Lernen[1217], um am Arbeitsmarkt bestehen zu können. An diesem kleinen Unterschied zeigt sich die teleologische Veränderung, die eine große Auswirkung auf die Gesellschaft hat. Die Apparate bieten ihm durch die Übernahme der Arbeit die Zeit dafür. Somit ist es kein Nichts-Tun – im Sinne der modernen und nachmodernen Freizeit –, sondern ein Streben nach Muße als ein „Freisein von Staatsgeschäften und ökonomischen Tätigkeiten"[1218]. Dieses ist in der griechischen Antike nur einigen wenigen zugänglich und wird in der Utopie der telematischen Gesellschaft allen zugänglich sein, sobald die Arbeit an Maschinen und Apparate übergeht. Die Gesellschaft benötigt keine menschlichen Arbeiter oder Sklaven mehr, die einigen wenigen – in der griechischen Antike den Philosophen – einen Ort der Muße ermöglichen. Vielmehr sind die Maschinen und Apparate die neuen Sklaven der Gesellschaft[1219] und bringen veränderte Formen des In-Welt-seins hervor. Es entsteht eine neue telematische Lebenskunst, die Flusser mit dem Menschenbild des *homo ludens* verknüpft.[1220] Erst durch die Übernahme der Arbeit durch Maschinen werden die Menschen arbeitslos und haben auf dieser Grundlage die Möglichkeit, eine neue Schule hervorzubringen. Diese ist in dialogischer Form auszuarbeiten, als Ort, an dem Autorengruppen Informationen synthetisieren, das heißt, als Ort der informative Inhalte hervorbringt und sich einer Weitergabe von redundanten Inhalten als Ein-

---

1216 Siehe hierzu Blumenberg, der zwischen Kann- und Mußzeit unterscheidet. Die Mußzeit ist die Zeit, die das Leben erst ermöglicht. Sie ermöglicht das Überleben wie auch die Erarbeitung eines Überschusses, der für die Kannzeit grundlegt. (Vgl. Blumenberg, H. 1986, S. 291–293)
1217 Vgl. Tuschling, A. 2004
1218 Martin, N. 1984, S. 257
1219 Inwieweit Maschinen und Apparate nicht nur als Sklaven fungieren, sondern auch eine Eigenständigkeit, eventuell ein Eigenrecht hervorbringen und einfordern, hat Flusser nicht im Blick.
1220 Vgl. Flusser, V. 1987a, S. 1–5

passung in ein (ökonomisches) System verwehrt. Schule wird darauf aufbauend zu einem Raum, der es den Projekten ermöglicht, Ideen zu entdecken, sich mit diesen auseinanderzusetzen, um im Anschluss daran künstliche Intelligenzen „künstlerisch" zu manipulieren. Es ist eine Form der Schule, die die Menschen nicht mehr besuchen, um mit dem Erlernten etwas zu „machen", sondern eine, die den fortwährenden Prozess des Strebens nach Muße und Bildung ermöglicht.[1221]

Im Gegensatz zu anderen Theoretikern sucht Flusser immer wieder nach den positiven Implikationen der technisch und codestrukturell bedingten gesellschaftlichen Veränderungen. Er sucht nach den Möglichkeiten eines müßigen In-Welt-seins in einer apparatisch strukturierten Lebenswelt. Dabei verfällt er, so die These, nicht einem Technikoptimismus, sondern verweilt in einem negativ dialektischen Verhältnis. Flusser versucht also einen Möglichkeitsraum zu öffnen, in dem ein fortwährendes Aushandeln, was Gesellschaft sein kann und soll, möglich ist. In diesem Möglichkeitsraum erhält er die Spannung aufrecht, indem er sie nicht in Synthesen auflöst.[1222]

> „Flussers Schriften sind Fluchtlinien. Weit davon entfernt, in den Chor der Einfältigen einzustimmen, welche die neuen Technologien als Heilsbringer besingen, deutet Flusser mit großer Klarheit auf deren Doppelgesichtigkeit zwischen Eros und Thanatos hin."[1223]

Vergleichbar mit dem nach einem Standpunkt suchenden Fotografen drückt Flusser nicht auf den Auslöser, sondern verweilt in dem Spannungsverhältnis der Suche. Dabei zeigt er an den verschiedenen Ausprägungen des Computers, der Fotografie und auch den künstlichen Gedächtnissen auf, wo diese ein Streben nach Freiheit und Muße implizieren.

> „Wenn Maschinen etwas machen können, sollen wir lieber die Hände davon lassen und stattdessen etwas anderes versuchen."[1224]

Die Bedeutung der Maschinen, Apparate und die technische Bedingtheit der Gesellschaft sind für Flusser neben der radikalen Einschränkung und Auflösung des Subjekt-seins zentrale Komponenten der telematischen Gesellschaft. Sie trägt das Moment der Veränderung und einer neuen radikal veränderten Form des Mensch-seins in sich. Mit dieser Form des Mensch-seins erst wird Freiheit – als ein Überschreiten der Freiheit der Wahl – in einer Welt des binären Codes möglich. Diese sollte in keiner Weise mit einer programmierten und vermassenden

---

1221 Vgl. Flusser, V. XXXXj, S. 3–4
1222 Vgl. hierzu Santaella, L. 2013
1223 Ebd., S. 39
1224 Flusser, V. 2008, S. 129

Wahlfreiheit verwechselt werden, die den Menschen als ein stereotypes Objekt sieht. Auf der Basis entsteht eine telematische beziehungsweise digitale Anthropologie, die erst durch die Auflösung der modernen Subjekt-Objekt-Relation entstehen kann. Es ist der einleitend beschriebene metaphorische Sprung in die Bodenlosigkeit, in der Gefahr der Auflösung des Subjekt-seins. Dieser stellt die Grundlage für eine neue telematische Anthropologie, als Form des Umgangs mit der nachmodernen Bodenlosigkeit dar. Dadurch ist sein Werk eine Suche nach den Möglichkeiten, den faschistischen, totalitären Strukturen entgegenzuwirken und eine neue Form des In-Welt-seins, wie auch eine neue Form der Wissenschaften auszuarbeiten. Diese legt eine Befreiung von den Vorschriften, der durch Apparate verbreiteten Stereotypen und eine Überwindung der durch diese verbreitete Redundanz zu Grunde.

7.1 „Schule oder *scholé?"*

Wenn Flusser von der Schule der Moderne beziehungsweise der Schule spricht, die er in seinen gesellschaftlichen Analysen vorfindet, beschreibt er einen institutionalisierten Ort[1225], der sich mit dem Moment der Muße nicht überschneidet und Bildung verhindert. Er verbindet mit dieser keinen Ort, der Inhalte diskutiert, reflektiert und Informationen hervorbringt, wie dies die antike Tradition mit dem Begriff *scholé* impliziert, sondern einen Ort der lediglich mechanischen Weitergabe von Inhalten. Dort werden für die Subjekte unveränderliche Stereotype mit Hilfe des Lehrpersonals an die Gesellschaft verteilt, was nachmodern verstärkt durch Apparate wie Fernseher und Computer übernommen wird.[1226] Es ist eine Tendenz, die aufzeigt, dass Lehre in dieser Form den Lehrer durch Apparate ersetzen kann.

> „Das Fernsehen hat eine Art faktisches Monopol bei der Bildung der Hirne eines Großteils der Menschen."[1227]

Durch die Möglichkeiten der Vervielfältigung ist es für die ausgehende moderne Gesellschaft nur noch nötig, das Original beziehungsweise das Modell und einen Apparat der Verbreitung zu besitzen, um Stereotype an die vermassten Men-

---

1225 Eine ähnliche Tendenz zeigt Dörpinghaus für die Universität unter dem Begriff der Post-Bildung auf. Bildung hat ihren klassischen Charakter im Sinne von Humboldts verloren und zeichnet sich im Rahmen der Post-Bildung durch Verwaltung und Kontrolle aus (Vgl. Dörpinghaus, A. 2014, S. 540): „Die Post-Bildung selbst unterliegt keiner Kontrolle, sie ist Kontrolle." (Dörpinghaus, A. 2014, S. 541)
1226 Vgl. Flusser, V. XXXXw, S. 14
1227 Bourdieu, P. 1998, S. 23

schen zu senden. Die Subjekte werden in (ökonomische) Formen des Menschen überführt und im Zuge dessen zu stereotypen Formen der Modelle. Damit verschwinden die Menschen als Subjekte und werden zu Stereotypen beziehungsweise Objekten. Diese Verbreitung der Modelle wird in der modernen Schule durch die Lehrer übernommen. Sie fungieren als Sender, die stereotype Verhaltensmodelle an Schüler ausstrahlen. Das Modell der Schule ist für Flusser gleichzusetzen mit dem Modell der Maschinen und der Apparate, die Objekte in-formieren und redundante Inhalte weitergeben. Dadurch eröffnet sich die Möglichkeit, Lehrmodelle, falls dies noch als Lehre bezeichnet werden kann, an Apparate zu übertragen. Der Lehrer als Subjekt wird überflüssig. Somit ist die Schule eine, die (ökonomische) Kompetenzen auf die Schülerschaft überträgt – im Jargon der Maschine aufdrückt.[1228] Mit der Metapher des maschinellen Aufdrückens wird unterstrichen, dass die Lehre versucht jeglichen Moment von Andersheit[1229] und von Subjektivität verhindern. Es ist der Versuch, das Subjekt in ein ökonomisches stereotypes Modell des Menschen zu überführen, es zu einem Objekt, welches sich durch Gleichheit auszeichnet, zu machen.

> „Im Unterschied zur modernen Auffassung, wonach wir in die Schule gehn [sic], um nachher mit dem Erlernten irgend etwas [sic] zu machen, kommen wir immer mehr zu der Ueberzeugung, dass alles, was wir machen, nur dann einen Sinn hat, wenn wir es in Musse, (in der Schule), geniessen."[1230]

Die moderne Schule ist eine, die vermasste Subjekte in einer und für eine totalitäre Gesellschaft produziert. Es ist eine Schule die keinen Raum des freien Denkens ermöglicht, sondern eine, die die Sprache der Ökonomie[1231] übernimmt. Sie wird zu einer Fabrik, die Menschen als Objekte produziert. Diese Form der Schule bedient sich der Kommunikationsform des Amphitheaters, welches dialogische Formen der Kommunikation durch eine autonom sendende Einheit verhindert. Den Empfängern bleibt es in diesem Modell verwehrt zum Sender zu werden. Sie können die Rolle des Senders nicht einnehmen, die Bühne der sendenden Einheit nicht selbst betreten. Sobald die Sender durch künstliche, elektronische und für Flusser unsterbliche Formen des Gedächtnisses ersetzt werden, wird ein Austausch dieser nicht mehr nötig sein und die Subjekte können in die Synthetisierung von Informationen nicht mehr eingreifen. Eine dialogische Aus-

---

1228 Vgl. Flusser, V. XXXXc, S. 1
1229 Vgl. hierzu Waldenfels, B. 2006; Waldenfels, B. 2008
1230 Flusser, V. 1987a, S. 5 - Flusser verwendet hier den Begriff der Schule in Bedeutung des griechischen *scholé*
1231 Am deutlichsten wird die Übernahme einer ökonomischen Sprache und Ausrichtung im institutionalisierten Bereich der Schule in den PISA-Studien. (Vgl. Koch, L. 2013; Höhne, T. 2013 u.a.)

handlung von Informationen ist nicht mehr möglich. Tritt dies ein, steht ihr Status als Subjekt zur Disposition. Sie ordnen sich der Programmierung durch die Sender unter und sind, wie Flusser es an anderer Stelle ausdrückt, apparatisch infiziert.[1232] Diese Programmierung bringt Flusser mit dem ökonomischen Modell in Verbindung, welches sich durch die Weitergabe von Redundanz auszeichnet. Hierdurch werden für die Ökonomie gewinnbringende Verhaltensmuster in Form diverser Kompetenzmodelle ausgestrahlt und Studien, an deren Spitze PISA steht, überprüfen permanent die Einhaltung der Modelle.

Im Rahmen dieser gesellschaftlichen Veränderungen wird die platonische Pyramide der Gesellschaft auf den Kopf gestellt. Der Ökonomie ordnet sich die Kunst, die Politik und die Wissenschaft unter und verändert mit Hilfe der Schule die gesellschaftlichen Bedingungen des In-Welt-seins. Ökonomische Empfänger werden auf diese Weise hervorgebracht und programmiert. Somit gilt es für Flusser neben der Lesbarkeit der Codes – der digital literacy –, an der Schule anzusetzen, um neue Möglichkeiten der Gesellschaft hervorzubringen, welche die anthropologischen Vorstellungen des *homo oeconomicus* überschreiten und Bildungsräume eröffnen.[1233] Mit der Übernahme der Arbeit durch Apparate und Maschinen wird es der Schule als gesellschaftliches Modell möglich, wieder an dem Synthetisieren von Informationen teilzunehmen. Es besteht wieder die Möglichkeit, dass sie zu einem müßigen Raum wird, einem Raum der dialogisch Informationen hervorbringt. Schule kann dadurch zu einem Modell des Mensch-seins werden, in dem der Einzelne in seiner Vernetztheit in Gruppen permanent an der Ausarbeitung seines In-Welt-seins und seiner Lebenswelt beteiligt ist.

Eine Veränderung der telematischen Lebenswelt beruht auf der Annahme, dass es in der telematischen Gesellschaft möglich wird, neue öffentliche Räume zu etablieren und im Zuge dessen wieder „echte" private Räume des Rückzugs entstehen.[1234] Damit verbindet Flusser die Forderung die durch Kabel und Massenmedien totalitär gewordenen Privaträume aufzulösen, um einer Vermassung des Menschen entgegenzuwirken. Als Konsequenz entsteht ein neues, auf dem digitalen Code beruhendes, Spannungsfeld zwischen öffentlichem und privatem Raum, das neben der Arbeitslosigkeit als Basis eines müßigen Menschen als Schüler angesehen werden kann.[1235] Für Flusser ist weder Raum für Muße noch für Öffentlichkeit in der vermassten nachmodernen Gesellschaft mehr vorhanden. Beide gilt es neu zu schaffen, um einer totalitären Gesellschaft von Funktionären

---

1232 Vgl. Flusser, V. 1990e, S. 64
1233 Vgl. Flusser, V. 1979, S. 7
1234 Vgl. hierzu Kapitel 5.2
1235 Vgl. Flusser, V. XXXXj, S. 3–4

entgegenzuwirken. Hierbei spielt die Schule für die Überlegungen zu einer telematischen Gesellschaft eine zentrale Rolle, da sie in ihrer telematischen Ausprägung als Modell des müßigen In-Welt-seins gelten kann.

Schule unterscheidet sich in einer telematischen Ausprägung diametral von
einer modernen institutionell geprägten Form. Sie wird zu einer anthropologischen
Grundhaltung der telematischen Projekte, welche müßig in Welt sind. Die telematische Schule bietet einen Raum der Reflexion, der moderne und nachmoderne
Vorstellungen der Schule als institutionellem Raum radikal hinterfragt, da sich
der Mensch der Anrufung als Subjekt auflöst und zu einem vernetzten Projekt
wird. Formen der individuellen oder am Subjekt orientierten Förderung, die neben
der Schule den ganzen pädagogischen Kontext durchziehen, sind mit Flusser
aufzulösen. In dieser Auflösung ergibt sich die Möglichkeit die Vernetztheit der
Menschen in Gruppen zu stärken, um dadurch das menschliche In-Welt-sein neu
zu gestalten, neu auszuhandeln beziehungsweise den Faktor der Aushandlung,
als Raum des Vorläufigen und Offenen, als zentrales Prinzip zu implementieren.

Im Anschluss daran lässt sich der telematische Mensch – im Verständnis
des projekthaft Lebenden – als ein künstlerisch spielender beschreiben. Als Ort
der Muße kann *scholé* Menschen als Projekte ermöglichen, um dadurch eine
neue, Informationen hervorbringende, künstlerisch-spielende, dialogisch kommu-
nizierende wie auch eine dialogisch programmierende Gesellschaft grundzulegen.
Es ist eine Form der Schule, die Flusser daher projekthaft als Werkstatt bezeichnet.

> „Zu zeigen, dass ein Mensch, der arbeitslos ist, nicht aus der Gesellschaft ausgestoßen ist,
> sondern ein Pionier. Und die Werkstatt wird ein Ort werden, an dem man Muße lernt."[1236]

Die „neuen" Handwerker sind Arbeiter in einem telematischen Sinn, die an Theorien mitwirken und Modelle für die Gesellschaft entwickeln. Im Zuge dessen
stellt Flusser implizit wieder die antike Vorstellung der Verbindung von Handwerkern und Künstlern her. Dabei sieht er die telematische Schule als eine Form
der Zukunftswerkstatt, in der das Projizieren und die Kenntnisse der Codes im
Mittelpunkt stehen.[1237] Somit lässt sich zeigen, dass es die Vorstellung einer Schule
ist, die die Vermittlung von Kompetenzen oder dem was in der aktuellen Diskussion unter digitaler Kompetenz beziehungsweise digital literacy verstanden
wird, übersteigt und in dem Begriff der Bildung besser gefasst werden kann.

Mit Flusser sind Theorien, die die Fragestellung ausschließlich auf die
digitale Kompetenz richten, zu überschreiten. In den Kompetenzmodellen, die in

1236 Flusser, V. 2003c, S. 213
1237 Vgl. Flusser, V. 1991d, S. 1–4

großer Anzahl vorliegen[1238], entstehen ausschließlich kompetente Spieler eines (ökonomischen) Diskurses und im besten Fall die neuen Programmierer der digitalen Gedächtnisse. Der Aspekt der Muße wird in den Konzeptionen vernachlässigt beziehungsweise nicht beachtet. Dadurch geraten das Zweifeln und die kritische Distanz, die den Menschen erst zum Projekt dieser Welt werden lassen, nicht in den Blick. Es ist für eine Schule als Ort der Muße zentral, dass wie Guido Bröckling es darstellt, Fähigkeiten vermittelt werden, die die Souveränität in der Gesellschaft wahren und ein Konzept des In-Medien-seins nach sich ziehen. Allerdings entsteht nur ein Konzept des handlungsfähigen Subjekts in einer durch digitale Medien veränderten Welt. Es ist eine reine Vermittlung von Interessen und Fertigkeiten im Verständnis des (ökonomischen) Diskurses und nicht in einem Verständnis, das sich auf den Menschen als Projekt bezieht, das sich zweifelnd in Richtung eines Nicht-Ortes bewegt.[1239] Eine Überschreitung von Ordnung kann in diesen Konzepten nicht gefasst werden, da sich – wie in der Einleitung schon dargestellt wurde – Begrifflichkeiten wie Muße und Bildung jeglicher Operationalisierung entziehen. Sie lösen sich in Ein-ordnung auf. Bildung ist nur in einem müßigen In-Welt-sein möglich, welches von einer einseitigen teleologischen Ausrichtung und Gestaltung der Zeit und des Raums befreit ist.

Mit seinem Konzept wendet sich Guido Bröckling in einem ersten Schritt gegen das manipulative Moment der vermassenden Medien, denkt die flusserschen Überlegungen aber nicht zu Ende. Er bezieht die U-topien und Un-Orte, die Flusser aufzuspüren sucht, nicht mit ein und verharrt dadurch bei der Eingliederung in Ordnungen, die ihre Überschreitung und Auflösung nicht in den Blick bekommen. Es ist, so die These, ein Streben nach Un-Orten, welches sich einer Einnahme durch Kompetenzmodelle verschließt. Versuchen die verschiedenen Kompetenzmodelle immer in Ordnung zu sein beziehungsweise Menschen in Ordnung zu bringen, den Menschen also anzupassen, ist ein Streben nach Un-Orten immer eines nach einer Überschreitung oder Störung von Ordnung, die mit dem Begriff der Bildung genuin verwoben ist. Eine methodische oder didaktische Eingliederung dieses Vorgehens, also ein in Ordnung bringen, löst den Kern dieses Strebens auf. Bei dem Versuch der Einordnung der flusserschen Überlegungen in ein Kompetenzmodell wird das Streben nach Muße, die vorausgehende Fähigkeit des zweifelnden Weltbezugs konterkariert. In letzter Konsequenz werden vielmehr Bildungsräume und Bildungsmöglichkeiten verhindert.

1238 Bei einer Recherche nach dem Schlagwort Kompetenz in der Datenbank des Fachportals Paedagogik - FIS Bildung (http://www.fachportal-paedagogik.de) ergeben sich allein für das Jahr 2013 517 Treffer.
1239 Vgl. Bröckling, G. 2012, S. 224–230

„Die Unordnung dagegen läßt frische Luft herein, wie eine Maschine, die Spiel hat."[1240]

Flussers wissenschaftliches Arbeiten stellt ein theoriegeleitetes Suchen nach einem Ort außerhalb der Eingeordnetheit dar. Es strebt nach einem U-Topos als nachmodernem Reflexionsraum auf der Grundlage einer digitalen Hermeneutik. Somit eröffnen Flussers Utopien einen Denkraum, der es ermöglicht gerade zweifelnd auf die Welt zu blicken. Mit den Überlegungen zu einem offenen Konzept von Identität als Projektentwurf finden sich bei Guido Bröckling erste Anknüpfungspunkte innerhalb seines in Anlehnung an Flusser erstellten Modells, welche die theoretischen Überlegungen zu einer Schule als Ort der Muße und als Ort des öffentlichen Raums stützen können, aber auch durch die Einordnung in ein Kompetenzmodell wieder aufgelöst werden. Dabei gilt es weiterhin, die von ihm gestellten Fragen nach dem problemlösungsorientierten Lernen und der damit für ihn verbundenen kritischen Distanzierung zu überschreiten und mit Hilfe klassisch philosophischer Momente des Zweifelns auf die Veränderungen zu blicken. Hierdurch wird ein von Guido Bröckling vorgestellter Medienkompetenzbegriff, der sich in Medienwissen, ethisch-kritischer Reflexivität, Handlungsfähigkeiten und Handlungsfertigkeiten und soziale und kreative Interaktion[1241] aufgliedert, überschritten beziehungsweise durch die flussersche Vorstellung von Schule abgelöst sowie durch den Begriff einer telematischen Form von Bildung in Frage gestellt.

„Medienbildung[1242] muss vermitteln, wie handlungsfähige Subjekte Medienapparate und -techniken aktiv nach eigenen Interessen im Bewusstsein des eigenen Handelns sinnvoll aneignen, reflektieren und strukturieren."[1243]

Besonders die Bewertung des Sinnvollen – das auf das Aneignen, Reflektieren und Strukturieren anspielt – eröffnet die Frage, an die die Überlegungen zur Schule als *scholé* ansetzen müssen. Bleibt die Frage nach der Bedeutung des Umgangs mit dem Sinnvollen offen, dann bieten sich durch das Nicht-Fragen keine Möglichkeiten der vermassten Gesellschaft entgegenzuwirken. Vielmehr wird ein Platzhalter installiert, der wiederum Formen der Gesellschaft, von der vermassten bis zur telematischen, ermöglicht. Mit der Frage nach dem Maß des Sinnvollen ist die Frage, wie totalitäre Formen der Gesellschaft verhindert werden können, verknüpft. Dieses Maß ist eines, das durch eine Definition genau in die Probleme verfällt, die Flusser den Lesern in seinen Ausführungen aufzeigt.

1240 Serres, M. 2013, S. 43
1241 Vgl. Bröckling, G. 2012, S. 234
1242 Der Begriff der Medienbildung von Guido Bröckling steht in keiner bildungsphilosophischen Tradition, die dem hier verwendeten Bildungsbegriff entspricht.
1243 Bröckling, G. 2012, S. 245

Eine Definition würde die Überlegungen von vernetzten Autorenschaften und Autorengruppen, die sich in einem permanenten Dialog, einer fortwährenden Aushandlung über das Sinnvolle bewegen, *ad absurdum* führen.

> „Definitionen sind Hilfsfiguren und sollen ausradiert werden. Die Wirklichkeit kann man nicht einkasteln. Alles verschwimmt, alles überdeckt sich, überall sind *Fuzzy sets*."[1244]

Somit lässt sich das Füllen des Platzhalters als fortlaufende Aufgabe der Aushandlung in dialogischen Autorengruppen beschreiben, die einen öffentlichen Raum der Muße, den Flusser der Schule in einem antiken Verständnis zuordnet, voraussetzen. Mit der fortlaufenden Aushandlung verbindet Flusser das telematische Projekt als Figur des Menschen, die sich einer apparatischen Abhängigkeit entzieht und ein dialogisches Verhältnis zu ihrer Lebenswelt etabliert. Jeglicher Abschluss der Aushandlung in Form des endgültigen Füllens des Platzhalters überführt die Gesellschaft in eine vermasste Form. Dabei entscheidet sich die Frage, wie der Mensch eben für die nicht an Apparate übertragbaren und nicht formalisierbaren Spiele zum projekthaften Spieler wird.

Die moderne Schule stellt in den Analysen Flussers einen Ort des Trainings dar und es lassen sich in der nachmodernen Gesellschaft viele Orte neben der Schule finden, die durch Trainings und Coachings geprägt sind. Diese zielen auf ein funktionierendes Subjekt als Stereotyp ab, welches für eine ökonomische Welt als Arbeiter und Funktionär vorbereitet, trainiert oder nach den Verhaltensmodellen des ökonomischen Diskurses programmiert werden soll.[1245] Für dieses Funktionieren lernen die Menschen das richtige Schreiben und dadurch das richtige Denken und zwar ausschließlich richtig in einem ökonomischen Verständnis, wie es Flusser an anderer Stelle ausdrückt.[1246] Als gegenüber zu diesem Modell setzt Flusser einen kreativen Spieler, Künstler oder einen Generalist in einem „radikal neuen Sinn"[1247], der Informationen aus einem Raum der Muße hervorbringt, Störungen einbaut und Modelle von Gesellschaft verändert. Als Grundlage hierfür stellt digital schreiben und lesen zu können, nur einen Baustein dar und muss im Verständnis Flussers durch ein Streben nach einem müßigen von Arbeit befreiten In-Welt-sein ergänzt werden. Dieses entzieht sich dem Geordneten und trägt die Möglichkeit der Störung der Ordnung als Überschreitung von Redundanz in sich.

1244 Flusser, V. 2008, S. 44
1245 Vgl. Flusser, V. XXXXw, S. 6
1246 Vgl. Flusser, V. 1986, S. 3
1247 Flusser, V. 1991a, S. 125

Diese Schule muss eine neue Form oder eine Wiedererinnerung an den
Marktplatz sein, als Ort in der Gesellschaft an dem Subjekte Ideen publizieren,
austauschen und in einem intersubjektiven Verhältnis reflektieren können. Aus
diesem Marktplatz als Raum des Öffentlichen können wiederum echte private
Räume entstehen.[1248] Diese sind nur aus einem nach Flusser echten öffentlichen
Raum möglich, der die Einsamkeit der Anderen und deren Streben nach Vernetzung in Gruppen anerkennt. Es ist für Flusser ein nicht funktionaler Raum, der
sich über Dialoge verknüpft und seinen Blick auf die Modelle richtet und der im
Gegenzug private Räume des Rückzugs entstehen lässt.[1249]

> „Und wir brauchen die Räume, in denen Reibung stattfinden kann, in denen Kompromisse und
> Lebensmodelle gefunden werden können, ohne dass alle Öffentlichkeit zuschaut. Wir brauchen
> Momente des Unbeobachtetseins, der Unsichtbarkeit, um mit uns selbst und anderen Menschen
> aushandeln zu können, wie wir sichtbar sein wollen und was von uns sichtbar sein soll."[1250]

Zusammenfassend kann festgehalten werden: Schule im Verständnis der *scholé*
kann als ein Modell angesehen werden, dass sich nicht wie in der Moderne in
einer Institution verortet, sondern als ein anthropologisches Modell der Gesellschaft darstellt. Das In-Welt-sein des Menschen als Projekt verändert sich hin zu
einem schulischen, in dem Verständnis des von Arbeit befreiten müßigen Lebens.
Es ist kein Abschnitt des Lebens mehr, sondern Studieren wird zur Bestimmung
des Menschen beziehungsweise des Lebens selbst. Das Projekt beendet die
Schule in der telematischen Gesellschaft nie. Es ist ein „glücklicher Arbeits-
loser"[1251] in einer telematischen Gesellschaft. Studieren ist kein Lebensabschnitt,
sondern das zentrale Moment des Lebens, als ein von Arbeit befreites.

In der Zukunft wird die Werkstatt zum schulischen Laboratorium und zu
einem Ort, der den Austausch im Interface, in Verbindung zwischen den Wissen-
schaften und unter Berücksichtigung der ethischen, politischen und ästhetischen
Dimensionen in dialogischen Gruppen ermöglicht. Grundlage hierfür bilden das
Streben nach Muße, die kritischen Analysen des nachmodernen Menschen und
Formen der telematischen Bildung. Weiterhin ist die Schule nicht nur eine Mög-
lichkeit, sondern die Voraussetzung der Realisierung von dialogischen Gruppen.
Es ist ein Ort, an dem der *homo ludens* als ein Müßiger in Welt sein kann. Die
Menschen in der telematischen Schule sind Projekte, die die logische Ordnung
der Welt betrachten und sich von der ökonomischen Welt, die sich funktionell

---

1248 Vgl. Flusser, V. 1979, S. 8–9
1249 Vgl. Flusser, V. XXXXw, S. 9–11
1250 Meckel, M. 2013, S. 42
1251 Bröckling, U. 2007, S. 294–295

ausrichtet und in Flussers Verständnis eine sich im Kreis drehende ist, abwenden.[1252] Dabei sei darauf verwiesen, dass dies kein Gesellschaftsmodell darstellt, sondern ein theoretisches Konstrukt, eine Utopie, ein Denkraum des Zweifelns und der Reflexion. Dabei bleibt es für den Menschen in der Schule die Aufgabe, sich wie der antike Philosoph mit den logischen Ordnungen auseinanderzusetzen, die in der Moderne und Nachmoderne durch Codes hervorgerufen werden. Diese Schule ist eine, an der die ganze Gesellschaft mitarbeitet, im Jargon Flussers mit bauen muss und die sich eine ökonomische beziehungsweise einseitige Vereinnahmung spezifischer Diskurse verschließt. Sie wird zu einem neuen Modell der Gesellschaft in dem telematische Projekte auf neu geschaffenen Marktplätzen – sei es digital oder analog – dialogisch kommunizierend Inhalte publizieren. Diese Schule wird zu einer sokratischen in einem telematischen Verständnis.

> „Aus dieser Schilderung ist klar, dass das Bauen einer solchen neuen Schule nicht die Aufgabe nur von Architekten und Paedagogen, sondern aller am Marktplatz Beteiligten, aller publizierenden Privatmenschen waere. Und sie waere die hoechste Aufgabe der Stadt ueberhaupt, denn das Leben aller Staedter haette zum Ziel, am Dialog in der Schule, am Dialog betreffs der reinen Formen teilzunehmen. Alles uebrige waere nur Vorbereitung. Kurz: die Schule waere sokratisch, aber in einem nachindustriellen, wenn man will: phaenomenologisch-strukturalen Sinn dieses Wortes."[1253]

7.2 Bildung in einer telematischen Gesellschaft

An den Ausführungen zur Schule als Ort des Strebens nach Muße zeigt sich, dass im Rahmen einer Theorie der telematischen Gesellschaft neue Aspekte entstehen, die mit einem Bildungsbegriff aufs engste verwoben sind. Bildung geht aus den Subjekten selbsttätig hervor und zwar in Auseinandersetzung mit Welt beziehungsweise in Anlehnung an Flusser mit Welten. Bildung setzt sich dabei von einem Begriff der Kompetenz ab, indem sie sich Strukturen der Ordnung und einzelnen teleologisch geprägten Diskursen entzieht. Mit einem Begriff der Bildung wird eine Bewegung verbunden, die eine Überschreitung beziehungsweise eine Erweiterung von Ordnung intendiert, im Rahmen eines reflexiven, zweifelnden Bezugs auf Welt und Selbst. Das Telos eines philosophisch angelegten Bildungsbegriffs kann ausschließlich aus dem Subjekt oder mit Flusser dem Projekt selbst hervortreten. Es ist ein kritisch reflexiver Bezug zu einer bodenlosen nachmodernen Lebenswelt.

1252 Die Vorstellung, dass jeder Mensch zu einem Philosophen wird, ist hier wiederum als eine utopische Figur der Reflexion anzusehen.
1253 Flusser, V. XXXXw, S. 14

Die grundsätzlichen Kategorien, die sich in Anlehnung an Flusser mit einem Bildungsbegriff verknüpfen lassen, sind einerseits der Mensch als telematisches Projekt, welcher den digitalen, binären Code erlernt hat. Andererseits ist es der Aspekt der Muße, der mit einer neuen telematischen *scholé* verknüpft ist. Der telematische Mensch ist einer, der die Schule in einem flusserschen Verständnis nie verlässt und zu einem nach Muße strebenden Projekt wird. Er ist in einer telematischen Gesellschaft ein lebenslanger Schüler in einem telematischen Verständnis als Modell des Lebens. Um diese Lebensform zu etablieren, plädiert Flusser für Stipendien und Studienbörsen, die es den Projekten ermöglichen wie die fahrenden Schüler des Mittelalters von Meister zu Meister zu ziehen, um sich möglichst vielfältig mit der Welt zu verknüpfen. Dies bedeutet für eine telematische Gesellschaft, dass der Mensch als Schüler in einem Streben nach Muße verhaftet ist und im Rahmen dieses Strebens Gesellschaft verändert. Die telematischen Schüler bilden, als Fahrende in einem telematischen Sinn, Netze aus und stellen die Knotenpunkte dieser dar. Mit diesem Fahren ist nicht mehr ein ausziehen in die Welt in einem klassischen Verständnis verbunden, sondern dieses Fahren innerhalb der Lebenswelt kann auch in den telematischen Netzen beispielhaft dem Internet stattfinden. Auf dieser Grundlage entsteht eine topologische Klassifikation der Welt, ein topologisches Weltbild, das eine netzhafte Struktur in analoger, wie auch digitaler Form darstellt. Somit sind die Stipendien für Flusser Modelle der Zukunft, die einen neuen Raum der Ek-sistenz, eine neue Schule entstehen lassen und die Projekte als Nomaden hervorbringen.[1254] Stipendien sind für ihn Ausdruck dafür, nicht mehr arbeiten zu müssen, um seinen Lebensunterhalt zu sichern.

In dem Wissen, dass Flusser eine Utopie zeichnet, sind die Ausführungen, die in dieser Untersuchung mit dem Begriff der Bildung verknüpft werden, als ein Streben nach einer telematischen Gesellschaftsform zu sehen, das heißt einer Form des In-Welt-seins, welches sich müßig zweifelnd hinterfragt und verändert. Diese stellt die Frage nach Möglichkeitsräumen der Kritik in einer durch den binären Code dominierten Welt. Es ist ein Streben, das bei Flusser vermeintlich eng mit der Methode der negativen Dialektik Adornos verwoben ist; ein Streben, welches versucht die Spannungen aufrechtzuerhalten, sie nicht in Synthesen wie auch Definition aufzulösen und im Anschluss daran Denkräume, wie auch Möglichkeitsräume zu verschließen. Damit verbunden lassen sich in der flusserschen Theorie Momente finden, die die Möglichkeiten einer telematischen Form der Bildung bedingen. Einer dieser Punkte ist eine Stärkung der Eliten im Verständnis, dass die Menschen eine aktive Stellung zu dem binären Code einnehmen. Eliten

---

1254 Vgl. Flusser, V. 1987a, S. 1–5

sind in der Nachmoderne Gruppierungen, die zumindest in ihren dialogischen Zirkeln erlernt haben, mit den neuen Codes umzugehen. Daher können sie ein erster Ansatzpunkt sein, um dem programmierten menschlichen In-Welt-sein entgegenzuwirken. Damit verbunden ist die Idee, das fehlende Wissen über Technik und die programmierte Nutzung dieser zu überwinden, um im Anschluss daran digital lesen und schreiben zu lernen und sich fortwährend mit dem neuen Code auseinanderzusetzen. [1255] Mit Flusser sind neue Eliten zu etablieren, die ähnlich wie die frühere sprachliche Elite mit den binären Codes und den daraus entstandenen Apparaten umzugehen lernen[1256], das heißt, Eliten, die das aktive In-Welt-sein mitgestalten, den Menschen entprogrammieren und dadurch der Vermassung entgegenwirken, in der Verknüpfung, dass alle Menschen der telematischen Utopie in einer elitären Vernetztheit zueinander stehen. Somit lässt sich im Anschluss an Flusser die Forderung nach mehr Eliten formulieren, das heißt nach mehr Personen, die den Code lesen und schreiben können. Mit der Forderung des Strebens nach dem Elitär-sein ist der Widerspruch der Auflösung der Eliten verbunden, da die Gesellschaft danach strebt, dass jeder zur Elite wird. In dem Streben aller Menschen nach dem Elitär-sein lösen sich Eliten als Distinktionsmerkmal gerade auf.

Bei dieser Forderung spielt die Entprogrammierung, als Entzug von der apparatischen Bedingtheit des Lebens als Objekt, eine zentrale Rolle. Sie verfolgt das Ziel, die Freiheit des Einzelnen zu stärken[1257], um ein Gegenüber zu der apparatisch programmierten Welt zu bilden, Kontrolle über die Apparate zu erlangen und eine neue Möglichkeit der Kritik und Reflexion zu etablieren. Es gilt, sich als Akteur im Sinne des Programmierers und des Hackers in die Welt der technischen Bilder einzubringen, um mit Hilfe der neuen Codeformen Veränderungen hervorzurufen. Flussers Ziel ist es dabei nicht, den Techniker oder Programmierer als neue anthropologische Voraussetzung voranzustellen, sondern diese Berufsgruppen als telematisches Projekt zu überschreiten. Beide haben zwar erlernt, den Code zu lesen, blicken aber nur aus einer im weitesten Sinn technischen Perspektive auf das Problem. Flusser zeigt am Beispiel dieser beiden Rollen auf, welche Bereiche in einer nachmodernen Lebenswelt in den Hintergrund gerückt sind. Die Forderungen Flussers können mit dem Erlernen neuer Spielregeln gleichgesetzt werden, die das Projekt für eine telematische Lebenswelt benötigt. Das telematische Projekt zeichnet sich dadurch aus, dass es erlernt hat, die Apparate wie auch die künstlichen Gedächtnisse zu manipulieren. Es sind Genera-

1255 Vgl. Flusser, V. ⁶2000, S. 87
1256 Vgl. Flusser, V. ⁵2002, S. 86; Flusser, V. 2004, S. 186; Grube, G. 2009, S. 205
1257 Vgl. Böhme, G. 2008, S. 131

listen in einem „radikal neuen Sinn"[1258], die Flusser als neue Form des Mensch-
seins propagiert. Er spricht sich für kreative, künstlerische Menschen aus, die der
Programmierung und dadurch der Vermassung entgegenwirken.[1259]

Diese Idee lässt sich verknüpfen mit den Vorstellungen des Cultural
Hackings als ein Auflösen und Überschreiten von Ordnung. Die Überschnei-
dungen dieses „Konzepts" mit den flusserschen Ausführungen sind vielfältig.
Hacker werden in diesem Kontext als Personen verstanden, die sich mit der
Zweckentfremdung und Umcodierung auseinandersetzen.[1260] Dabei hat der
Hacker gelernt, den Code zu verstehen – das Lesen und Schreiben im neuen
Code erlernt – und ihn zweckzuentfremden. Am Beispiel der Viren kann gezeigt
werden, wie eine Störung ein Computersystem verändern kann.[1261] Im Anschluss
daran ist der Cultural Hacker einer, der im übertragenen Sinn Viren als Formen
der Unordnung und Störung in die Ordnungen einfügt. Liebl betont die enge
Verbindung der Idee des Hackers mit den Avantgarde-Bewegungen. Beide
stellen Gegenmodelle zu dem vorherrschenden Kulturmodell dar.[1262] Bei dem
Versuch, die zentralen Elemente des Hackings zu benennen, stößt er auf Bereiche, die sich mit den flusserschen Vorstellungen der Ent-Programmierung,
Störung wie auch dem Streben nach Unwahrscheinlichem überschneiden. Dabei
ist die Störung von Kultur und Ordnung die Grundlage, um neue Strukturen
ausbilden zu können. In diesem Kontext verschwimmen die Begriffe *Ernst* und
Spiel[1263] ineinander. Der telematische Mensch wird zum telematischen *homo
ludens* der Störung. Diese telematische Anthropologie ist verknüpft mit dem
absichtsvoll handelnden Projekt, das nach Störungen des Geordneten strebt.
Künstlerische Momente können dabei Versuche darstellen, Ordnung zu stören.[1264]
Unter anderem können die Arbeiten Julius von Bismarcks[1265] zeigen, wie mit
Hilfe des „Fulgurators" Fotografien verändert beziehungsweise die Grenzen von
Apparaten und Systemen überschritten werden. An seinen Arbeiten zeigt sich das
Verwischen der Grenzen zwischen Kunst und Technik. Dabei entstehen Bilder,
denen unerwartete, vielleicht sogar außerordentliche Momente eingefügt werden.
An diesen ist ein Streben nach Unwahrscheinlichem und eine ästhetische Störung
der Ordnung ersichtlich. Sobald diese künstlerisch, spielenden Möglichkeiten

---

1258 Flusser 1991, S. 125
1259 Vgl. Flusser, V. 1991a, S. 124–126
1260 Vgl. Liebl, F./ Düllo, T./ Kiel, M. 2005, S. 13
1261 Vgl. Meyer, T. 2010, S. 434
1262 Vgl. Liebl, F./ Düllo, T./ Kiel, M. 2005, S. 15
1263 Vgl. hierzu Schiller, F. 2000; Huizinga, J. 1991
1264 Vgl. hierzu Düllo, T./ Liebl, F. 2005
1265 http://juliusvonbismarck.com/

allerdings als Vorlage oder methodischer Moment für weiteres Handeln genutzt werden, findet eine Einordnung statt, die die Möglichkeiten der Störung auflöst.

> „Debord sieht die Stärke des Surrealismus in der damals überraschenden, innovativen Hervorhebung der Rolle des Unbewussten – die jedoch just in dem Moment verloren ging, als daraus ein bloßes Koch-Rezept bzw. Stilelement wurde."[1266]

Es sind experimentelle Vorgehensweisen die unter anderem auf der Suche nach der Ursprünglichkeit oder, nach Flusser, einer Verbindung zwischen Kunst und Wissenschaft sind. Das telematische Projekt nutzt die bodenlose Welt als einen Raum des spielenden Experimentierens. Möglichkeiten der Umsetzung finden sich in Formen des Camouflage, der Verfälschung, der Collage oder auch der Montage. Alle diese Formen werden zu einem postmodernen Umgang mit der bodenlosen Lebenswelt.[1267] Hacker sowie Cultural Hacker, zeichnen sich durch ein verfälschtes oder ein verändertes Zusammensetzen aus und überschreiten dadurch die Redundanz der Nachmoderne in dem Streben nach Unwahrscheinlichem.

> „Ich kann mir lebhaft vorstellen, welche Diskussion mein Vorschlag auslösen würde, auch Bildung in der Schule versuchshalber in der Form des Cultural Hacking zu denken Schulen dienen soziologisch betrachtet eher einem Cultural Engineering als dem Cultural Hacking. Es geht dort um das Bewahren, nicht um das Weiterentwickeln von Kultur."[1268]

Flusser etabliert ein Modell des Menschen, den er als handelnden Künstler beschreibt und mit dem Bild des Handwerkers respektive Technikers im Verständnis des etymologischen Ursprungs der griechischen Antike gleichsetzt.[1269] Es ist ein Mensch der sich von den Apparaten unterscheidet, indem er sich der Dichtung, Philosophie[1270] oder auch der Übersetzung widmet.[1271] Die dialogische Kommunikation spielt bei diesem Vorhaben eine zentrale Rolle um die Automatisierung der Sender durch Apparate zu überwinden.[1272] Diese wird gestaltet durch den Versuch des Auflösens der apparatisch projizierten Strukturen und dem Streben nach einer dialogischen Umgestaltung. Der intellektuelle Mensch gewinnt die Möglichkeit, sich im Streben ein Stück weit aus der Ordnung zu entfernen und nicht dermaßen Funktionär zu sein. Die Elite erlernt die neue Art des Schreibens,

---

1266 Liebl, F./ Düllo, T./ Kiel, M. 2005, S. 17
1267 Vgl. ebd., S. 25–30
1268 Meyer, T. 2011b, S. 49
1269 Vgl. Flusser, V. XXXXx, S. 19
1270 Der Philosoph ist für Flusser einer, der nach Desengagement und nach einer Möglichkeit der Entfremdung strebt. (Vgl. Flusser, V. 1997a, S. 186)
1271 Vgl. Flusser, V. 1968, S. 28
1272 Vgl. Flusser, V. ⁶2000, S. 80

die Ernst als Programmieren bezeichnet.[1273] Dadurch besteht die Möglichkeit, dass eine neue Gesellschaft entsteht, die sich von den apparatischen Imperativen abwendet und neue Wertmodelle etabliert, die Flusser als Informationsmodelle benennt.[1274] Diese Gesellschaft versteht es die Strahlenbündel der Sender umzuwenden, zu durchbrechen und aktiv wie auch selbsttätig an den Informationen mitzuarbeiten, das heißt, Informationen zu prozessieren und wieder zum Sender werden zu können. Damit wird das Ziel verfolgt, eine neue Form des Programmierens zu etablieren, welche die rein technischen Aspekte überschreitet und wirtschaftliche, politische und ästhetische Auswirkungen der Programmierung mit einbezieht. Es ist das schon erwähnte künstlerische Moment, den Apparat zu etwas zu zwingen, was in ihm nicht angelegt ist und damit gegen die Programme zu handeln. Dabei hat Flusser einen engagierten Menschen im Blick, einen Don Quichotte der Digitalität.[1275] An dieser Engagiertheit gegen eine ökonomische Versklavtheit[1276] entscheidet sich die Frage der Unabhängigkeit beziehungsweise der Auflösung des modernen Menschen. Schafft er es sich aktiv zu den Apparaten zu verhalten, das heißt, sich gegen die Vermassung zu stellen, ist ein Menschenbild der Projekthaftigkeit möglich, schafft er dies nicht, führt es zu dem Tod der bisherigen Vorstellungen und Modelle des Menschen.[1277] Das Projekt wendet sich gegen die programmierte Tendenz, wählen zu müssen und entzieht sich dem Moment der Wahlfreiheit. Erst in dieser Möglichkeit bieten sich Räume, die das Streben nach Freiheit erweitern können. An dieser Schwelle wird es möglich, auf Entscheidungsgebiete zu treffen, die Flusser als ungeahnt beschreibt. Diese Tendenz wird verbunden mit der Überschreitung der Ordnung, mit der Perspektive der Unordnung und der Störung.

> „Nicht wählen und nicht entscheiden, sondern der entropischen Tendenz der Welt Unwahrscheinliches entgegensetzen ist Freiheit. Nicht diskriminieren, sondern Schaffen. Nicht Entscheidungen in die Tat setzen, sondern künftige noch ungeahnte Entscheidungsgebiete öffnen."[1278]

Neben der Stärkung der Elite als Moment, das für eine telematische Form der Bildung zentral ist, finden sich bei Flusser Tendenzen, die sich als Überlistung der Apparate bezeichnen lassen. Ein Bildungsmoment wäre die List, nicht dermaßen durch den Apparat strukturiert, geordnet und regiert zu werden, das heißt, ein telematisches kritisches Ethos zu entwickeln. Hiermit sind Ideen verbunden

---

1273 Vgl. Ernst, C. 2005, S. 341
1274 Vgl. Flusser, V. 1985, S. 63
1275 Vgl. Flusser, V. 1997a, S. 186
1276 Vgl. Flusser, V. XXXXw, S. 10
1277 Vgl. Flusser, V. 1997j, S. 193
1278 Flusser, V. 1997h, S. 221

aus den apparatischen Strukturen auszubrechen und dadurch Momente der Freiheit als Möglichkeit des Ek-sistierens in einer durch den binären Code strukturierten Welt zu schaffen. Diese Überlistung kann als eine Überschreitung der
durch Apparate und Codes bedingten Grenzen gesehen werden, die eine Un-Ord-
nung und eine Störung der Ordnung, wie sie Flusser mit der wahren Kunst verknüpft, auslöst. Diese Versuche sind künstlerische Formen in einem künstlichen
In-Welt-sein. Jeder Versuch der Planung dieser, wie zum Beispiel im beschrie-
benem Kompetenzmodell, kann nur ein Scheitern implizieren. Diese Modelle
zielen auf Eingliederung in Ordnungen ab, wohingegen eine Überlistung mit
einer Ausgliederung aus Ordnungen einer Überschreitung hin zu einem Un-Ort,
in die Bodenlosigkeit verknüpft ist. Dieser entzieht sich der Planbarkeit und realisiert sich in der Form des Strebens danach. Es ist der Versuch, das von Ulrich
Bröckling ausgearbeitete „anders anders sein" als „Störung des Kraftfelds der
unternehmerischen Anrufung"[1279], dass die punktuelle Überschreitung einer rationalen Welt anstrebt und einen Umgang mit der Bodenlosigkeit darstellt, in einer
durch den digitalen Code strukturierten Welt grundzulegen. Mit Adorno ist es
ein negativ dialektisches Verhältnis, dass den Menschen einen Reflexionsraum
eröffnet, ohne eine Synthese zu liefern. Eine Auflösung dieser Dialektik würde
zur Vermassung der Subjekte und in eine totalitäre Gesellschaft führen, in deren
Konsequenz der Subjekt- respektive Projektstatus aufgelöst wird. Somit verbindet
sich eine telematische Bildungstheorie im Anschluss an Vilém Flusser mit der
Ent-Massung der Subjekte. Die Projekte beginnen sich durch ein theoretisch aktives In-Welt-sein aus der Masse der apparatisch geordneten und strukturierten
Gesellschaft zu lösen, indem sie nach dem Status als Projekt streben. Es stellt
den Versuch einer Überschreitung der Freiheit der Wahl durch Störungen der
Ordnung dar. Er verbindet sich mit der Überschreitung der Programme der Apparate, um ein Stück weit aus dem Netz der Programmierung zu treten, im
Wissen der (Ein-)Gebundenheit. Damit verknüpft ist eine Wendung gegen eine
Stereotypisierung und die Abhängigkeit von den Apparaten der Nachmoderne.
Es ist eine aktive, nicht rationale Umwendung gegen die apparatischen Strukturen hin zu einem projekthaften, partizipativen In-Welt-sein auf neu geschaffenen
digitalen Marktplätzen.

„Wie können wir die Seite um- und neuschreiben? Indem wir uns die Ordnung der Gründe, der
rationes, aus dem Kopf schlagen. Ordnung, ja. Aber ohne Grund. Es braucht eine neue
Vernunft. Der einzig authentische intellektuelle Akt ist die Erfindung."[1280]

1279 Bröckling, U. 2007, S. 297
1280 Serres, M. 2013, S. 43

8 Schluss

In der vorgelegten Untersuchung konnte die Bedeutung Vilém Flussers für eine Anthropologie des nachmodernen Zeitalters, für bildungswissenschaftliche Überlegungen und für einen damit verknüpften bildungstheoretischen Entwurf des Menschen als Projekt gezeigt werden. In einem ersten Kapitel galt es das wissenschaftliche Engagement Flussers einzuordnen, indem gezeigt wird, wie sich eine essayistische Herangehensweise auf sein gesamtes Arbeiten und insbesondere auch für ein verändertes telematisches Verständnis von Bildung auswirkt. Dieser Essayismus verbindet sich mit der Annahme einer zerzweifelten Welt als bodenlose Grundlage der Projektion, in der sich Flusser lebensweltlich wie auch wissenschaftlich zu verorten sucht. Dabei changiert er zwischen verschiedenen Diskursen der Wissenschaft und versucht in den Zwischenräumen Fragen an ideologische Setzungen, an das Unhinterfragte zu stellen. Somit kann Flussers Ansatz als Phänomenologie des dezentralen Schauens überschrieben werden. Phänomenologische Herangehensweisen werden bei Flusser meist zur Analyse der Lebenswelt herangezogen, wohingegen sich in seinen utopischen Entwürfen häufig konstruktivistische Anleihen finden. Daran zeigt sich, dass Flusser nicht in einer einzigen wissenschaftlichen Strömung einzuordnen ist. Ein solcher Versuch würde den breiten Möglichkeitsraum seiner theoretischen Ausführungen verschließen und wird deshalb in der Untersuchung vermieden. In diesem sprunghaften Wechseln zwischen Positionen, Theorieansätzen und Sichtweisen auf Welt ergeben sich Zwischenräume, die sich der Einordnung entziehen. Diese Räume des Zwischens bieten Ansatzpunkte im Werk Vilém Flussers, einen Begriff der Bildung in einer digitalisierten Welt neu zu etablieren. In diesem Entzug aus Ordnung, der sich schon aus Flussers „methodischem" Vorgehen ergibt, zeigen sich Ansatzpunkte, die Bildung als einen Begriff denken, der sich einer Einordnung und der damit verbundenen Stereotypisierung des Menschen als Objekt entzieht und einen Raum der teleologischen Offenheit ermöglicht. Für seine anthropologischen Ansätze wird in der Kommunikationstheorie der Kommunikologie die Basis geschaffen, da Flusser immer implizit seine kommunikationstheoretischen Ausführungen voraussetzt. Flussers theoretischer „Boden" ist die Kommunikologie. Dabei kann gezeigt werden, welche Bedeutung die In-Formation als Veränderung und Störung von Ordnung im Gegensatz zu redundanten Inhalten spielt und wie sich diese Formen des Inhalts mit Dialogen beziehungsweise Diskursen überschneiden. Codes sind der Ausgangspunkt für Sprachen jeglicher Ausprägung und ermöglichen es dem Menschen, als Subjekt, Projekt oder in anderen anthropologischen Modellen Welt zu gestalten, indem sie Ordnungen verändern. Erst ein Im-Code-sein ermöglicht den Menschen als absichtsvoll handelndes Wesen. Durch ein absichtsvolles und aktives In-Welt-sein, welches bei Flusser mit der Reflexion auf die veränderte Codestruktur verbunden ist, kann der Mensch sich seinen zweifelnden Bezug auf Welt erhalten. In diesem Zweifel als Hinterfragen und dem damit verbundenen Reflektieren ergeben sich Ansatzpunkte, Bildung in einer telematischen Form grundzulegen. Dafür muss der Mensch als Projekt bewusst im Code sein, das heißt, im übertragenen Verständnis muss er das Lesen neu erlernt haben, um Bildung in einer sich verändernden Welt zu denken. Ausgehend von einem kommunikationstheoretischen Ausgangspunkt kann die Theorie des Technobildes als eine genealogische Veränderung des Codes eingeordnet werden, die sich, so Flusser, in der Nachmoderne in dem Technobild und dem Technocode ausdrückt. Dieser geht die Auflösung einer linearen Schriftlichkeit voraus und mit Flusser eine Auflösung eines Weltbildes beziehungsweise eines In-Welt-seins, welches er als modern bezeichnet. Eine neue veränderte Geste des kritischen In-Welt-seins kann im Anschluss daran am Beispiel eines Fotografen in Abgrenzung zu dem Knipser gezeigt werden. Fotografie als kritische Geste und nicht als Analyse des Technischen ist einer der zentralen Punkte des flusserschen Werks. Übertragen ist der Mensch als Modell des aktiven, reflektierenden Fotografen zu denken, der sich der Bedingtheit seiner Lebenswelt durch Codes und Apparate bewusst ist und sich in verschiedenen Sichtweisen auf Welt ausprobiert. In der Figur des Fotografen wird ein Ansatzpunkt ersichtlich, der als Form des aktiven In-Welt-seins eine Basis für den Menschen als Projekt bildet. In dem Erkennen der Bilder als Technobilder und eben nicht als klassische liegt der Ansatzpunkt, an dem anschließend Bildung in einer telematischen Form konzipiert werden kann. Neben dem kritischen Moment geht die Untersuchung – mit Flusser – von einer Analyse des Jetzt aus, das heißt einer Analyse der Gesellschaft in der Nachmoderne. Diese ist geprägt durch eine Auflösung des Subjekt-Status und eine daran anschließende Vermassung des einzelnen Menschen hin zu einem verobjektivierten Menschen. Mit der entstandenen Gesellschaft verknüpft Flusser eine Totalität der Privaträume, deren Auflösung als Räume des aushandelnden Dialogs diese verhindert. Ausschlaggebend für die Entwicklung scheinen mit Flusser Formen des technischen und apparatischen zu sein, in denen die dialogischen Möglichkeiten nicht genutzt werden, dafür aber die Möglichkeiten der Umsetzung diskursiver Amphitheater als dominierende Kommunikationsstruktur. Der Mensch entwickelt sich immer mehr zu einem stereotypen Konsumenten der redundanten Inhalte und wird zu einem programmierten Funktionär. Er funktioniert im Sinne der Apparate und verliert die Möglichkeiten eines kritischen Einwirkens auf diese. Bildung telematisch zu denken ist dadurch mit einem Streben verbunden, das sich neue private Räume in einer neuen digitalen beziehungsweise telematischen Form schafft und darauf aufbauend ein dialogisches In-Welt-sein ermöglicht. Erst auf dieser Grundlage kann der Mensch als telematisches Projekt Ordnungen und seine Lebenswelt aktiv mitgestalten, er kann sich reflektierend zu seiner Welt in Beziehung setzen. In diesem telematisch reflektierten Bezug auf Welt bieten sich Räume der Aushandlung eines Bildungsbegriffs. Flusser setzt der vermassenden Entwicklung der Gesellschaft die telematische Gesellschaft entgegen, die einerseits als Utopie angesehen werden kann, auf der anderen Seite aber auch Möglichkeitsräume der Reflexion öffnet. Die telematische Gesellschaft ist geprägt durch den Menschen als ent-werfendes Projekt, dass sich in seiner Vernetztheit mit anderen Menschen versteht und sich vielmehr als ein in Gruppen ek-sistierendes Wesen begreift. Diese Gruppen sind in dialogischer Form elitäre Einheiten, die Welt verändern. Aus diesen Annahmen entsteht bei Flusser eine Anthropologie des Projizierens, in der sich der Mensch als kritisches Projekt in seiner Vernetztheit in Gruppen versteht. Auf dieser Grundlage wurde gezeigt, in welchem Ausmaß eine Nomenklatur des pädagogischen Diskurses mit Flusser zu hinterfragen ist, wenn sich Begriffe wie Subjekt und die starke Bedeutung des Individuums auflösen. Dabei sind Begriffe wie der der Bildung als eine Möglichkeit der Störung des Geordneten zu diskutieren. Bildung wird unter Berücksichtigung der Ausführungen zur telematischen Gesellschaft zu einer projektiven Einstellung in Welt, und Bildung kann im Zuge dessen in dem anthropologischen Modell des Menschen als Projekt gefasst werden.

Flusser kann als ein Störer des akademischen Diskurses gesehen werden, bei dem sich häufig theoretische Ansätze stark mit seiner Lebenswelt und Lebensgeschichte überschneiden. Dies kann als Stärke wie auch als Schwäche des flusserschen Arbeitens gelten. Im Kontext stringenter Wissenschaften mit abgeschlossener Nomenklatur kann Flusser als querliegend angesehen werden, wodurch sich seine Ausführungen einer Einordnung verschließen und Versuche der Anknüpfung – häufig auch durch eine selektive Lektüre seines Werks geprägt – als nicht möglich erscheinen. Besonders bei der Pointierung von Begriffen bleibt Flusser häufig im Vagen, indem er einen Begriff mit differierenden Bedeutungssträngen versieht. Somit kann Flusser im klassischen Verständnis eine mangelnde

Wissenschaftlichkeit vorgeworfen werden. Es konnte allerdings gezeigt werden, dass genau dieser Spielraum der Unabgeschlossenheit als Raum des Spielens mit Begriffen der Raum ist, der eine veränderte Sicht auf Gesellschaft ermöglicht. In seiner Vagheit eröffnet Flusser dem Leser einen Möglichkeitsraum des Reflektierens und des Weiterdenkens. Dieser Raum wird in der vorangegangenen Untersuchung bildungstheoretisch diskutiert und gefüllt. Dadurch bietet die Untersuchung Anknüpfungspunkte für eine bildungstheoretische Aushandlung eines digitalen Zeitalters. Besonders für pädagogische Kontexte ist Flussers Bedeutung nicht zu unterschätzen. Er stellt das institutionalisierte System in Frage und betont die Bedeutung dessen, was in einer philosophischen-pädagogischen Tradition als Bildung bezeichnet wird. Dadurch bietet das flussersche Werk einen Möglichkeitsraum des dezentralen kritischen Blicks auf Gesellschaft an und ermöglicht mit seinem utopischen Charakter unter anderem Fragen nach den Möglichkeiten des Mensch-seins als Projekt in einer digitalisierten Welt. In diesem Verständnis einer telematischen Form von Bildung lassen sich nahezu alle einleitend erwähnten Begriffe der bildungstheoretischen Tradition erneuern. Anschließend an Flusser kann es als Ziel gesehen werden, eine digitale Hermeneutik auszuarbeiten, die in der Aushandlung verschiedener Positionen das Gadamersche Projekt des Verstehens in digitaler Form erneuert und die Begrifflichkeiten des starken Subjekts zu in Gruppen vernetzten Menschen auflöst. Dabei müssen die Begriffe der Erfahrung und Erkenntnis auf der Grundlage der veränderten Nomenklatur ausgearbeitet und Bildung als Projekt beziehungsweise als projektive Lebenseinstellung profiliert werden. Dieses nachmoderne Modell des Ek-sistierens lässt sich im Anschluss an Musil und Dörpinghaus als ein Zwischen – ein Zwischen den Orten – als Wechsel der Standpunkte verstehen. Damit verknüpft sich ein In-Welt-sein, das in der Reflexion der Orte den Unort mit einbezieht.[1281] Aus dieser Vagheit entsteht eine hypothetische, essayistische Einstellung zum Leben, die mit Flussers Ausführungen große Ähnlichkeiten aufweisen. Ein telematisches hypothetisches Leben kann daher als Projekt gesehen werden und Bildung im Anschluss daran als projektiv.

1281 Vgl. Dörpinghaus, A. 2004, S. 144–146

„Aus der frühesten Zeit des ersten Selbstbewußtseins der Jugend, die später wieder anzublicken oft so rührend und erschütternd ist, waren heute noch allerhand einst geliebte Vorstellungen irrer Erinnerung vorhanden, und darunter das Wort ‚hypothetisch Leben'. Es drückte noch immer den Mut und die unfreiwillige Unkenntnis des Lebens aus, wo jeder Schritt ein Wagnis ohne Erfahrung ist, und den Wunsch nach großen Zusammenhängen und den Hauch der Widerruflichkeit, den ein junger Mensch fühlt, wenn er zögernd ins Leben tritt. […] Was sollte er da Besseres tun können, als sich von der Welt freizuhalten, in jenem guten Sinn, den ein Forscher Tatsachen gegenüber bewahrt, die ihn verführen wollen, voreilig an sie zu glauben?! Darum zögert er, aus sich etwas zu machen; ein Charakter, Beruf, eine feste Wesensart, das sind für ihn Vorstellungen, in denen sich schon das Gerippe durchzeichnet, das zuletzt von ihm übrig bleiben soll."[1282]

1282 Musil, R. [14]2009, S. 249–250

Literaturverzeichnis

Adorno, T. W. (1970): Erziehung nach Auschwitz. In: Adorno, T. W./ Becker, H./ Kadelbach, G. (Hrsg.): Erziehung zur Mündigkeit. Vorträge und Gespräche mit Hellmut Becker 1959-1969. Frankfurt am Main: Suhrkamp, S. 88–104.

Adorno, T. W. (2003): Negative Dialektik. Frankfurt am Main: Suhrkamp.

Alpsancar, S. (2012): Das Ding namens Computer. Eine kritische Neulektüre von Vilém Flusser und Mark Weiser. Bielefeld: Transcript.

Arendt, H. (⁴2003): Was ist Politik? München: Piper.

Arendt, H. (⁷2011): Eichmann in Jerusalem. Ein Bericht von der Banalität des Bösen. München: Piper.

Arendt, H. (¹¹2013): Vita activa oder Vom tätigen Leben. München: Piper.

Assmann, J. (⁶2007): Das kulturelle Gedächtnis. Schrift, Erinnerung und politische Identität in frühen Hochkulturen. München: Beck.

Baio, C. (2013): Vilém Flussers Spiel. Vom philosophischen Schreiben zu einer Existenzweise der zeitgenössischen Kunst. In: Hanke, M./ Winkler, S. (Hrsg.): Vom Begriff zum Bild. Medienkultur nach Vilém Flusser. Marburg: Tectum, S. 241–260.

Baudrillard, J. (1989): Videowelt und fraktales Subjekt. In: Baudrillard, J. (Hrsg.): Philosophien der neuen Technologie. Berlin: Merve-Verl., S. 113–131.

Baudrillard, J. (1992): Die Freiheit als Opfer der Information oder Das Temesvar-Syndrom. In: Charles, D. (Hrsg.): Zeichen der Freiheit. Bern: Benteli, S. 140–157.

Baudrillard, J. (¹⁹1997): Der symbolische Tausch und der Tod. München: Matthes & Seitz.

Baudrillard, J. (2008): Warum ist nicht schon alles verschwunden? Berlin: Matthes & Seitz.

Benjamin, W. (1974): Kleine Geschichte der Photographie. In: Benjamin, W./ Tiedemann, R. (Hrsg.): Gesammelte Schriften. Frankfurt am Main: Suhrkamp, S. 368–385.

Benjamin, W. (¹²1981): Das Kunstwerk im Zeitalter seiner technischen Reproduzierbarkeit. Drei Studien zur Kunstsoziologie. Frankfurt am Main: Suhrkamp Verlag.

Bidlo, O. (2008): Vilém Flusser. Einführung. Essen: Oldib.

Bidlo, O. (2013): Medienästhetisierung des Alltags in der telematischen Gesellschaft. In: Hanke, M./ Winkler, S. (Hrsg.): Vom Begriff zum Bild. Medienkultur nach Vilém Flusser. Marburg: Tectum, S. 193–207.

Blumenberg, H. (1986): Lebenszeit und Weltzeit. Frankfurt am Main: Suhrkamp.

Blumenberg, H. (1996): Lebenswelt und Technisierung. In: Blumenberg, H. (Hrsg.): Wirklichkeiten in denen wir leben. Aufsätze und eine Rede. Stuttgart: Reclam.

Blumenberg, H. (2009): Geistesgeschichte der Technik. Mit einem Radiovortrag auf CD. Frankfurt am Main: Suhrkamp.

Blumenberg, H./ Haverkamp, A. (2007): Theorie der Unbegrifflichkeit. Frankfurt am Main: Suhrkamp.

Böhme, G. (2008): Invasive Technisierung. Technikphilosophie und Technikkritik. Zug: Die Graue Edition.

Borst, A. (1990): Computus. Zeit und Zahl in der Geschichte Europas. Berlin: Wagenbach.

Bourdieu, P. (1998): Über das Fernsehen. Frankfurt am Main: Suhrkamp.

Bröckling, G. (2012): Das handlungsfähige Subjekt zwischen TV-Diskurs und Netz-Dialog. Vilém Flusser und die Frage der sozio- und medienkulturellen Kompetenz. München: kopaed.

Bröckling, G. (2013a): Das handlungsfähige Projekt? oder: Die Frage nach der Subjekthaftigkeit des Projekts in der Menschwerdung Zwischen Geste, Projektion und Verantwortung. http://www. flusserstudies.net/sites/www.flusserstudies.net/files/media/attachments/brockling-das-handlungs fahige-projekt.pdf. 20.08.2014.

Bröckling, G. (2013b): Mit Vilém Flusser von der (Medien)Philosophie zur (Medien)Bildung. Ein Versuch, das handlungsfähige Subjekt zwischen TV-Diskurs und Netz-Dialog zu verorten. In: Hanke, M./ Winkler, S. (Hrsg.): Vom Begriff zum Bild. Medienkultur nach Vilém Flusser. Marburg: Tectum, S. 169–191.

Bröckling, U. (2007): Das unternehmerische Selbst. Soziologie einer Subjektivierungsform. Frankfurt am Main: Suhrkamp.

Bühner, J.-A. (1980): Logos. In: Ritter, J. (Hrsg.): Historisches Wörterbuch der Philosophie. Darmstadt: WBG, S. 491–502.

Bystrický, J. (2007): Denkbare Hintergründe. http://www.flusserstudies.net/sites/www.flusserstudies. net/files/media/attachments/denkbare-hintergrunde.pdf. 20.08.2014.

Cassirer, E. (2004): Form und Technik. In: Recki, B. (Hrsg.): Gesammelte Werke. Cassirer Ernst. Hamburg: Meiner, S. 15–61.

Debray, R. (1999): Für eine Mediologie. In: Pias, C. (Hrsg.): Kursbuch Medienkultur. Die massgeblichen Theorien von Brecht bis Baudrillard. Stuttgart: DVA.

Debray, R. (2001): Der Tod des Bildes erfordert eine neue Mediologie. http://web.archive.org/ web/20091101202519/http:/www.rzuser.uni-heidelberg.de/~es3/e-journal/. 07.10.2013.

Debray, R. (2003): Einführung in die Mediologie. Bern: Haupt.

Deleuze, G. (1993): Postskriptum über die Kontrollgesellschaft. In: Deleuze, G. (Hrsg.): Unterhandlungen. 1972-1990. Frankfurt am Main: Suhrkamp.

Dittler, U. (2009a): E-Learning 2.0: Von Hochschulen gehypt, aber von Studierenden unerwünscht? In: Dittler, U. (Hrsg.): E-Learning: eine Zwischenbilanz. Kritischer Rückblick als Basis eines Aufbruchs. Münster: Waxmann, S. 205–218.

Dittler, U. (2009b): Postmedialität und Lernen. Einfluss der Allgegenwärtigkeit von Information auf Lernkompetenzen und Lehrprozesse. In: Selke, S./ Dittler, U. (Hrsg.): Postmediale Wirklichkeiten. Wie Zukunftsmedien die Gesellschaft verändern. Hannover: Heise.

Dörpinghaus, A. (2004): Bildung zwischen Orten. In: Dörpinghaus, A./ Helmer, K. (Hrsg.): Topik und Argumentation. Würzburg: Königshausen & Neumann, S. 133–146.

Dörpinghaus, A. (2005): Erneuerte Frage: Was ist Aufklärung? In: Koch, L. (Hrsg.): Kant – Pädagogik und Politik. Würzburg: Ergon, S. 117–132.

Dörpinghaus, A. (2014): Post-Bildung. Vom Unort der Wissenschaft. In: Forschung & Lehre, S. 540–543.

Dörpinghaus, A./ Uphoff, I. K. (2012): Die Abschaffung der Zeit. Wie Bildung erfolgreich verhindert wird. Darmstadt: WBG.

Düllo, T./ Liebl, F. (2005): Cultural hacking. Kunst des strategischen Handelns. Wien: Springer.

Ernst, C. (2005): Essayistische Medienreflexion. Die Idee des Essayismus und die Frage nach den Medien. Bielefeld: Transcript.

Ernst, C. (2006): Verwurzelung vs. Bodenlosigkeit. Zur Frage nach „Struktureller Fremdheit" bei Vilém Flusser. http://www.flusserstudies.net/sites/www.flusserstudies.net/files/media/attachments/ strukturelle-fremdheit02.pdf. 20.08.2014.

Ernst, C. (2008): Revolutionssemantik und die Theorie der Medien. Zur rhetorischen Figuration der „digitalen Revolution" bei Niklas Luhmann und Vilém Flusser. In: Grampp, S. (Hrsg.): Revolutionsmedien, Medienrevolutionen. Konstanz: UVK, S. 171–203.

Ernst, W. (2012): Merely the Medium? Die operative Verschränkung von Logik und Materie. In: Münker, S./ Roesler, A. (Hrsg.): Was ist ein Medium? Frankfurt am Main: Suhrkamp, S. 158–184.

Fahle, O. (2009): Technobilder und Kommunikologie. Die Medientheorie Vilém Flussers. Berlin: Parerga.

Fahle, O./ Hanke, M./ Ziemann, A. (2009): Einleitung. In: Fahle, O. (Hrsg.): Technobilder und Kommunikologie. Die Medientheorie Vilém Flussers. Berlin: Parerga, S. 7–19.

Finger, A. (2009): Jenseits der Medientheorie: Vilém Flusser und die Kulturwissenschaft – Versuch einer grenzüberschreitenden Verortung. In: Klengel, S. (Hrsg.): Das dritte Ufer. Vilém Flusser und Brasilien ; Kontexte – Migration – Übersetzungen. Würzburg: Königshausen & Neumann, S. 245–260.

Fischer, W./ Ruhloff, J. (1993): Skepsis und Widerstreit. Neue Beiträge zur skeptisch-transzendentalkritischen Pädagogik. Sankt Augustin: Academia.

Flusser, V. (XXXXa): Alltaegliche Kunst. (Fuer das Kunstmagazin ART, Hamburg). Vilém Flusser Archiv Berlin. Archiv-Nr. 2530.

Flusser, V. (XXXXb): Arbeit macht frei. Fuer die Basler Zeitung. Vilém Flusser Archiv Berlin. Archiv-Nr. 2514.

Flusser, V. (XXXXc): Autor und Autoritaet. Vilém Flusser Archiv Berlin. Archiv-Nr. 2371.

Flusser, V. (XXXXd): Das hoechste Kunstwerk. Vilém Flusser Archiv Berlin. Archiv-Nr. 2540.

Flusser, V. (XXXXe): Der staedtische Intellektuelle: Sao Paulo. Vilém Flusser Archiv Berlin. Archiv-Nr. 780.

Flusser, V. (XXXXf): Design von Welten. (fuer Design Report). Vilém Flusser Archiv Berlin. Archiv-Nr. 524.

Flusser, V. (XXXXg): Die Krone der Schoepfung. (fuer die Basler Zeitung). Vilém Flusser Archiv Berlin. Archiv-Nr. 2555.

Flusser, V. (XXXXh): Einer strahlenden Zukunft entgegen. Vilém Flusser Archiv Berlin. Archiv-Nr. 2566.

Flusser, V. (XXXXi): Fotografie und Geschichte. Vilém Flusser Archiv Berlin. Archiv-Nr. 739.

Flusser, V. (XXXXj): Fuer eine Schule der Zukunft. (Fuer Centre National de la Recherche Scientifique). Vilém Flusser Archiv Berlin. Archiv-Nr. 421.

Flusser, V. (XXXXk): Immaterialismus. Vilém Flusser Archiv Berlin. Archiv-Nr. 2447.

Flusser, V. (XXXXl): Interface. Vilém Flusser Archiv Berlin. Archiv-Nr. 2618.

Flusser, V. (XXXXm): Leben und Kunst. Vilém Flusser Archiv Berlin. Archiv-Nr. 491.

Flusser, V. (XXXXn): Melodie der Sprachen. Vilém Flusser Archiv Berlin. Archiv-Nr. 2462.

Flusser, V. (XXXXo): Nachpolitische Gedanken. Vilém Flusser Archiv Berlin. Archiv-Nr. 453.

Flusser, V. (XXXXp): Nennen und Sprechen. Vilém Flusser Archiv Berlin. Archiv-Nr. 2466.

Flusser, V. (XXXXq): Pilpul. Vilém Flusser Archiv Berlin. Archiv-Nr. 2395.

Flusser, V. (XXXXr): Puenktlich. http://www.flusserstudies.net/sites/www.flusserstudies.net/files/media/attachments/flusser-punktlich.pdf. 20.08.2014.

Flusser, V. (XXXXs): Raum und Zeit aus städtischer Sicht. Vilém Flusser Archiv Berlin. Archiv-Nr. 766.

Flusser, V. (XXXXt): Rueckschlag der Werkzeuge auf das Bewusstsein. Vilém Flusser Archiv Berlin. Archiv-Nr. 2586.

Flusser, V (XXXXu): Science Fiction. Vilém Flusser Archiv Berlin. Archiv-Nr. 2471.

Flusser, V. (XXXXv): Urbanität und Intellektualität. Vilém Flusser Archiv Berlin. Archiv-Nr. 602.

Flusser, V. (XXXXw): Verschiebung im Verhaeltnis der Raeume (Der oeffentliche und der private Raum unter dem Einfluss der Industrialisation und der nach-industriellen Stadtgestaltung.). Vilém Flusser Archiv Berlin. Archiv-Nr. 2488.

Flusser, V. (XXXXx): Was man wollen kann. Vilém Flusser Archiv Berlin. Archiv-Nr. 2060.

Flusser, V. (XXXXy): Wie einem die Zukunft vorkommt. Vilém Flusser Archiv Berlin. Archiv-Nr. 2596.

Flusser, V. (XXXXz): Zur Krise unserer Modelle. Vilém Flusser Archiv Berlin. Archiv-Nr. 2363.

Flusser, V. (1951): Briefwechsel mit Alex Bloch. 15.01.1951. Vilém Flusser Archiv Berlin.

Flusser, V. (1957): Das zwanzigste Jahrhundert. Versuch einer subjektiven Synthese. Vilém Flusser Archiv Berlin.

Flusser, V. (1968): Die Welt als Spiel. Von Vilém Flusser. In: Frankfurter Allgemeine, S. 28.

Flusser, V. (1975): Auf der Suche nach Bedeutung. http://equivalence.com/labor/lab_vf_autobio.shtml. 10.08.2014.

Flusser, V. (1977): Imagination und Imaginäres. Vilém Flusser Archiv Berlin. Archiv-Nr. 2446.

Flusser, V. (1978a): Die Krise der Wissenschaft als eines Diskurses. Vortrag an der Ecole Sociolique Interrogative, Paris, 14. Juni 1978. Vilém Flusser Archiv Berlin. Archiv-Nr. 2382.

Flusser, V. (1978b): Glaubensverlust. Vilém Flusser Archiv Berlin. Archiv-Nr. 2580.

Flusser, V. (1979): Private und oeffentliche Raeume. Vilém Flusser Archiv Berlin. Archiv-Nr. 3198.

Flusser, V. (1981 (vermutlich)): Aspekte der WVI. Internationalen Biennale von Sao Paulo. (Fuer das Kunstmagazin ART, Hamburg). Vilém Flusser Archiv Berlin. Archiv-Nr. 2531.

Flusser, V. (1985): Fotografie und Tauschwert/ Photography and Exchange Value. In: Camera Austria, S. 58–63.

Flusser, V. (1986 (gestrichen)): Zahlen. (Neue Einbildungen.). Vilém Flusser Archiv Berlin. Archiv-Nr. 2590.

Flusser, V. (1986): Zum Abschied von der Literatur. Vilém Flusser Archiv Berlin. Archiv-Nr. 480.

Flusser, V. (1987a): Fahrender Skolast. Vilém Flusser Archiv Berlin. Archiv-Nr. 2570.

Flusser, V. (1987b): Zeitalter nach der Schrift. Vilém Flusser Archiv Berlin. Archiv-Nr. 2509.

Flusser, V. (1988a): Das Gedaechtnis. Vilém Flusser Archiv Berlin. Archiv-Nr. 794.

Flusser, V. (1988b): Gedaechtnisstuetzen. Vilém Flusser Archiv Berlin. Archiv-Nr. 2662.

Flusser, V. (1989a): Chaos und Ordnung. (handschriftlich: und Freiheit). Vilém Flusser Archiv Berlin. Archiv-Nr. 2182.

Flusser, V. (1989b): Projekt als Ueberholung des Subjekts und Objekts. Vilém Flusser Archiv Berlin. Archiv-Nr. 2603.

Flusser, V. (1990a): Die Macht des Bildes. In: Amelunxen, H. v./ Ujică, A. (Hrsg.): Television-Revolution. Das Ultimatum des Bildes : Rumänien im Dezember 1989. Marburg: Jonas, S. 117–124.

Flusser, V. (1990b): Fernsehbild und politische Sphäre im Lichte der rumänischen Revolution. In: Sei, K. (Hrsg.): Von der Bürokratie zur Telekratie, Rumänien im Fernsehen. Berlin: Merve, S. 103–114.

Flusser, V. (1990c): Gedanken zum Würfel. In: Fehr, M./ Krümmel, C. (Hrsg.): Aus dem Würfelmuseum. Zur Kritik der konstruktiven Kunst. Köln: Wienand, S. 13–19.

Flusser, V. (1990d): Ist die Welt unbeschreiblich, dafuer aber zaehlbar? Vilém Flusser Archiv Berlin. Archiv-Nr. 2449.

Flusser, V. (1990e): Nachgeschichten. Essays, Vorträge, Glossen. Düsseldorf: Bollmann.

Flusser, V. (1990f): Nomaden. In: Haberl, H. G. (Hrsg.): Auf, und, davon. Eine Nomadologie der Neunziger. Graz: Droschl, S. 13–38.

Flusser, V. (1990g): Vom Autor oder vom Wachsen. In: Rötzer, F. (Hrsg.): Kunst machen? München: Boer, S. 57–73.

Flusser, V. (1991a): Ästhetische Erziehung. In: Zacharias, W. (Hrsg.): Schöne Aussichten? Ästhetische Bildung in einer technisch-medialen Welt. Essen: Klartext, S. 121–127.

Flusser, V. (1991b): Neue Wirklichkeit aus dem Computer. http://www.wiso-net.de/webcgi?START=A60&DOKV_DB=ZECU&DOKV_NO=GDI19914028&DOKV_HS=0&PP=1. 20.08.2014.

Flusser, V. (1991c): Räume. In: Seblatnig, H. (Hrsg.): Außenräume, Innenräume. Der Wandel des Raumbegriffs im Zeitalter der elektronischen Medien. Wien: WUV, S. 75–83.

Flusser, V. (1991d): Zur Zukunft der Werkstatt (Vorbereitungsskript). Vilém Flusser Archiv Berlin. Archiv-Nr. 2355.

Flusser, V. (1992a): Automation und künstlerische Kompetenz. Vortrag. In: Dencker, K. P. (Hrsg.): Elektronische Medien und künstlerische Kreativität. Hamburg: Hans-Bredow-Institut, S. 152–160.

Flusser, V. (1992b): Automation und künstlerische Kompetenz. Manuskript. In: Dencker, K. P. (Hrsg.): Elektronische Medien und künstlerische Kreativität. Hamburg: Hans-Bredow-Institut, S. 148–151.

Flusser, V. (1992c): Bodenlos. Eine philosophische Autobiographie. Bensheim: Bollmann.

Flusser, V. (1992d): Paradigmenwechsel. In: Steffens, A./ Flusser, V. (Hrsg.): Nach der Postmoderne. Düsseldorf: Bollmann, S. 31–40.

Flusser, V. (1992e): Perspektiven der telematischen Gesellschaft. Verwandlung des Subjekts in Projekt. In: Kreile, R. (Hrsg.): Medientage München. Dokumentation. Benediktbeuern: Riess, S. 169–170.

Flusser, V. (1992f): Vermassung und Vernetzung. In: Pattillo-Hess, J. D. (Hrsg.): Der Stachel des Befehls. Wien: Löcker, S. 117–121.

Flusser, V. (1992g): Zeichen der Freiheit. In: Charles, D. (Hrsg.): Zeichen der Freiheit. Bern: Benteli, S. 46–53.

Flusser, V. (1993a): Der Hebel schlägt zurück. In: Flusser, V. (Hrsg.): Vom Stand der Dinge. Eine kleine Philosophie des Design. Göttingen: Steidl, S. 47–50.

Flusser, V. (1993b): Design: Hindernis zum Abräumen von Hindernissen. In: Flusser, V. (Hrsg.): Vom Stand der Dinge. Eine kleine Philosophie des Design. Göttingen: Steidl, S. 40–43.

Flusser, V. (1993c): Die Informationsgesellschaft als Regenwurm. In: Kaiser, G./ Matejovski, D./ Fedrowitz, J. (Hrsg.): Kultur und Technik im 21. Jahrhundert. Frankfurt, New York: Campus, S. 69–78.

Flusser, V. (1993d): Dinge und Undinge. Phänomenologische Skizzen. München, Wien: Hanser.

Flusser, V. (1993e): Ethik im Industriedesign? In: Flusser, V. (Hrsg.): Vom Stand der Dinge. Eine kleine Philosophie des Design. Göttingen: Steidl, S. 28–31.

Flusser, V. (1993f): Gesellschaftsspiele. In: Hartwagner, G. (Hrsg.): Künstliche Spiele. München: Boer, S. 111–117.

Flusser, V. (1993g): Lob der Oberflächlichkeit. Für eine Phänomenologie der Medien. Bensheim: Bollmann.

Flusser, V. (1993h): Vom Stand der Dinge. Eine kleine Philosophie des Design. Göttingen: Steidl.

Flusser, V. (1993i): Vom Wort Design. In: Flusser, V. (Hrsg.): Vom Stand der Dinge. Eine kleine Philosophie des Design. Göttingen: Steidl, S. 9–13.

Flusser, V. (1993j): Von Formen und Formeln. In: Flusser, V. (Hrsg.): Vom Stand der Dinge. Eine kleine Philosophie des Design. Göttingen: Steidl, S. 18–20.

Flusser, V. (1993k): Warum eigentlich klappern die Schreibmaschinen? In: Flusser, V. (Hrsg.): Vom Stand der Dinge. Eine kleine Philosophie des Design. Göttingen: Steidl, S. 51–54.

Flusser, V. (1993l): Wittgensteins Architektur. In: Flusser, V. (Hrsg.): Vom Stand der Dinge. Eine kleine Philosophie des Design. Göttingen: Steidl, S. 83–85.

Flusser, V. (1993m): Zukunft oder Ende. In: Maresch, R. (Hrsg.): Zukunft oder Ende. Standpunkte, Analysen, Entwürfe. Grafrath: Boer, S. 457–461.

Flusser, V. (1995): Der Flusser-Reader zu Kommunikation, Medien und Design. Die Revolution der Bilder. Mannheim: Bollmann.

Flusser, V. (1996): Die Auswanderung der Zahlen aus dem alphanumerischen Code. In: Matejovski, D./ Kittler, F. A. (Hrsg.): Literatur im Informationszeitalter. Frankfurt: Campus, S. 9–14.

Flusser, V. (1997a): Desengagement. In: Flusser, V. (Hrsg.): Nachgeschichte. Eine korrigierte Geschichtsschreibung. Frankfurt am Main: Fischer Taschenbuch, S. 182–187.

Flusser, V. (1997b): Die Nichtigkeit der Geschichte. In: Flusser, V. (Hrsg.): Nachgeschichte. Eine korrigierte Geschichtsschreibung. Frankfurt am Main: Fischer Taschenbuch, S. 131–137.

Flusser, V. (1997c): Die Wiederkunft des Mittelalters. In: Flusser, V. (Hrsg.): Nachgeschichte. Eine korrigierte Geschichtsschreibung. Frankfurt am Main: Fischer Taschenbuch, S. 143–154.

Flusser, V. (1997d): Gesten. Versuch einer Phänomenologie. Frankfurt am Main: Fischer Taschenbuch.

Flusser, V. (1997e): Medienkultur. Frankfurt am Main: Fischer Taschenbuch.

Flusser, V. (1997f): Nach der Post-moderne? In: Flusser, V. (Hrsg.): Nachgeschichte. Eine korrigierte Geschichtsschreibung. Frankfurt am Main: Fischer Taschenbuch, S. 303–325.

Flusser, V. (1997g): Nachdenken über Collage: Wert und Abfall. In: Flusser, V. (Hrsg.): Nachgeschichte. Eine korrigierte Geschichtsschreibung. Frankfurt am Main: Fischer Taschenbuch, S. 238–244.

Flusser, V. (1997h): Nachgeschichtliche Eliten. Kritik der Macht. In: Flusser, V. (Hrsg.): Nachgeschichte. Eine korrigierte Geschichtsschreibung. Frankfurt am Main: Fischer Taschenbuch, S. 218–223.

Flusser, V. (1997i): Über die Mode. In: Flusser, V. (Hrsg.): Nachgeschichte. Eine korrigierte Geschichtsschreibung. Frankfurt am Main: Fischer Taschenbuch, S. 138–142.

Flusser, V. (1997j): Unabhängigkeit oder Tod. In: Flusser, V. (Hrsg.): Nachgeschichte. Eine korrigierte Geschichtsschreibung. Frankfurt am Main: Fischer Taschenbuch, S. 188–193.

Flusser, V. (1997k): Vom Tod der Politik. In: Flusser, V. (Hrsg.): Nachgeschichte. Eine korrigierte Geschichtsschreibung. Frankfurt am Main: Fischer Taschenbuch, S. 205–210.

Flusser, V. (1997l): Zeitläufe. In: Flusser, V. (Hrsg.): Nachgeschichte. Eine korrigierte Geschichtsschreibung. Frankfurt am Main: Fischer Taschenbuch, S. 247–253.

Flusser, V. (1998a): Der fotografische Blick. In: Flusser, V. (Hrsg.): Standpunkte. Texte zur Foto-grafie. Göttingen: European Photography, S. 152–158.

Flusser, V. (1998b): Die fotografische Geste. In: Flusser, V. (Hrsg.): Standpunkte. Texte zur Foto-grafie. Göttingen: European Photography, S. 134–138.

Flusser, V. (1998c): Drüber und Drunter. In: Flusser, V. (Hrsg.): Standpunkte. Texte zur Fotografie. Göttingen: European Photography, S. 162–164.

Flusser, V. (1998d): Durchlöchert wie ein Emmentaler. Über die Zukunft des Hauses. http://www.heise.de/tp/artikel/2/2285/1.html. 20.08.2014.

Flusser, V. (1998e): Essays. In: Manuskripte. Zeitschrift für Literatur, S. 139–140.

Flusser, V. (1998f): Für die Podiumsdiskussion meines Essays »Für eine Philosophie der Fotografie«. In: Flusser, V. (Hrsg.): Standpunkte. Texte zur Fotografie. Göttingen: European Photography, S. 59–62.

Flusser, V. (1998g): Gewohnheit als ästhetisches Kriterium schlechthin. In: Flusser, V. (Hrsg.): Standpunkte. Texte zur Fotografie. Göttingen: European Photography, S. 198–204.

Flusser, V. (1998h): Neue Wirklichkeit aus dem Computer? In: Flusser, V. (Hrsg.): Standpunkte. Texte zur Fotografie. Göttingen: European Photography, S. 210–216.

Flusser, V. (1998i): Standpunkte. Texte zur Fotografie. Göttingen: European Photography.

Flusser, V. (⁶2000): Ins Universum der technischen Bilder. Göttingen: European Photography.

Flusser, V. (2000): Telematik: Verbündelung oder Vernetzung? In: Matejovski, D./ Boeckmann, K. (Hrsg.): Neue, schöne Welt? Lebensformen der Informationsgesellschaft. Frankfurt am Main: Campus, S. 204–210.

Flusser, V. (2001a): Das Foto als nach-industrielles Objekt. In: Jäger, G. (Hrsg.): Fotografie denken. Über Vilem Flusser's Philosophie der Medienmoderne. Bielefeld: Kerber, S. 15–27.

Flusser, V. (2001b): Mehr Licht. Gedanken für eine Ausstellung. In: Berz, P./ Höge, H./ Krajewski, M. (Hrsg.): Das Glühbirnenbuch. Wien: edition selene, S. 7–11.

Flusser, V. (2001/02): Die Zeit bedenken. In: Jahrbuch für Künste und Apparate, S. 126–130.

Flusser, V. (⁵2002): Die Schrift. Hat Schreiben Zukunft? Göttingen: European Photography.

Flusser, V. (2003a): Gedächtnisse. In: Wagnermaier, S./ Röller, N. (Hrsg.): Absolute Vilém Flusser. Freiburg: Orange-Press, S. 166–174.

Flusser, V. (2003b): Krise der Linearität. In: Wagnermaier, S./ Röller, N. (Hrsg.): Absolute Vilém Flusser. Freiburg: Orange-Press, S. 71–87.

Flusser, V. (2003c): Zur Zukunft der Werkstatt (Transkript des Vortrags). In: Wagnermaier, S./ Röller, N. (Hrsg.): Absolute Vilém Flusser. Freiburg: Orange-Press, S. 206–213.

Flusser, V. (2004): Vom Subjekt zum Projekt. Menschwerdung. Frankfurt am Main: Fischer Ta-schenbuch.

Flusser, V. (2006): Vom Zweifel. Göttingen: European Photography.

Flusser, V. (⁴2007): Kommunikologie. Frankfurt am Main: Fischer Taschenbuch.

Flusser, V. (2008): Kommunikologie weiter denken. Die Bochumer Vorlesungen. Frankfurt am Main: Fischer Taschenbuch.

Flusser, V. (¹¹2011): Für eine Philosophie der Fotografie. Göttingen: European Photography.

Flusser, V./ Sander, K. (1996): Zwiegespräche. Interviews, 1967-1991. Göttingen: European Photo-graphy.

Foucault, M. (1977): Überwachen und Strafen. Die Geburt des Gefängnisses. Frankfurt am Main: Suhrkamp.

Foucault, M. (³⁰2003): Die Ordnung der Dinge. Eine Archäologie der Humanwissenschaften. Frankfurt am Main: Suhrkamp.

Foucault, M. (2012): Die Regierung des Selbst und der anderen. Vorlesung am Collège de France 1983/84. Berlin: Suhrkamp.

Friedewald, M. (2010): Ubiquitäres Computing. Das „Internet der Dinge" – Grundlagen, Anwendun-gen, Folgen. Berlin: edition sigma.

Gadamer, H.-G. ([7]2010): Hermeneutik I. Wahrheit und Methode : Grundzüge einer philosophischen Hermeneutik. Tübingen: Mohr Siebeck.

Gehlen, A. (1965): Anthropologische Ansicht der Technik. In: Freyer, H./ Papalekas, J./ Weippert, G. (Hrsg.): Technik im technischen Zeitalter. Stellungnahmen zur geschichtlichen Situation. Düsseldorf: Joachim Schilling, S. 101–118.

Goetz, R. (2001): Vilém Flussers Neue Einbildungskraft und Ästhetische Bildung. Mögliche (Selbst-) inszenierung in der »Erfahrungsarmut«. In: Jäger, G. (Hrsg.): Fotografie denken. Über Vilem Flusser's Philosophie der Medienmoderne. Bielefeld: Kerber, S. 61–78.

Grabowski, S./ Krauß, M. (2005): Vom Anschauen zum Hinschauen. Zum Lernen mit digitalen Medien am Beispiel der Computerkunst. In: Bachmeier, B./ Diepold, P./ Witt, C. de (Hrsg.): Jahrbuch Medien-Pädagogik 4. Wiesbaden: VS, S. 255–275.

Grube, G. (2009): Die unsichtbare Rückseite der Bilder: Ihre verborgenen Heilsgeschichten. In: Fahle, O. (Hrsg.): Technobilder und Kommunikologie. Die Medientheorie Vilém Flussers. Berlin: Parerga, S. 197–220.

Guldin, R. (2005): Philosophieren zwischen den Sprachen. Vilém Flussers Werk. Tübingen: Francke.

Guldin, R. (2008): Die zweite Unschuld. Heilsgeschichte und eschatologische Perspektiven im Werk Vilém Flussers und Marshall McLuhans. http://www.flusserstudies.net/sites/www.flusserstudies. net/files/media/attachments/guldin-die-zweite-unschuld.pdf. 20.08.2014.

Guldin, R. (2009): Bilder von Texten: Zur terminologischen Genealogie von Vilém Flussers Technobild. In: Fahle, O. (Hrsg.): Technobilder und Kommunikologie. Die Medientheorie Vilém Flussers. Berlin: Parerga, S. 141–160.

Guldin, R./ Finger, A./ Bernardo, G. (2009): Vilém Flusser. Paderborn: Fink.

Günzel, S. (2011): „In Real Life" – Zum Verhältnis von Computerspiel und Alltag. In: Fromme, J./ Iske, S./ Marotzki, W. (Hrsg.): Medialität und Realität. Zur konstitutiven Kraft der Medien. Wiesbaden: VS, S. 159–176.

Han, B.-C. (2009): Duft der Zeit. Ein philosophischer Essay zur Kunst des Verweilens. Bielefeld: Transcript.

Han, B.-C. (2012): Transparenzgesellschaft. Berlin: Matthes & Seitz.

Han, B.-C. (2013): Im Schwarm. Ansichten des Digitalen. Berlin: Matthes & Seitz.

Hanke, M. (2009): Vilém Flussers Kommunikologie: Medien oder Kommunikationstheorie? In: Fahle, O. (Hrsg.): Technobilder und Kommunikologie. Die Medientheorie Vilém Flussers. Berlin: Parerga, S. 39–56.

Hanke, M. (2013): Nachgeschichte, Postmoderne und Telematik. Chiffren philosophischer Gegenwartsdiagnostik bei Vilém Flusser. In: Hanke, M./ Winkler, S. (Hrsg.): Vom Begriff zum Bild. Medienkultur nach Vilém Flusser. Marburg: Tectum, S. 103–133.

Heidegger, M. (1954): Die Frage nach der Technik. In: Heidegger, M. (Hrsg.): Vorträge und Aufsätze. Pfullingen: Günther Neske, S. 13–44.

Heidegger, M. (1978): Brief über den Humanismus. In: Heidegger, M./ Herrmann, F.-W. v. (Hrsg.): Wegmarken. Frankfurt am Main: Klostermann, S. 311–360.

Heidegger, M. ([15]1979): Sein und Zeit. Tübingen: Niemeyer.

Heidegger, M. (2010): Die Grundbegriffe der Metaphysik. Welt – Endlichkeit – Einsamkeit. Frankfurt am Main: Klostermann.

Hennrich, D.-M. (2012): Flusser in Robion. http://www.flusserstudies.net/sites/www.flusserstudies. net/files/media/attachments/hennrich-robion.pdf. 20.08.2014.

Höhne, T. (2011): Wissen, Medien und Vermittlung. In: Meyer, T. (Hrsg.): Medien & Bildung. Institutionelle Kontexte und kultureller Wandel. Wiesbaden: VS, S. 137–156.

Höhne, T. (2013): Bildung, Herrschaft, Reproduktion. In: Vierteljahrsschrift für wissenschaftliche Pädagogik, S. 372–391.

Horkheimer, M./ Adorno, T. W. ([16]1969): Dialektik der Aufklärung. Philosophische Fragmente. Frankfurt am Main: Fischer Taschenbuch.

Hubig, C.: Virtualisierung der Technik – Virtualisierung der Lebenswelt. Neue Herausforderungen für eine Technikethik als Ermöglichungsethik. http://www.philosophie. tu-darmstadt.de/media/ institut_fuer_philosophie/diesunddas/hubig/downloadshubig /virtualisierung_der_technik__virtu alisierung_der_lebenswelt.pdf. 20.08.2014.

Huizinga, J. (1991): Homo ludens. Vom Ursprung der Kultur im Spiel. Reinbek: Rowohlt.

Humboldt, W. v. (1963a): Ueber den Einfluss des verschiedenen Charakters der Sprachen auf Literatur und Geistesbildung. In: Flitner, A./ Giel, K. (Hrsg.): Wilhelm von Humboldt. Werk in fünf Bänden. Schriften zur Sprachphilosophie. Darmstadt: WBG, S. 26–30.

Humboldt, W. v. (1963b): Ueber den Nationalcharakter der Sprachen. (Bruchstück). In: Flitner, A./ Giel, K. (Hrsg.): Wilhelm von Humboldt. Werk in fünf Bänden. Schriften zur Sprachphilosophie. Darmstadt: WBG, S. 64–81.

Husserl, E. (^{3}1996): Die Krisis der europäischen Wissenschaften und die transzendentale Phänomenologie. Eine Einleitung in die phänomenologische Philosophie. Hamburg: Meiner.

Husserl, E. (2002): Die phänomenologische Methode. Stuttgart: Reclam.

Husserl, E./ Breda, Herman L. van/ IJsseling, S. (^{2}1976): Husserliana. Gesammelte Werke. Dordrecht: Kluwer.

Ingold, F. P. (1990): Autorenschaft und Management. Zur Neubestimmung der Funktion Autor in der Postmoderne. In: Rapsch, V. (Hrsg.): Über Flusser. Die Fest-Schrift zum 70. von Vilém Flusser. Düsseldorf: Bollmann, S. 169–192.

Irrgang, B. (2009): Postmedialität als Weg zum posthumanen Menschsein? In: Selke, S./ Dittler, U. (Hrsg.): Postmediale Wirklichkeiten. Wie Zukunftsmedien die Gesellschaft verändern. Hannover: Heise, S. 47–66.

Jäger, J. (2009): Fotografie und Geschichte. Frankfurt am Main: Campus.

Joisten, K. (2002): »Vom Subjekt zum Projekt«. Verluste des Mensch-seins in der »Post-Anthropologie« Vilém Flussers. In: Albertz, J. (Hrsg.): Anthropologie der Medien. Mensch und Kommunikationstechnologien. Berlin: Geschäftsstelle der Freien Akad., S. 51–64.

Kaminski, A. (2011): Die konstitutive Kraft unvollendeter Medien. In: Fromme, J./ Iske, S./ Marotzki, W. (Hrsg.): Medialität und Realität. Zur konstitutiven Kraft der Medien. Wiesbaden: VS, S. 13–29.

Kant, I. (2005a): Beantwortung der Frage: Was ist Aufklärung? In: Weisschedel, W. (Hrsg.): Immanuel Kant. Werke in sechs Bänden, S. A481 - A494.

Kant, I. (2005b): Idee zu einer allgemeinen Geschichte in weltbürgerlicher Absicht. In: Weisschedel, W. (Hrsg.): Immanuel Kant. Werke in sechs Bänden, S. A 385 - A 411.

Kantner, R./ Schaufler, G. (2002): Vom Ende der Paideia. Anmerkungen zu Vilém Flusser. In: Vierteljahrsschrift für wissenschaftliche Pädagogik, S. 192–205.

Kloock, D./ Spahr, A. (^{4}2012): Medientheorien. Eine Einführung. Paderborn: Fink.

Koch, L. (2013): Kompetenz ist das, was nach der Schule kommt. In: Bildung und Erziehung, S. 163–172.

Krämer, S. (1998): Das Medium als Spur und als Apparat. In: Krämer, S. (Hrsg.): Medien, Computer, Realität. Wirklichkeitsvorstellungen und Neue Medien. Frankfurt am Main: Suhrkamp, S. 73–94.

Krämer, S. (2004): Die Heteronomie der Medien. Versuch einer Metaphysik der Medialität im Ausgang einer Reflexion des Boten. In: Journal Phänomenologie, S. 18–38.

Krämer, S. (2010): Der Bote als Topos oder: Übertragung als eine medientheoretische Grundkonstellation. In: Heiden, Anne von der/ Heilmann, T. A./ Tuschling, A. (Hrsg.): Medias in res. Medienkulturwissenschaftliche Positionen. Bielefeld: Transcript, S. 53–67.

Krämer, S. (2012): Medien, Boten, Spuren. Wenig mehr als ein Literaturbericht. In: Münker, S./ Roesler, A. (Hrsg.): Was ist ein Medium? Frankfurt am Main: Suhrkamp, S. 65–90.

Kritlova, K. (2010): Vilém Flussers Bild-Theorie. Zur Philosophie des technischen Bildes ausgehend von der Fotografie. http://www.flusserstudies.net/sites/www.flusserstudies.net/files/media/attach ments/krtilova-bildtheorie.pdf. 20.08.2014.

Kroß, M. (2009): Arbeit am Archiv: Flussers Heidegger. In: Fahle, O. (Hrsg.): Technobilder und Kommunikologie. Die Medientheorie Vilém Flussers. Berlin: Parerga, S. 73–91.

Lagaay, A./ Lauer, D. (2004): Medientheorien. Eine philosophische Einführung. Frankfurt: Campus.

Lanier, J. (2010): You are not a gadget. A manifesto. New York: Alfred A. Knopf.

Leao, M. L. (1990): Vilém Flusser und die Freiheit des Denkens. In: Rapsch, V. (Hrsg.): Über Flusser. Die Fest-Schrift zum 70. von Vilém Flusser. Düsseldorf: Bollmann, S. 9–14.

Liebl, F./ Düllo, T./ Kiel, M. (2005): Before and After Situationism – Before and After Cultural Studies: The Secret History of Cultural Hacking. In: Düllo, T./ Liebl, F. (Hrsg.): Cultural hacking. Kunst des strategischen Handelns. Wien: Springer, S. 13–46.

Liessmann, K. P. (2010): Das Universum der Dinge. Zur Ästhetik des Alltäglichen. Wien: Zsolnay.

Lyotard, J.-F. (⁷2012): Das postmoderne Wissen. Ein Bericht. Wien: Passagen.

Maier, H. (1972): Demokratie. In: Ritter, J. (Hrsg.): Historisches Wörterbuch der Philosophie. Darmstadt: WBG, S. 51–55.

Marburger, M. R. (2009): Der Dialog als Akt der Schöpfung: Kreativität in kommunikologischer Hinsicht. In: Fahle, O. (Hrsg.): Technobilder und Kommunikologie. Die Medientheorie Vilém Flussers. Berlin: Parerga, S. 107–119.

Marburger, M. R. (2011): Flusser und die Kunst. Köln: Edition.

Marcelli, M. (2007): Flusser und Metaphysik. http://www.flusserstudies.net/sites/www.flusserstudies.net/files/media/attachments/metaphysik.pdf. 20.08.2014.

Marotzki, W./ Jörissen, B. (2008): Medienbildung. In: Gross, F. v./ Hugger, K.-U./ Sander, U. (Hrsg.): Handbuch Medienpädagogik. Wiesbaden: VS, S. 100–109.

Marquard, O. (1991): Abschied vom Prinzipiellen. Philosophische Studien. Stuttgart: Reclam.

Martin, N. (1984): Muße. In: Ritter, J. (Hrsg.): Historisches Wörterbuch der Philosophie. Darmstadt: WBG, S. 257–260.

McLuhan, M. (1995): Die Gutenberg-Galaxis. Das Ende des Buchzeitalters. Bonn: Addison-Wesley.

McLuhan, M. (²1995): Die magischen Kanäle. Understanding media. Dresden: VDK.

Meckel, M. (2013): Wir verschwinden. Der Mensch im digitalen Zeitalter. Zürich: Kein & Aber.

Meder, N. (2011): Von der Theorie der Medienpädagogik zu einer Theorie der Medienbildung. In: Fromme, J./ Iske, S./ Marotzki, W. (Hrsg.): Medialität und Realität. Zur konstitutiven Kraft der Medien. Wiesbaden: VS, S. 67–81.

Merleau-Ponty, M. (1974): Phänomenologie der Wahrnehmung. Berlin: de Gruyter.

Mersch, D. (2006): Medientheorien zur Einführung. Hamburg: Junius.

Meyer, T. (2008): Zwischen Kanal und Lebens-Mittel: pädagogisches Medium und mediologisches Milieu. In: Fromme, J./ Sesink, W. (Hrsg.): Pädagogische Medientheorie. Wiesbaden: VS, S. 71–94.

Meyer, T. (2010): Postironischer Realismus. Zum Bildungspotential von Cultural Hacking. In: Hedinger, J. M. (Hrsg.): Lexikon zur zeitgenössischen Kunst von Com&Com. Sulgen: Niggli, S. 432–437.

Meyer, T. (2011a): Medien & Bildung. Institutionelle Kontexte und kulureller Wandel. In: Meyer, T. (Hrsg.): Medien & Bildung. Institutionelle Kontexte und kultureller Wandel. Wiesbaden: VS, S. 13–28.

Meyer, T. (2011b): Medien, Mimesis und historisches Apriori. In: Fromme, J./ Iske, S./ Marotzki, W. (Hrsg.): Medialität und Realität. Zur konstitutiven Kraft der Medien. Wiesbaden: VS, S. 31–51.

Meyer-Drawe, K. (²1996): Menschen im Spiegel ihrer Maschinen. München: Fink.

Meyer-Drawe, K. (²2012): Diskurse des Lernens. München: Wilhelm Fink.

Meyer-Drawe, K./ Fischer, M. (1990): Illusionen von Autonomie. Diesseits von Ohnmacht und Allmacht des Ich. München: P. Kirchheim.

Michael, J. (2009a): Brasilianische Erfahrungen? Flussers Vision eines nicht-alphabetischen Zeitalters. In: Klengel, S. (Hrsg.): Das dritte Ufer. Vilém Flusser und Brasilien ; Kontexte – Migration – Übersetzungen. Würzburg: Königshausen & Neumann, S. 131–144.

Michael, J. (2009b): Vilém Flussers Kommunikologie: Medientheorie ohne Medien? In: Fahle, O. (Hrsg.): Technobilder und Kommunikologie. Die Medientheorie Vilém Flussers. Berlin: Parerga, S. 23–38.

Moles Abraham (1990): Philosophiefiktion bei Vilém Flusser. In: Rapsch, V. (Hrsg.): Über Flusser. Die Fest-Schrift zum 70. von Vilém Flusser. Düsseldorf: Bollmann, S. 53–61.

Mueller, V./ Albertz, J. (2006): Utopien zwischen Anspruch und Wirklichkeit. Perspektiven utopischen Denkens. Bernau: Freie Akademie.

Münker, S. (2012): Was ist ein Medium? Ein philosophischer Beitrag zu einer medientheoretischen Debatte. In: Münker, S./ Roesler, A. (Hrsg.): Was ist ein Medium? Frankfurt am Main: Suhrkamp, S. 322–337.

Münker, S./ Roesler, A. (2012): Vorwort – Was ist ein Medium? In: Münker, S./ Roesler, A. (Hrsg.): Was ist ein Medium? Frankfurt am Main: Suhrkamp, S. 7–12.

Musil, R. ([14]2009): Der Mann ohne Eigenschaften. Urfassung (1922). Reinbek: Rowohlt.

Neswald, E. (1998): Medien-Theologie. Das Werk Vilém Flussers. Köln: Böhlau.

Neusüss, A. ([3]1986): Utopie. Begriff und Phänomen des Utopischen. Frankfurt am Main: Campus.

Osten, M. (2004): Das geraubte Gedächtnis. Digitale Systeme und die Zerstörung der Erinnerungskultur. Frankfurt am Main: Insel.

Pico della Mirandola, G. (1990): De hominis dignitate. Über die Würde des Menschen. Hamburg: Meiner.

Pietraß, M. (2010): Digital Literacies. Empirische Vielfalt als Herausforderung für eine einheitliche Bestimmung von Medienkompetenz. In: Bachmair, B. (Hrsg.): Medienbildung in neuen Kulturräumen. Die deutschsprachige und britische Diskussion. Wiesbaden: VS, S. 73–84.

Pietraß, M. (2012): Digital Literacy als Ausdifferenzierung von Medienkompetenz. Ein 3-Phasen-Modell. In: Medien + Erziehung. Zeitschrift für Medienpädagogik, S. 28–34.

Plato/ Apelt, O. (1988): Sämtliche Dialoge. Hamburg: Meiner.

Prange, K. ([2]2012): Die Zeigestruktur der Erziehung. Grundriss der operativen Pädagogik. Paderborn: Schöningh.

Rancière, J. (2005): Politik der Bilder. Berlin: Diaphanes.

Röller, N. (2003): Biografie II Ideenfresser. (1940-1972). In: Wagnermaier, S./ Röller, N. (Hrsg.): Absolute Vilém Flusser. Freiburg: Orange-Press, S. 52–60.

Rötzer, F. (1990): Mobilität und Katastrophe. In: Rapsch, V. (Hrsg.): Über Flusser. Die Fest-Schrift zum 70. von Vilém Flusser. Düsseldorf: Bollmann, S. 85–99.

Ruhloff, J. (1993): Vom Gottesknecht zum Selbstliebhaber. Ausblicke auf Individualität, Autonomie in Interpretation des Menschen zwischen Renaissance und Aufklärung. In: Bildung und Erziehung, S. 167–182.

Rump, M. C. (2001): Denkbilder und Denkfotografien. Übereinstimmungen und Unterschiede in den Ansätzen Walter Benjamins und Vilém Flussers. In: Jäger, G. (Hrsg.): Fotografie denken. Über Vilem Flusser's Philosophie der Medienmoderne. Bielefeld: Kerber, S. 39–60.

Santaella, L. (2013): Flusser, eine Neubewertung im Licht der digitalen Kultur. In: Hanke, M./ Winkler, S. (Hrsg.): Vom Begriff zum Bild. Medienkultur nach Vilém Flusser. Marburg: Tectum, S. 29–41.

Sartre, J.-P. (1980): Das Imaginäre. Phänomenologische Psychologie der Einbildungskraft. Reinbek: Rowohlt.

Schelhowe, H. (2008): Digitale Medien als kulturelle Medien: Medien zum Be-Greifen wesentlicher Konzepte der Gegenwart. In: Fromme, J./ Sesink, W. (Hrsg.): Pädagogische Medientheorie. Wiesbaden: VS, S. 95–113.

Schiller, F. (2000): Über die ästhetische Erziehung des Menschen in einer Reihe von Briefen. Mit den Augustenburger Briefen. Stuttgart: Reclam.

Schmidt, S. J. (2012): Der Medienkompaktbegriff. In: Münker, S./ Roesler, A. (Hrsg.): Was ist ein Medium? Frankfurt am Main: Suhrkamp, S. 144–157.

Schölderle, T. (2012): Geschichte der Utopie. Eine Einführung. Stuttgart: UTB.

Selke, S. (2010): Postmediale Wirklichkeiten aus interdisziplinärer Perspektive. Wie Zukunftsmedien die Gesellschaft verändern. Hannover: Heise.

Selke, S./ Dittler, U. (2009): Postmediale Wirklichkeiten. Wie Zukunftsmedien die Gesellschaft verändern. Hannover: Heise.

Serres, M. (2013): Erfindet euch neu! Eine Liebeserklärung an die vernetzte Generation. Berlin: Suhrkamp.

Sesink, W. (2008a): Bildungstheorie und Medienpädagogik. Versuch eines Brückenschlags. In: Fromme, J./ Sesink, W. (Hrsg.): Pädagogische Medientheorie. Wiesbaden: VS, S. 13–35.

Sesink, W. (2008b): Neue Medien. In: Gross, F. v./ Hugger, K.-U./ Sander, U. (Hrsg.): Handbuch Medienpädagogik. Wiesbaden: VS, S. 407–414.

Sofos, A. (2010): Digital Literacy as a Category of Media Competence and Literacy. In: Bauer, P. (Hrsg.): Fokus Medienpädagogik – aktuelle Forschungs- und Handlungsfelder. Festschrift für Stefan Aufenanger zum 60. Geburtstag gewidmet. München: kopaed, S. 62–82.

Ströhl, A. (2009): Die Geste Menschen. Vilém Flussers Kulturtheorie als kommunikationsphilosophischer Zukunftsentwurf. http://archiv.ub.uni-marburg.de/diss/z2009/0786/pdf/das.pdf. 20.08.2014.

Ströhl, A. (2013): Zur dialogischen Entwicklungsmöglichkeit von Kultur. Vilém Flussers Umdeutung von Martin Bubers dialogischem Prinzip. In: Hanke, M./ Winkler, S. (Hrsg.): Vom Begriff zum Bild. Medienkultur nach Vilém Flusser. Marburg: Tectum, S. 43–57.

Swertz, C. (2006): Neue Medien. http://homepage.univie.ac.at/christian.swertz/texte/neue_medien/ Swertz_Neue_Medien.pdf. 20.08.2014.

Swertz, C. (2008a): Bildungstechnologische Medienpädagogik. http://homepage.univie.ac.at/christian. swertz/texte/bildungstechnologische_medienpaed/bildungstechnologische_medienpaedagogik.pd f. 20.08.2014.

Swertz, C. (2008b): Hinweise zu einer Theorie der Medienpädagogik. http://homepage.univie.ac.at/ christian.swertz/texte/theorie_medien/beitrag_tagung_krems_homepage.pdf. 20.08.2014.

Trottmann, C. (2001): Vita activ/vita contemplativa. In: Ritter, J. (Hrsg.): Historisches Wörterbuch der Philosophie. Darmstadt: WBG, S. 1071–1075.

Tuschling, A. (2004): Lebenslanges Lernen. In: Bröckling, U./ Krasmann, S./ Lemke, T. (Hrsg.): Glossar der Gegenwart. Frankfurt am Main: Suhrkamp, S. 152–159.

Ueding, G. (2001): Historisches Wörterbuch der Rhetorik. Band 5. Darmstadt: WBG.

Unger, A. (2010): Virtuelle Räume und die Hybridisierung der Alltagswelt. In: Grell, P. (Hrsg.): Neue digitale Kultur- und Bildungsräume. Wiesbaden: VS, S. 99–117.

Vosskamp, W. (1982): Utopieforschung. Interdisziplinäre Studien zur neuzeitlichen Utopie. Stuttgart: Metzler.

Waldenfels, B. (2002): Bruchlinien der Erfahrung. Phänomenologie, Psychoanalyse, Phänomenotechnik. Frankfurt am Main: Suhrkamp.

Waldenfels, B. (2006): Grundmotive einer Phänomenologie des Fremden. Frankfurt am Main: Suhrkamp.

Waldenfels, D. (2008): Topographie des Fremden. Frankfurt am Main: Suhrkamp.

Welsch, W. (⁷2008): Unsere postmoderne Moderne. Berlin: Akademie.

Wiegerling, K. (2011): Philosophie intelligenter Welten. Paderborn: Fink.

Wiesing, L. (2001): Verstärker der Imagination. Über Verwendungsweisen von Bildern. In: Jäger, G. (Hrsg.): Fotografie denken. Über Vilem Flusser's Philosophie der Medienmoderne. Bielefeld: Kerber, S. 183–202.

Wiesing, L. (2005a): Bildwissenschaft und Bildbegriff. In: Wiesing, L. (Hrsg.): Artifizielle Präsenz. Studien zur Philosophie des Bildes. Frankfurt am Main: Suhrkamp, S. 9–16.

Wiesing, L. (2005b): Die Hauptströmungen der gegenwärtigen Philosophie des Bildes. In: Wiesing, L. (Hrsg.): Artifizielle Präsenz. Studien zur Philosophie des Bildes. Frankfurt am Main: Suhrkamp, S. 17–36.

Wiesing, L. (2005c): Virtuelle Realität: Die Angleichung des Bildes an die Imagination. In: Wiesing, L. (Hrsg.): Artifizielle Präsenz. Studien zur Philosophie des Bildes. Frankfurt am Main: Suhrkamp, S. 107–124.

Wiesing, L. (2008): Was ist Medienphilosophie? In: Information Philosophie, S. 30–39.

Wiesing, L. (2010): Fotografieren als phänomenologische Tätigkeit. Zur Husserl-Rezeption bei Flusser. http://www.flusserstudies.net/sites/www.flusserstudies.net/files/media/attachments/wiesing-foto grafieren.pdf. 20.08.2014.

Wiesing, L. (2013): Sehen lassen. Die Praxis des Zeigens. Berlin: Suhrkamp.

Zepf, I. (2001): Vilém Flusser, ein Medientheologe? Fug und Un-Fug im Umgang mit Flussers Texten. In: Jäger, G. (Hrsg.): Fotografie denken. Über Vilem Flusser's Philosophie der Medienmoderne. Bielefeld: Kerber.

Zielinski, S. (2010): Entwerfen und Entbergen. Aspekte einer Genealogie der Projektion. Köln: König.

Ziemann, A. (2009): Flussers Phänomenologie der Geste: zwischen Kommunikologie und Medien-kultur. In: Fahle, O. (Hrsg.): Technobilder und Kommunikologie. Die Medientheorie Vilém Flussers. Berlin: Parerga, S. 121–138.

The manufacturer's authorised representative in the EU is Springer
Nature Customer Service Centre GmbH, Europaplatz 3, 69115 Heidelberg,
Germany. If you have any concerns regarding our products, please
contact ProductSafety@springernature.com

Printed and bound by CPI Group (UK) Ltd, Croydon, CR0 4YY
27/04/2026
02097650-0004